U0156704

宇宙2
万 物 从 何 而 来
COSMOS

| POSSIBLE WORLDS |

安·德鲁扬的其他作品

《一颗著名的破碎的心》
（*A Famous Broken Heart*）

《包罗万象的科学经历》
（*The Varieties of Scientific Experience*）（主编）

《数以十亿记：千年一瞬的生死思考》
（*Billions & Billions: Thoughts on Life and Death at the Brink of the Millennium*）

《魔鬼出没的世界：科学，照亮黑暗的蜡烛》
（*The Demon-Haunted World: Science as a Candle in the Dark*）

《地球的呢喃：旅行者的星际航行唱片》
（*Murmurs of Earth: The Voyager Interstellar Record*）

《彗星》
（*Comet*）

《被遗忘的祖先的影子：追寻我们从何而来》
（*Shadows of Forgotten Ancestors:A Search for Who We Are*）

（上页图）对 500 光年外潜在的世界的艺术呈现。2015 年，人们发现了开普勒 –186f，这是第一个被证实的类地系外行星。

（本页图）银河系的船底座星云，这是一个 7500 光年外的恒星育婴室。

COSMOS

宇宙 2
万物从何而来

| 国家地理宇宙与时空大历史 |

[美] 安·德鲁扬 著
青年天文教师连线 译

国家地理
华盛顿特区

WASHINGTON, D.C.

图书在版编目（CIP）数据

宇宙. 2, 万物从何而来：国家地理宇宙与时空大历史 / (美) 安·德鲁扬著；青年天文教师连线译. -- 北京：北京联合出版公司, 2020.7

ISBN 978-7-5596-4298-1

Ⅰ. ①宇… Ⅱ. ①安… ②青… Ⅲ. ①宇宙－普及读物 Ⅳ. ①P159-49

中国版本图书馆CIP数据核字(2020)第097940号

北京版权局著作权合同登记 图字：01-2020-3968号

Acknowledgments and Permissions
Page 367: grateful acknowledgment is made to the following publishers for permission to reprint portions of the "Encyclopedia Galactica" from Carl Sagan, Cosmos. New York: Random House, 1980; London: Little, Brown Book Group Ltd., 1980. Copyright © 1980 by Carl Sagan Productions, Inc. Copyright © 2006 by Druyan-Sagan Associates, Inc.

宇宙2 万物从何而来

作　　者 [美]安·德鲁扬
译　　者 青年天文教师连线
责任编辑 高霁月
项目策划 紫图图书ZITO®
监　　制 黄　利　万　夏
特约编辑 路思维　吴　青　徐佳汇
营销支持 曹莉丽
版权支持 王秀荣
装帧设计 紫图图书ZITO®

北京联合出版公司出版
（北京市西城区德外大街83号楼9层　100088）
天津联城印刷有限公司印刷　新华书店经销
字数300千字　880毫米×1230毫米　1/32　13印张
2020年7月第1版　2020年7月第1次印刷
ISBN 978-7-5596-4298-1
定价：119.00元

本书献给

萨拉

佐伊

诺拉

以及

海琳娜

因你们的征途是星辰大海

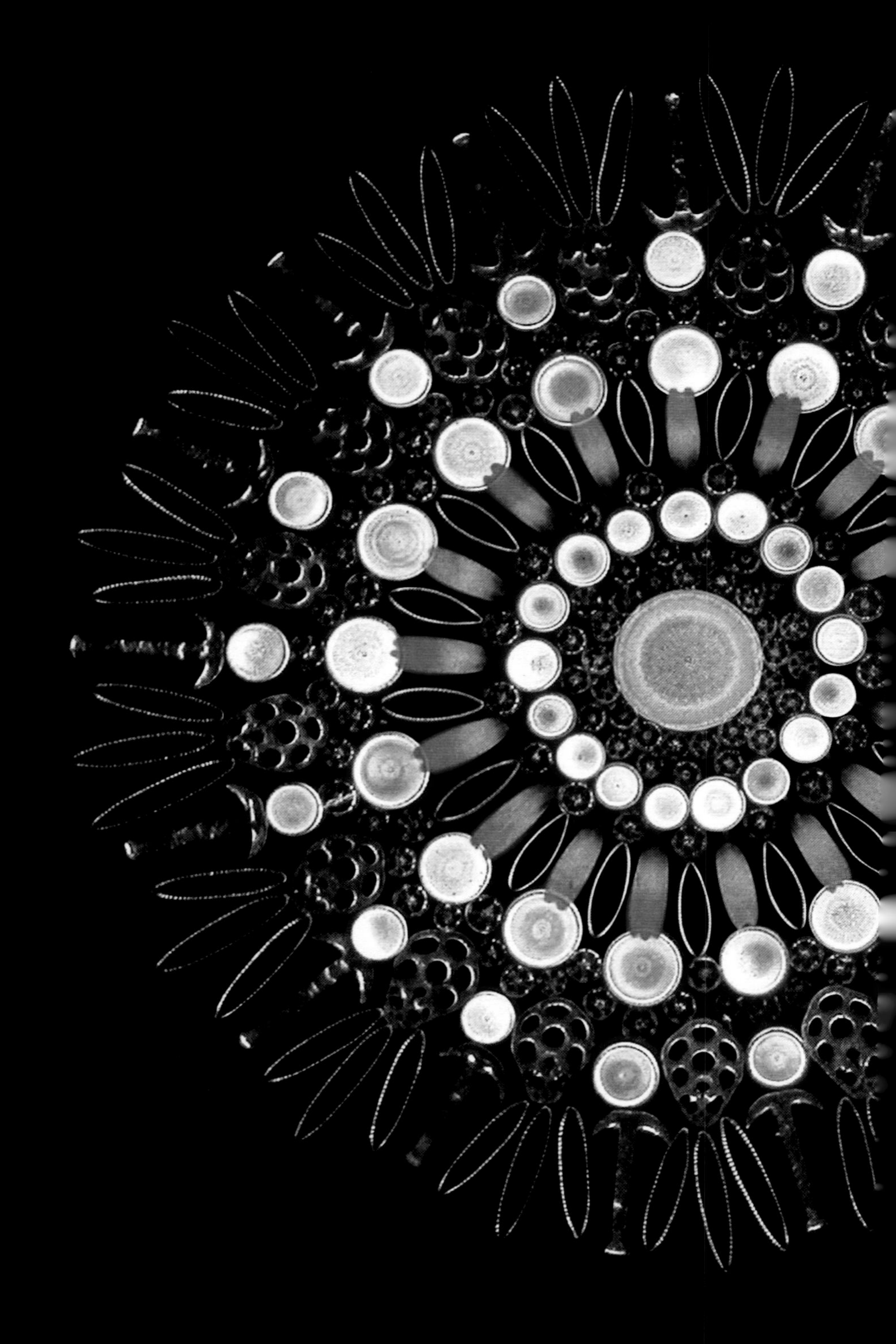

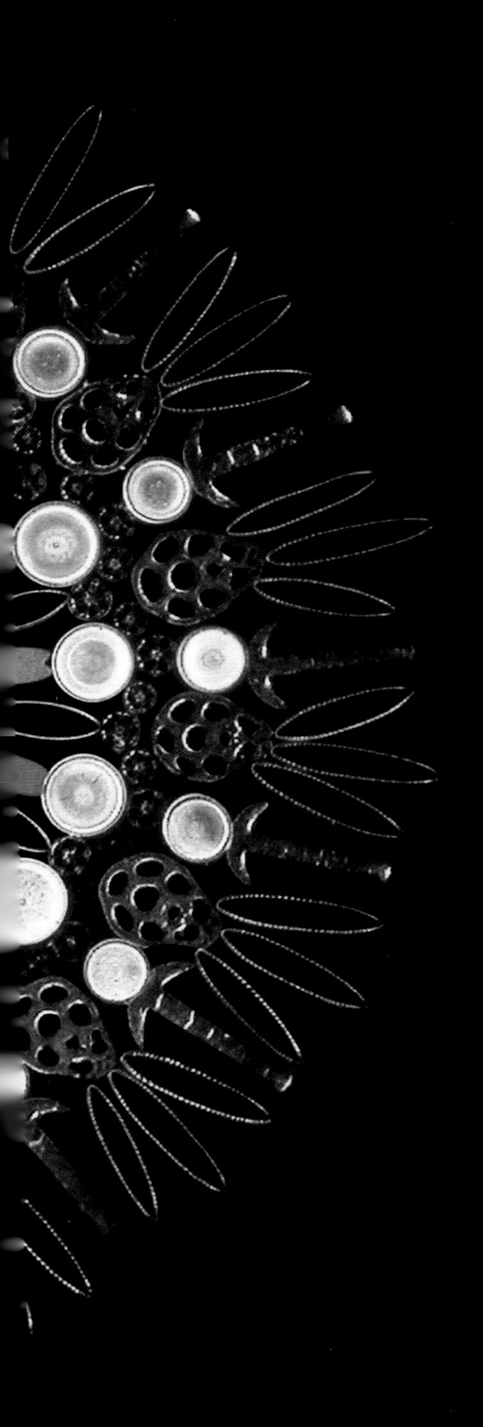

显微镜下才能看到的维多利亚时期的艺术品，由硅藻（拥有二氧化硅骨架的微型水藻）和蝴蝶鳞片构成。

目录
CONTENTS

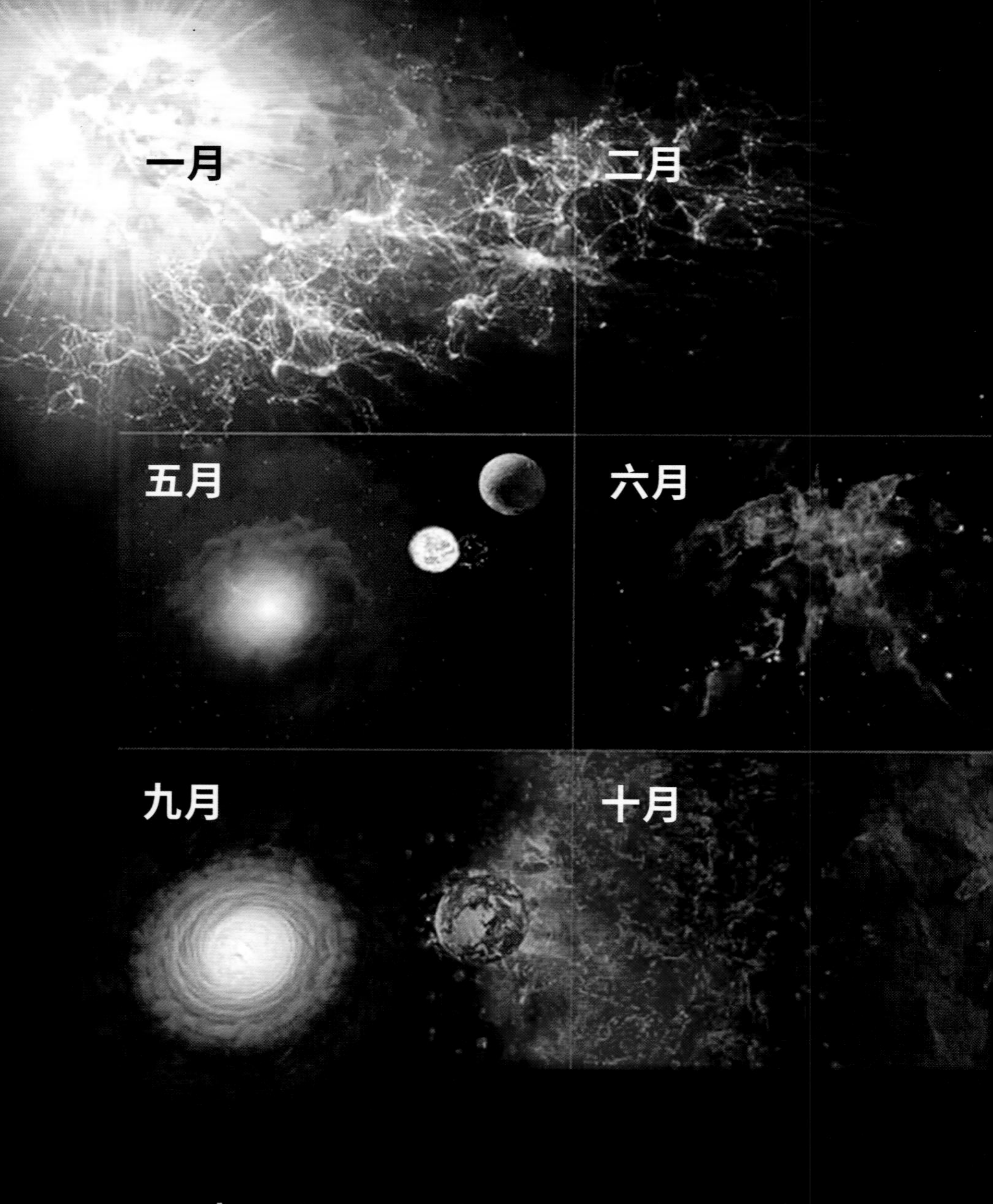

宇宙年历

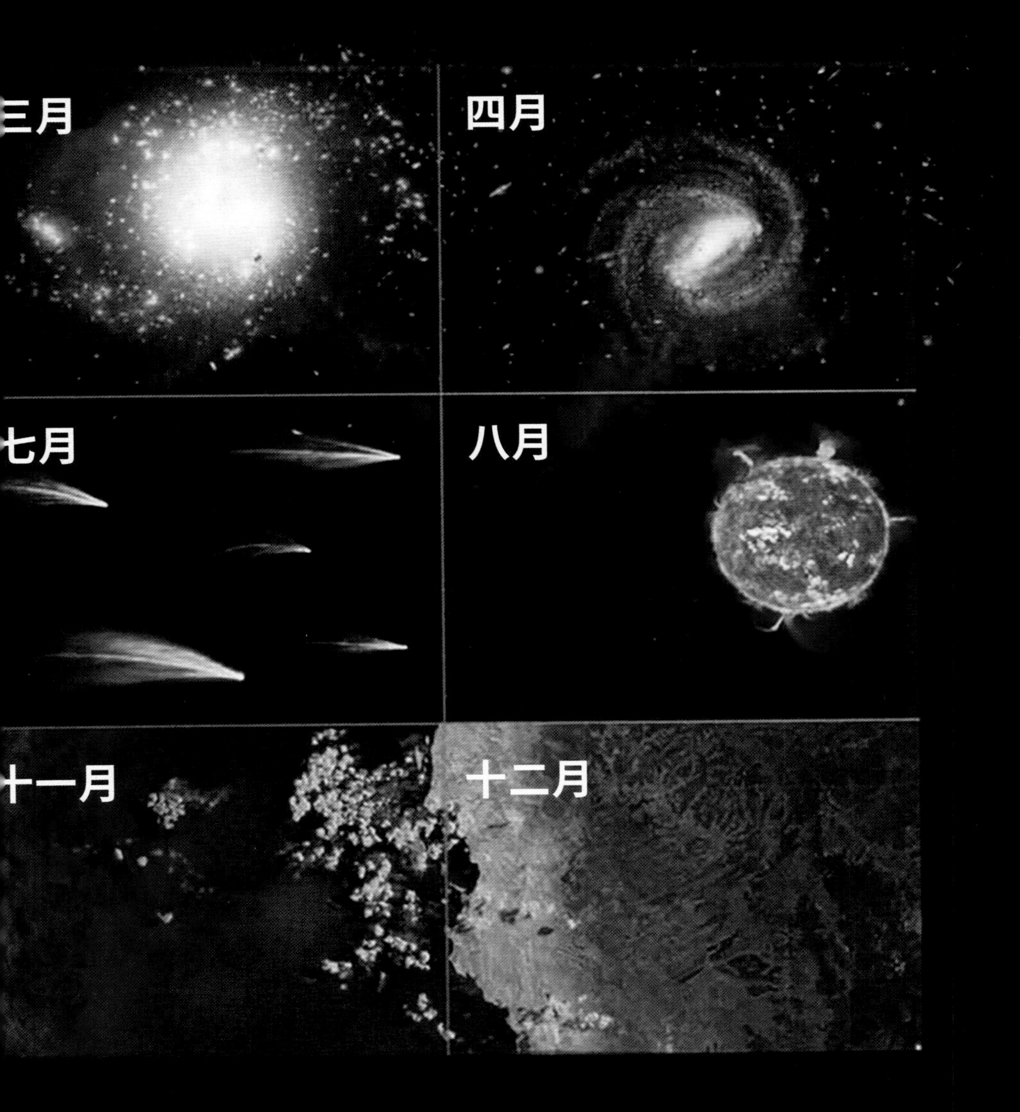

宇宙进化全程一览：这个年历浓缩了宇宙过去的 138 亿年中最重要的事件。每个“月”相当于地球上的 10 亿年还多一些；每一“天”接近于地球上的 4000 万年；每一“小时”对应 150 万年；每一“分钟”是 26,000 年；每一“秒”则是我们的 440 年。

想象一下 2039 年的世界博览会，它是乐观主义的象征，是未来世界的奇迹。
游客们蜂拥而至，被围绕在一个巨大的椭圆形反射池周围的五座展馆所震撼

2039年的世界博览会

在博览会“可能的世界”展馆中，我们走在“银河系”的一条旋臂上，与银河系内的其他文明相遇，并评估它们的存活率

NEW YORK WORLD'S FAIR

THE WORLD OF TOMORROW

1939

序

PROLOGUE

我出生在一个充满希望的时代。从刚上学起，我就立志要当科学家。恒星其实是巨大的太阳，它们得在多遥远的地方，才让自己这样的庞然大物缩成了夜空中的星点。当我第一次获知这些知识时，我的梦想就确定了。我不能肯定自己那会儿就懂得“科学”的含义，但是无论如何我很想让自己沉浸到那种不可思议的伟大中去。宇宙的壮丽深深地吸引了我，我想要揭开其中深藏的奥秘，去探索未知的世界——如果可以，我真想亲身前往。幸运的是，如今我的梦想已经部分实现了。对我来说，科学的浪漫依旧迷人而常新，就像半个多世纪以前的1939年我在世界博览会上看到了奇迹的那天一样。

——卡尔·萨根

《魔鬼出没的世界》

这张艺术装饰海报展现了 1939 年纽约世界博览会的标志：三角尖塔和圆球体。

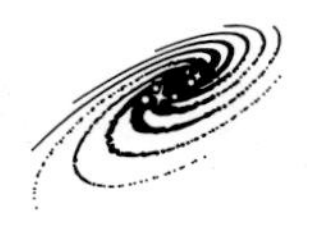

那个雨夜，就在纽约皇后区，未来不再是一个名词，而是一个你可以亲自拜访的场所。傍晚时分的一场滂沱大雨也没能让法拉盛草地公园上的20万人散去。他们聚集在这里，等待着1939年纽约世界博览会的开幕。这一年的主题是“明日世界”。博览会在1940年秋天闭幕，在此期间，4500万游客蜂拥而至，只为一窥这个充满期望的艺术世界。

在这些人中间，有个5岁的小男孩。他家里很穷，来博览会的时候还带着自己做的便当。他们家买不起20美分一碟的奶油巧克力冰激凌，也买不起令那个男孩眼馋的蓝橙双色的胶木手电筒和钥匙圈。他们的甜点只有从家里带来的苹果。不管小男孩怎么闹，最后还是两手空空地离开了博览会——然而他人生的轨迹却从此清晰了。在生活电器类大厅的游乐场里，亲手操纵红外音乐光柱的经历令他欣喜若狂。从此，他对这个叫作“未来”的地方产生了深深的迷恋，

未来世界展，1939年世界博览会对1960年的城市的畅想，展示了分层的现代高速公路和顶部带花园的摩天大楼。

并认识到，科学是到达未来的唯一路径。梦想，就是他的地图。

这个可能的世界不仅充满了科学性，而且追求人人平等。事实上，它有个示范社区就叫作“民主社区”。那里没有贫民窟，只有电视机、电脑和机器人。在那里，人们第一次见识了将会改变他们人生的东西。

在这四月的最后一个夜晚，他们前来倾听自艾萨克·牛顿（Isaac Newton）以后最伟大的科学天才——阿尔伯特·爱因斯坦（Albert Einstein）——的发言，他的讲话拉开了一场绝妙演出的序幕。就像游泳运动员们步调一致地在博览会表演水上芭蕾一样，自然的力量被巧妙地融进这场演出中。爱因斯坦要做的就是进行简要的开场致辞，然后按下那个将会点亮整个博览会会场的开关。据称那是技术史上最大的人造闪光灯装置，在直径约64千米内都能看见。全场齐声惊叹——然而这赫然而空前的光辉的源头却更加让人觉得不可思议。

在东河对岸的曼哈顿，美国自然历史博物馆海登天文馆的巴顿教授（W. H. Barton）正在校准一些仪器。这些仪器将捕获一些来自宇宙未知之境的神秘闪电，并将其转变为光。正如普罗米修斯从上帝那里盗取火种一样，我们将从宇宙中获取能量。

几十年以前，一个叫维克多·赫斯（Victor Hess）的科学家发现宇宙中有一股力量频频造访我们的世界：带电粒子汇聚成一束束射线冲击着地球。单个质子包含的最高能量可以等同于一个时速60英里（约97千米）的棒球动能。科学家们管这些成束粒子叫作宇宙射线。人们在海登天文馆安装了3个超大的盖革计数器[编注：一种专门探测电离辐射（α 粒子、β 粒子、γ 射线和X射线）强度的记数仪器]，捕获到的10条宇宙射线，会被用以开启世界博览会的帷幕。

当宇宙射线被盖革计数器捕获以后，它们的能量将通过真空管被放大，接着通过电线网络被传输到皇后区。爱因斯坦和众人正在那里翘首以盼。这些宇宙射线提供的能量将足够把夜晚变成白天，炫目的灯光将照亮整个博览会场，这就是科学带来的新世界。

但首先，爱因斯坦得向大众解释一下什么是宇宙射线。主办方要求他在 700 字内说完。起初，爱因斯坦的内心是拒绝的。这不可能，他想。宇宙射线对于爱因斯坦和他同时代的人以及科学界来说仍是一个谜。然而经过对科学的不懈追求，在我即将完成本书时，我们已经知道宇宙射线来自遥远的星系，由宇宙中一些最为猛烈的过程所产生。

爱因斯坦觉得 700 字完全不足以解释这个神秘现象的复杂性，但是他又坚信与大众交流是科学家的职责，因此最后他还是同意了做这个报告。

想象一下，1939 年四月的最后一个夜晚，这一晚的精彩程度与任何一部电影的预告片相比都有过之而无不及。此时距离纳粹德军入侵波兰只剩几个月的时间，第二次世界大战的序幕即将拉开，人类历史上最具灾难性的杀戮即将发生。5 岁的卡尔 · 萨根吃不起奢华的甜点，也买不起世界博览会上心仪的纪念品。他的父母和大部分人一样，还没有从历史上最严重的经济大萧条中脱离出来。在德国，1930 年的恶性通货膨胀意味着，你得用一整辆独轮车的纸币才买得下一条面包，这使得一些绝望的人转而支持蛊惑人心的政客。在这个星球上，6000 万人即将被杀害，上千万人即将遭受无法想象的摧残。然而就在这最灰暗最没有希望的时候，人们聚集在一起庆祝，甚至是憧憬……**未来**。

太阳即将落山的时候，爱因斯坦站到了麦克风前。这位上个月刚满 60 岁的物理学家，由于在最宏大尺度上的物理学研究的发现，在过去的数十年里享受着世所罕见的名望。

自 2500 年前的古希腊天才德谟克利特（Democritus）以来，科学家们对组成物质的不可见单位的存在有了一定的理论，并将其称为“原子”。然而，没有人能够证明它们真的存在。25 岁的爱因斯坦第一次为原子以及它们集合而成的分子的存在提供了确切的证据，甚至测量了它们的大小。爱因斯坦挑战了当时主流的“光是一种波”的理论，指出光是以“光子”这种粒子的形式进行传播的。他奠定了量子力学的基础，发现了粒子在静息状态下的内在能量，由此扩展了传统物理学的范畴。

爱因斯坦还意识到引力能够使光发生弯曲。他用来表达这个思想的公式正是我们大家都熟知的那个（即广义相对论），因为它就是有史以来最著名的科学 / 数学命题。他搞懂了时空的本质，将牛顿的万有引力定律提升到了一个新的高度。这打开了近代天体物理学的大门，使人们得以探索宇宙最黑暗的深处——在那里，即使是光也会被引力所禁锢。

爱因斯坦开始了他的演讲。那个夜晚站在雨里听他演讲的人仅仅是一小部分，更多的人在美国甚至全球通过电台关注了这次活动。爱因斯坦向大家介绍了维克多 · 赫斯，一个澳籍物理学家。赫斯在 1911 年到 1913 年间，通过一系列危险的高空热气球航行发现了宇宙射线。尽管这次报告受限于 700 字，爱因斯坦还是用了一些篇幅提醒大家赫斯的身份是外来移民——“和最近的很多人一样，来这个友好的国家寻求庇护”。接着，他解释了科学家已经掌握的关于宇宙射线的知识，还预测了宇宙射线将为我们了解“物质的内部结构”

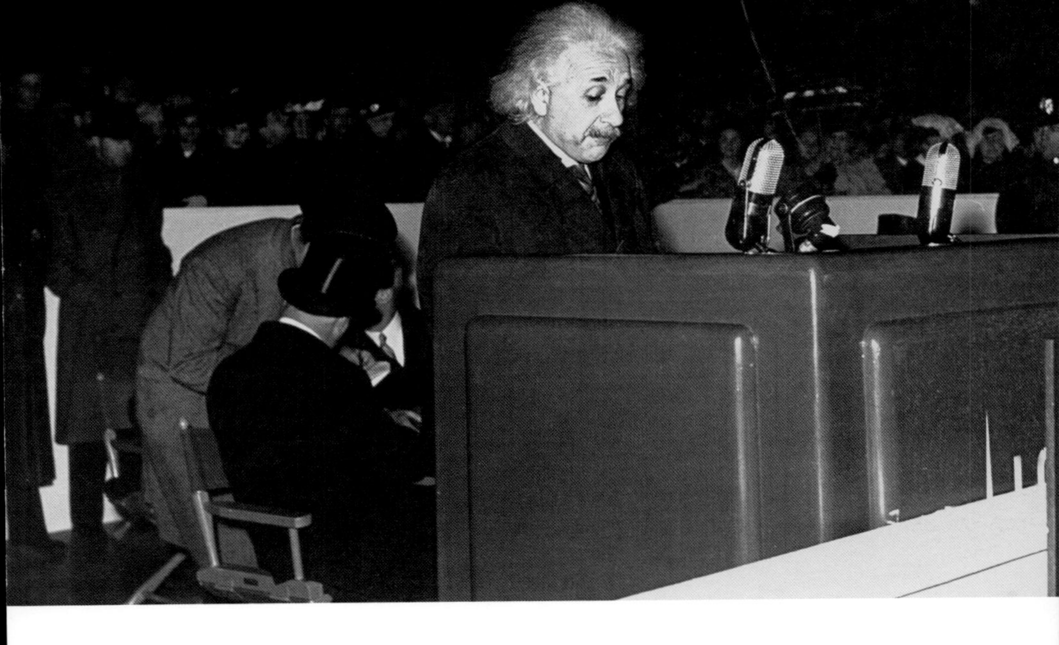

1939 年，拥有最受人尊敬的头脑的人——爱因斯坦，拉开了纽约世界博览会的序幕，对科学提出了挑战。

提供关键线索。

一个播音员的声音响彻了皇后区的夜空：“现在我们将通过这些行星际的信使来展示明天的世界。我们即将捕获的第一条射线还在约 805 万千米之外，正以每秒约 299,340 千米的速度向我们飞来。”每一条射线到来并被盖革计数器记录的时候都会有播报。当第十条射线被捕获时，爱因斯坦按下了开关。线路系统显然无法承受这巨大的能量，有些灯被烧坏了，但是产生的效果却十分壮丽。未来之路开启了。

第二天的《纽约时报》（*New York Times*）报道说，由于爱因斯坦的浓重口音，加上音响之间的共鸣，在场的听众基本只听清了他开头的那句："假使科学要像艺术一样真切而完全地实现它的庄严使命，它的成就便不能只是肤浅地为大众所知，而要把其内在的意义投射到人们的意识中去。"

这正是《宇宙》（编注：一部介绍宇宙的系列纪录片）亘古常新的追求。某个深夜，我在 YouTube 上漫无目的地看着视频，意外发现了爱因斯坦在那天晚上的演讲。那些话几乎从来没有被人引用过，然而我却因此发现了自己的信条，并为此工作了 40 年。爱因斯坦鼓励我们打破科学的牢笼，拉近科学与大众的距离，驱散人们对科学的恐惧，把科学见解从只有科研人员才懂的术语翻译成大白话。只有这样，我们才能从心底理解这些真知灼见，亲身经历它们所揭示的奇迹，从而改变自己。

1977 年，卡尔·萨根和我在为 NASA（美国国家航空航天局）的旅行者号携带的星际航行信息合作的时候坠入了爱河。卡尔那时已经是一个著名的天体物理学家、科学传播者以及旅行者号飞船宇宙空间探索计划的重要研究员。在此之前，我们曾在一个电视节目中合作过，尽管那个节目最后没有播出，但是我们一起思考讨论的过程让卡尔决定邀请我来担任"旅行者金唱片"（编注：旅行者 1 号和旅行者 2 号两艘空间探测器上各带有一张名为"地球之音"的铜质镀金激光唱片，这张金唱片收录了能够代表地球的 115 幅图像以及多种大自然的声音，承载着人类与宇宙星系沟通的使命）内容

NASA 在 1977 年发射的旅行者 1 号和旅行者 2 号空间探测器将一条复杂的星际信息载向了银河系深处，也载往 50 亿年后的未来。刻在封面上的是科学象形文字，指出了我们人类在宇宙中的地址以及这张光盘的播放方法。

的创意编导。

卡尔那时第一次提出：一旦旅行者 1 号完成了对太阳系外围的划时代探索，传送回最后一张海王星的照片后，它就应该调整镜头，向着来时的方向记录下我们的地球。好几年的时间里，他都在 NASA 为了这个观点孤军奋战，引来了很多人的强烈反对。大家认为，这样的照片能有什么科学意义呢？卡尔坚信，这张照片具有引发变革性影响的潜力，他始终坚持要拍。直到旅行者 1 号远在我们的太阳系平面之上时，NASA 才妥协。最后，旅行者 1 号拍下了太阳系的全家福，其中包括一张地球的照片。照片上的地球非常小，你要很仔细地观察才能找到它。

从那时起，全世界的人都爱上了这张被叫作“暗淡蓝点”的照片以及卡尔对此的散文冥想。这正是我认为的实现爱因斯坦对科学的期望的典型突破。我们人类已经聪明到能够将空间探测器发送到约64亿千米之外，并命令它传送回一张地球的照片！在浩渺的黑暗中，我们的世界看上去不过是一个像素点。无论学历如何，任何人看到这张照片都能立刻意识到我们在宇宙中真正的处境。在这张照片里，四个世纪的天文学研究的内在意义顿时一览无余。它是科学数据，同时也是艺术。它有直抵灵魂的力量，能改变我们的意识形态。它又像一本伟大的书、一部杰出的电影或是其他任何重要的艺术。它能击穿我们的虚伪，让我们感受到真实——哪怕是我们当中有些人长久以来一直抵触的真实。

（地球）如此渺小的一个世界不可能是整个浩瀚宇宙的中心，更不可能是宇宙创造者唯一关注的地方。这个淡蓝色的点是一种无声的指责，一种对原教旨主义者、民族主义者、军国主义者、污染者以及任何没有把保护我们的小小星球和它在浩瀚冷酷的黑暗中所维持的生命作为首要任务的人的无声指责。这项科学成就的内在意义是任何人都无法逃避的。

1980年，当卡尔、我以及宇航员史蒂夫·索特（Steven Soter）合作第一季的《卡尔·萨根的宇宙》（编注:《宇宙》系列纪录片的第一季，改编自卡尔·萨根的同名书籍）时，我们还不知道爱因斯坦的那句引言。我们只是有一种狂热的紧迫感，想要去分享科学令人惊叹的力量，去传达揭秘宇宙带来的精神上的升华，放大卡尔、史蒂夫和其他科学家对于人类如何影响了地球的警告。《卡尔·萨根的宇宙》为这种不祥的预感发声，但同时它也充满了希望，充满了生而为人的自尊。这种自尊部分来自我们在宇宙中寻找出路的成就，部分来自那些敢于揭示和表达被视为禁脔的真相的科学家的勇气。

1980 年播出的第一季《宇宙》电视系列和出版的相关书籍获得了不少奖项，在全世界范围内都受到了好评。据美国国家图书馆报道，它是"塑造美国的 88 本书"之一。这个目录下面还包括了《常识》(*Common Sense*)、《联邦党人文集》(*The Federalist*)、《白鲸记》(*Moby-Dick*)、《草叶集》(*Leaves of Grass*)、《隐身人》(*Invisible Man*)和《寂静的春天》(*Silent Spring*)等图书。

正因为如此，在卡尔·萨根去世 12 年之后，当我和史蒂夫·索特开始制作这个系列的第二季 13 集节目，即《宇宙时空之旅》(*Cosmos: A SpaceTime Odyssey*)时，我的内心充满了忧虑。在撰写和制作这个系列的 6 年里，一个噩梦一直在我身边萦绕不去。我对卡尔充满了无限的爱和欣赏，我害怕由于我个人的局限性导致这个系列不能很好地展现卡尔的精神。

这是我在想象力飞船上的第三次航行，标志着我写作《宇宙》系列的第 40 个年头。在之前的"航行"中我并非只用过飞船和宇宙年历，一些比喻、逸事和教学工具在我看来具有无与伦比的解释力，所以在这段旅程中我也带上了它们。这本书中不可避免地会与卡尔和我之前表述过的概念有些重复，但现在它们比以前更加严谨。

又一次，我十分幸运地找到了出色的合作者，但也依然担心作品能不能符合要求。尽管如此，时间督促着我向前。

我们都对现在及未来感到不安。我们意识到必须采取行动，否则会让我们的孩子处于我们自身不曾面对的危险和苦难之中。我们该如何保持清醒？在人类的文明和无数其他的物种被摧毁以前，从不可逆转的气候或核战灾难的梦游中醒过来？我们该如何学会珍惜那些生存必需的东西——空气、水、地球上可持续的生命结构、未

来——远胜过贪恋金钱和一时的便利？只有实现全球的精神觉醒，才有可能将我们变成我们必须成为的模样。

科学，如爱一样，是实现超越的一种途径，能让人获得全身心活着的体验。科学认识自然的方法和我对爱的理解是相同的：爱让我们超越关于个人希望和害怕的幼稚投射，去拥抱另一个人的真实。这种坚定的爱会让你走得更远，飞得更高。

这正是科学热爱自然的方式。正是因为没有对绝对真理的追寻，科学才成为神圣的搜索中最值得关注的方法论。这是关于谦虚的永无止境的课程。宇宙的广袤——以及使得这广袤可以被忍受的爱——是傲慢自大者难以企及的。这个宇宙仅全盘认可那些仔细倾听内心声音、提醒我们自己可能犯错的人。比起我们希望相信的事情，客观真相必定对我们更为重要。然而我们要如何区分这两者呢？

我知道有一个方法可以拉开黑暗的帷幕，让我们全面地感受自然。这就是科学道路上的基本规则：用实验和观察来检验想法。将通过检验的想法作为基础；拒绝无法通过检验的想法；紧紧地跟着证据走；质疑一切，包括权威。如果能做到这些，整个宇宙都将是你的。

1980 年，安·德鲁扬和卡尔·萨根在洛杉矶制作《卡尔·萨根的宇宙》期间的合照。

如果连对我们在宇宙中的真实处境、生命的起源以及自然的定律的朝圣式追寻都算不上精神追求，我不知道还有什么可以算。

我不是一个科学家，只不过是一个故事的采猎者。在所有藏品中，我最珍视的，是那些关于探寻者的故事，他们在广袤而黑暗的海洋中为我们寻找出路，带我们登上光明的岛屿。

以下就是那些敢于去深不见底的宇宙海洋中冒险的探寻者们的故事。让我们一起去他们发现的世界中旅行吧——逝去的世界、繁荣发展中的世界以及未来的世界。

在接下来的几页里，我想给你们讲一个故事：一个不知名的天才曾经留了一封信，指导了50年后阿波罗飞船的成功登月。还有一个故事：一个科学家接触了一种古老的生物物种，它们像我们一样用象形文字来交流。这一利用物理学和天文学进行下意识的数学计算的物种，生活在一个由共识达成的民主体制，而它使我们人类的政体蒙羞。

我想带你们参观那些由于科学而可能被我们想象、再现，甚至到达的世界：一个下钻石雨的世界，藏在海底的远古城市，地球上的生命可能就诞生在那里。我想让你们见证可能是全宇宙中最亲密的星际关系——两颗恒星持续地拥抱在一起，以1300万千米长的火桥相连。

让我们一起窃听那个遍布地球的隐蔽网络，那是各界生命形式之间古老的合作。我想要为你们介绍一位鲜为人知的科学家，他为人类提供了通往长久以来失落之地的钥匙。正是这个人在两百多年前披露了现实中的一个逻辑漏洞，这个漏洞至今依然是个谜，就算是爱因斯坦也没能解开。

最触动我心弦的是那个对科学充满激情的人，他在面对历史上最可怕的谋杀行径时，选择了一种缓慢而恐怖的死法。只要撒一个关于科学的谎，他就可能解救自己。然而他做不到。他的追随者自发跟随他去殉难，去守护对他们来说仅仅是个抽象的概念的——下一代人——我们。

他们的这种精神将我们带到了最让我兴奋的世界——我们在这个世界上仍然可以拥有的未来。对科学的误用会使我们的文明处于危险之中，然而科学本身也有着拯救我们的力量。它可以清洁这个星球的大气，使过高的二氧化碳含量降下来。它可以让生命自由地中和我们粗心大意散播得到处都是的毒素。在一个渴望实现民主政体的社会中，意识清醒并且行动积极的公众可以让这个可能的世界变成现实。

这些故事使我对我们的未来抱以乐观的态度。它们让我更加深刻地感受到了科学的浪漫，意识到活在当下、活在特定的时空坐标里是多么的奇妙。茫茫宇宙中，孤独不再，这里就是我们的家。

——安·德鲁扬

Ann Druyan

令人惊叹的土星环——引力形成的彩虹。从 NASA 的卡西尼号探测器看到的 14 亿千米之外的暗淡蓝点——地球。

| CHAPTER 01 |

通往星空的天梯

不是我，全世界都这么说：一切就是一个整体。

——赫拉克利特（Heraclitus），
约公元前500年

在这个美好的未来，你不能忘记你的过往。

——鲍勃·马利（Bob Marley），
《女人，不要哭泣》（*No Woman No Cry*）

自诞生以来99%的时间里，人类都是采猎者……围绕我们的只有大地、海洋和天空……

……我们尚不能将自己的星球整理得井井有条……还要去太空中探险、改变世界、重塑其他行星、涉足相邻的恒星系吗?

……在我们有能力移居到邻近的其他行星系统时，我们必然已经改变了。世代的繁衍和交替将改变我们。自然的规律会改变我们，我们是适应性极强的物种。

……对于所有的失败，尽管我们不可靠，又有局限性，但我们人类仍然有能力做出伟大的事业……到下个世纪末，我们这个流浪物种会走多远?一千年以后呢?

——卡尔·萨根，
《暗淡蓝点》（*Pale Blue Dot*）

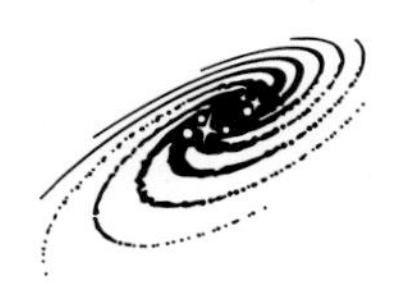

我们是这广阔空间年轻的新成员。我们像学步的孩子一样，紧紧地抓住宇宙海洋的岸边，偶尔从母亲的身边离开，直到猛然想起我们的恐惧再匆匆回到她的保护伞下。

半个世纪前，我们对月球进行了一系列短暂的间歇性访问。从那以后，我们的探险之旅一直由机器人进行。1977 年，我们派出了旅行者 1 号，这是我们最大胆的机器人使者，它远离地球，远远超过我们所触及的任何东西，超出了恒星风所能到达的范围，到达星际深处。

太阳是距离我们最近的恒星。在旅行者 1 号以每小时 6 万千米的速度飞行时，需要近 8 万年的时间才能到达下一个最近的恒星比邻星（Proxima Centauri）。这只是银河系中一颗恒星到另一颗恒星的旅行，而银河系是数千亿颗恒星由引力束缚在一起的一个集合。我们的银河系只是万亿个星系中的一个——如果我们计算所有已经

穿过智利阿塔卡马沙漠的一条公路，路的尽头指向左上角银河系中最大的恒星之一——心宿二（Antares），它距离地球有 600 多光年。

合并到像我们这样的大星系中的矮星系，这个数字将是两万亿。这些观测结果向我们展示了一个包含数十万亿亿颗恒星的宇宙——而这个数字可能还得乘上一千倍。

而这只是我们能看到的宇宙的一部分。大多数宇宙都隐藏在看不见的时间和距离的帷幕后面。时空结构早期超光速的扩展将宇宙相当大的一部分体积送到了超出我们最强大的望远镜所能触及的范围。而且，整个宇宙——一个对我们来说无比浩渺的地方——可能只是超出我们理解或想象的多重宇宙中，微不足道的一点。难怪我们感到害怕，坚持妄想自己是宇宙的中心，占据着创造者唯一的孩子的珍贵地位。面对这个压倒性的现实，经常在一个点上找不着北的微小生物如何能够在宇宙中有家的感觉？

自从人类诞生以来，我们就一直在通过讲故事的方式来应对黑暗带来的恐惧。“黑暗”是一种性质，而非数量。孩子卧室里的夜晚就是一个独特的宇宙。作为由故事驱动的物种，我们通过将黑暗解析为故事来理解它。在科学诞生之前，我们无法探究这些故事与现实是否相符。我们漂浮在时空的海洋上，不知道身处何时何地，直到一代代的探寻者开始建立坐标。

我们对宇宙年龄的最新认识来自于欧洲航天局的普朗克卫星，该卫星花了一年多的时间扫描整个天空，精心测量了宇宙初生时首次发出的光，那时距离宇宙大爆炸仅仅 38 万年。普朗克卫星的任务揭示了宇宙实际上有 138.2 亿年——比科学家先前想象的还要久一亿年。

这就是我喜欢科学的一个方面。当证据显示宇宙年龄比先前认为的更大时，没有科学家试图压制它。一旦新数据得到证实，我们认知上的这一修订就被整个科学界所接受。这种永恒的革命态度、面对改变的坦诚，正是科学的核心，是使其如此有效的原因。

关于时间的科学故事很久以前就开始了，为了方便理解，我们需要把它分解为人类的术语。在这张宇宙年历里，我们把所有时间（严格来说是138亿年）转换成容易理解的地球时间。时间从左上角1月1日的大爆炸开始，到右下角12月31日的午夜结束。在这个尺度上，每个“月”相当于地球上的10亿年多一点；每一“天”接近于地球上的4000万年。每一“小时”对应150万年；每一“分钟”是26,000年；每一“秒”相当于440年，比伽利略第一次用望远镜看向宇宙到现在为止的时间还要长。

这就是宇宙年历在我看来如此有意义的原因。在最初的90亿年中，没有地球。直到宇宙年过去2/3，到了夏末的8月31日，我们这个小小的世界才从太阳周围的气体和尘埃碎片中合并产生。在宇宙的大部分历史中，与我们有关的任何东西都不存在。我觉得这是一种谦卑的深层来源。

我们的星球在其诞生后的第一个十亿年的大部分时间里，遭受了相当大的打击。最初是新生行星之间的碰撞扫除了轨道上的大部分碎片，后来很可能又经历了太阳系范围的混沌，块头巨大的木星和土星进入了其他轨道，并通过引力吸引小行星脱离原有轨道，与它们以及它们的卫星发生碰撞。

这一时期在术语里被称为“后期重轰炸期”，一直持续到海底开始孕育出生命。对于我们这些希望在宇宙中寻找其他生命的人来说，这是一个令人鼓舞的消息。在整个宇宙中，我们的太阳及其行星可能只是一个普通的存在。这些撞击地球的天体带来了生命必需的成分，甚至包括了产生生命所需的热量，而这可能仅仅是宇宙意义上的日常快递服务。

澳大利亚鲨鱼湾退潮后的景象展现了类似生活在 30 多亿年前的微生物菌落。

地球上的所有生物都来自单一的起源。我们认为它始于 9 月 2 日的深海黑暗中——在海底一座失落的岩石塔城里，我在之后的文章中会更详细地讲述这个故事。在这第一个生命中包含了一种可以创造更多生命的复制机制——DNA，它是一个分子，一堆原子的集合，形状像扭曲的梯子。它的一大优势在于它的不完美：有时它会发生复制错误或被那些外来的宇宙射线损坏。所有的这些情况都是随机的，但其中一些突变造就了更强大的生命形式，我们称之为自然选择进化。这个叫 DNA 的梯子越来越长，梯级也越来越多。

又过了 30 亿年，生命从单细胞生物演变为我们肉眼可见的复杂的植物。可惜我们无法亲眼见证这一点。不过在那时，意识已经产生了。也就是说，那些知道“我能吃你，但我不吃自己”的单细胞生物已经显示出一定程度的意识。

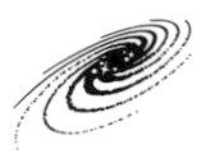

在同一时期，生命如何进化为人类的故事也发生了。但在宇宙年的最后一周里，还有一个戏剧性的新发展。如果宇宙年历里有节日，12 月 26 日必然是其中之一，因为大约在 2 亿年前的这一天，哺乳动物出现了。

根据 2011 年在中国发现的一个 1.6 亿年前的化石的复原图，这个第一个胎盘动物看起来像一只鼩鼱。

第一个真正意义上的哺乳动物是微小的类似鼩鼱的生物。当我说“微小”时，我的意思是它们真的很小——比回形针大不了多少。它们只在夜间活动，因为白天是掠食者——恐龙和其他生物——的天下。遥想三叠纪时期，在物种竞争的舞台上，这些微小生物的生存率似乎很低，胜利更青睐于极度强大的恐龙。但是，温驯的生物们最终接手了地球。

哺乳动物的大脑中多了一个新部件：新皮质。与它们的外形一样，这个部件一开始很小，但却包含了生长和发育的惊人潜力——包括在更大的群体中发展社会组织的能力。哺乳动物还带来了另一项创新，它们为孩子哺乳，抚养孩子长大。在宇宙年历上，“母亲节”应该是 12 月 26 日。

通过自然选择进化意味着，那些能够更好地适应环境的生物更有可能生存并留下后代。智力——如果你使用它——可以是一个巨大的选择优势。通过层层折叠，新皮层增加了更多的表面区域用于信息处理。大脑额叶褶皱增多，增加了更多提供计算能力的区域。

大脑继续进化，改变形态，增大体积，拥有了更多的沟和回。12 月 31 日晚上 7 点左右，我们与最亲近的亲戚——倭黑猩猩和黑猩猩分道扬镳。它们会演变成森林生物，互相清理毛发，为失去朋友和亲人而悲伤，用芦苇引诱蚂蚁作为食物，并且教孩子做同样的事情，一起停下脚步欣赏日落。然而黑猩猩和人类的最后一个共同祖先是什么样的，我们基本一无所知。

如今的我们与黑猩猩共享了绝大多数基因（大约 99%），那么，是什么导致我们与黑猩猩如此不同？为什么生活在地球上的所有 50 亿物种中，只有我们演变成了今天这种能够制造文明、改变世界、遨游太空的生命形式？不久前，我们还为火所困惑，不知怎的，我们就成了能以光速交流的生物。我们看到了粒子、原子和细胞。我们追溯时间的起始，追溯遥远星系发出的光，跨越数十亿光年之遥，并一路向前，永不停歇。

这或许只能归结为：大约七百万年前发生在极小尺度上的某个事件，导致了一场影响整个地球并最终触及其他星球的变化。卵细胞是人类最大的细胞，然而还是几乎无法被肉眼看见。而体积最小的精细胞，更是小到根本无法看到。但是在大多数细胞的细胞核内都刻有一条编码信息，这条编码信息由双螺旋扭曲阶梯中的30亿个碱基对（或梯级）组成。

这个星球的命运被一个仅仅涉及13个原子的梯级的事件永远改变了。13个原子有多小？那是一粒盐的千万亿分之一！正是几百万年前，我们某个祖先的DNA中发生了这样一个千万亿分之一盐粒大小的变异，使你成为了你，并能在此刻阅读这些文字。

每一个自尊的源泉——我们所学到和建立的一切，都是一个基因中一对碱基变化的结果，而这只是有着30亿个阶梯的梯子上的一个梯级而已。这单个梯级使得新皮层长得更大，折叠得更深。这或许是宇宙射线的随机照射所致，又或许来源于在一个细胞到另一个细胞的传播中发生的简单错误。无论它是什么，都导致了我们这一物种的变化，最终影响了地球上的所有其他生命物种。它发生在我们这个宇宙年历上最后一天的晚餐之后。

想一想，不管是好是坏，我们可以对越来越大的群体感知到忠诚和关注，可以痴迷某些信仰系统，能够想象未来、改变世界以及向宇宙寻找答案——我们给自己起名叫智人（Homo sapiens），拉丁语为“智者”——所有这些，归根结底都源自我们通往星星的微观梯子上的一个梯级。

在宇宙年历的最后一小时的大部分时间里——具体来说，在60分钟里有59分钟以上，我们的祖先都是原始人，他们演变成采猎者，生活在小群体中，“只有大地、海洋和天空为界”。

当大家满不在乎地说出“人类天性如此”时，我总是倍感困惑。通常而言，他们说的天性指的是我们的贪婪、傲慢和暴力。但是人之为人已经有50万年甚至更长时间了，在大部分时间里，人类根本不是这样。我们是怎么知道的？四个世纪以来，那些遇到过残存的采猎社会的探险家和人类学家就是这么描述的。当然也有例外，这些例外总是将我们最糟糕的一面暴露出来，但是，压倒性的共识还是描绘了一幅人与人、人与环境相对和谐相处的画面。

我们不吝分享，因为我们知道自己的生存取决于群体；我们不会追求浮财，因为那只会让我们在迁徙时徒增负担。我们与非人类灵长类动物祖先不同，它们通过霸凌他人的“大男子主义”行径来占据主导地位，而幸存的证据证实了人类两性平等的普遍社会风气以及为公平分享资源而付出的艰苦努力。这些社会中的大多数人都表现得好像他们知道自己有多需要他人一样。

我们靠采猎为生的祖先最珍贵的美德，是谦卑。似乎我们的祖先已经认识到，过于自我的猎人会对他所在的群体构成危险。如果有人在把猎物带回来给大家吃的时候过于自夸，众人就会故意说肉很坚硬、味道不好。如果这样还不能提醒他应该如何改变，那大家就会做他最害怕的一件事——躲着他。无论他做了什么，大家都会表现得好像他根本不在那里一样。

（有时候，当某个人声名鹊起、不可一世时，众人会羞辱他、将他驱逐出公共生活圈子。我在想，这些事件是否是我们内心深处来自遥远过去的仪式化的回响。）

上帝在哪里？无处不在。在岩石里，在河流里，在树林里，在鸟类里，在一切生物里。而这，就是50万年来人类的本性。

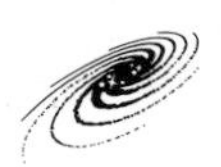

宇宙年历上的最后一天，晚上11点56分，或者说大约10万年前，非洲是世界上所有智人的家园——共有1万个智人。当我得知一个物种的数量已经减少到10,000时，我会为它们感到担心。如果你是当时的一个正在调查访问地球的外星人，你可能会认为智人是濒临灭绝的物种。而现在，智人的数量已经达到了数十亿，这期间发生了什么？

我们的祖先在一个名为布隆伯斯洞窟（Blombos Cave）的地方（或许还有不少其他尚待发现的地方）完成了一次巨大的飞跃。布隆伯斯洞窟位于非洲南端，印度洋沿岸，是我们现存的最古老的化学实验室，也是最早的能够证明我们人类拥有最大适应性优势的证据：当时的人类已经懂得利用周围环境中的可用物质，并重新塑造它以达到新的用途。

在洞穴高耸的天然天花板下，有一些用作搅拌盆的贝壳、一条长矛头的装配线、赭石加工工具包、雕刻过的骨头、精心穿起来的大小均匀的珠子、乌龟和鸵鸟蛋壳以及精致的骨头和石器。这些最初的化学家是什么样的？答案是和我们一样。在布隆伯斯洞窟中暂时还没有发现我们祖先的骨头遗迹，只有7颗人类牙齿。从这些牙齿上可以判定，这些人在解剖学上和我们现代人是一样的，甚至不仅仅是解剖学上。

或许是第一件艺术品？这是已知的人类文明中最早的人造文物，这块来自南非布隆伯斯洞窟的赭石块是在大约 7 万年前制作的。

70个大小、颜色相近的海螺壳在同一个地方被穿孔，这意味着远古的“布隆伯斯珠宝商”已经能够生产珠子了。而他们做的另一件事则让我目瞪口呆：他们用富含铁的矿物——赭石，进行化学实验。他们用鲍鱼壳作为试管，将赭石与动物骨骼和木炭的粉末混合在一起，然后把它们做成了一块细长的砖。赭石本身可能已被用作红色染料，但它或许也有其他用途，如保存兽皮、入药、打磨工具，还可能被用作驱虫剂。

众所周知，我接下来要讲的部分属于当时地球上绝无仅有的新鲜事：他们在赭石上雕刻了几何图案。这是艺术。它既不能吃，也不能提供庇护，不能用来捕获食物，也没法吸引配偶。那它象征了什么呢？或许仅仅是它本身而已。图案上有清晰的交叉网格，看起来有点像梯子，或者是……一个双螺旋结构。不论它原本想传达什么，它都是我们能找到的关于人类文化起源的最早遗迹。我们的祖先发现了一种能够留下明显属于人类的痕迹的方式，无论多么神秘莫测的信息，都能通过这种方式传达给十万年后的你和我，甚至是未来。一种强大的力量最先在布隆伯斯洞窟里诞生了。

在随后的数万年中，我们的一些祖先迁出非洲，在这个星球上进行探索和定居，留下了他们渴望被人记住的证据。其中一个特别令人难忘的证据，展示了人类的聪明才智：现今西班牙瓦伦西亚的一个蜘蛛洞穴中画着一个勇敢的人，正沿着不知道是绳子还是梯子的东西往上爬，他用手里的发烟罐去突袭蜂巢来获取蜂蜜。在文献记载中，那个人通常被认为是一个男人，但我怀疑那或许只是因为从前我们在全物种水平上，以“男人”（man）这个词来代表所有人而遗留下来的误解。我认为那个盗取蜂蜜的人看起来更像女人，至少在那幅洞穴绘画中，没有什么可见的证据能反驳我的观点。

在那幅壁画诞生 8000 年后的今天，蜜蜂仍然会从烟雾前逃走，因此那幅壁画成为了早期人类战胜他们强大的敌人——时间——的经久不衰的证据。然而即便这张壁画经历了漫长的岁月，这在宇宙年历上也不过是不到 20 秒之前发生的事。

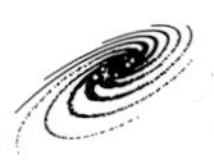

在几千年前，世界各地的人们发现了另一种强大的力量。我们的祖先不再采猎食物或者追踪迁徙的牧群，转而开始学习如何在土地上种植食物以及驯化野生动物。这改变了一切。它让我们的祖先有时间去做一些以前从未做过的其他事情。他们安顿了下来，搬进了室内。他们发明了新的工具和技术，用于种植和从土地里收获食物。我们与自然的关系以及我们人类彼此之间的关系从此彻底改变了。

农业革命——植物和动物的驯化，是所有革命之母，因为所有其他革命都要追溯到这里。其意义之深远，不囿于一时一事。而且，和大多数革命一样，这一次革命带来的变化既伟大又可怕。“家”这个词开始有了新的含义。“家”，曾经意味着我们在地球上漫游到的任何地方，现在则变成了地球上的一个特定位置。随着时间的推移，

西班牙瓦伦西亚附近的洞穴绘画（公元前 5000 年左右），描绘了一个使用发烟罐驱逐蜜蜂并偷走蜂蜜的人。艺术家用墙上的一个洞来代表蜂巢。

这些定居点变得越来越大，直到午夜前大约 20 宇宙秒时，出现了另一个飞跃。

欢迎来到“城市的母亲”之一，加泰土丘（Çatalhöyük）。这是安纳托利亚平原上的一个社区，如今是土耳其的一部分。我想象着现在是 9000 年前，每个人都在夜里安顿下来。这天晚上，这样的一个原始城市里居住着的人口总数，与曾经的非洲总人口数大致相同。加泰土丘由连在一起的住宅组成，占地 133,546 平方米。自 9 万年前人类在布隆伯斯洞窟进行化学实验以来，情况确实发生了变化。

那个城市在当时是那么的新奇，人们甚至还没有发明街道或窗户，你进入公寓的唯一方法就是走过邻居的屋顶，梯子就靠在你公寓的天窗上。

除了街道和窗户，加泰土丘还少了一样更重要的东西——这里没有宫殿。农业的出现伴随着一个人类社会至今尚未付清的苦涩代价，那就是人与人之间的不平等。不过在这里，统治着大部分人的少数人尚不存在。由 1% 的人占据巨大的财富、而其他人仅仅能维持生计甚至无法存活的情况还没有出现，之前采猎社会互相分享的社会风气依然存在并被保持得很好。加泰土丘崇尚平等主义，弱者

在加泰土丘的废墟中发现了一些女性雕像，其中有一些是站立的姿态，还有一些是像图中这样坐着的。一些考古学家解释说这些是生育女神，但其他人认为这意味着人们尊重社区中的女性长者。

和强者吃的食物是相同的。经科学分析发现，居住在这里的妇女、男子和儿童的营养状况有着惊人的相似性，而且所有人都住在一模一样的房子里。但是，读者们，他们的房子可一点儿也不单调。房间里最显眼的是一个巨大的野牛头，有粗大的尖角，挂在满是彩绘的墙壁上。墙壁上还大量装饰着其他动物的牙齿、骨骼和皮毛。

加泰土丘的公寓拥有独特的现代外观。从平面图来看，这些住所非常实用和模块化，所有的住宅都是统一的，有分别用于工作、用餐、娱乐和睡眠的小隔间。光秃秃的木梁支撑起天花板。这样的住宅可供 7~10 人的大家庭居住。

十万年前我们的祖先在非洲捡到的赭石，现在是加泰土丘室内设计师的首选媒介。壁画中描绘了大量的野牛、猎豹、奔跑的人，以及秃鹫从无头尸体上抢夺肉块、狩猎者玩弄着一头鹿的情景。壁画不只被人们用来描绘动物，也成为他们缅怀已故亲人的一种仪式。

带着尸体的仪仗队将离开加泰土丘去往安纳托利亚平原上的一处空地，那里立着一个高高的平台。他们将尸体留在平台上，等着经受猛禽啄食与风吹雨打。他们会留下一个人站岗，确保尸骨不被叼走。 秃鹫在平台上空盘旋，随后便是一场风卷残云般的吞食。时间一点一滴地过去了，当平台上只剩下骨架时，仪仗队重新返回。接下来，人们会用红赭石装饰尸骨，并将其折叠成胎儿的姿势，埋在他们公寓的起居室地板下面。有时，也许是在举行仪式的时候，他们会打开起居室下面的坟墓，将亲人的头骨取出，与自己共处一室。我时常好奇，他们与逝者的关系是否比我们现代人和逝者的关系更安宁。

红赭石还有另一个影响深远的应用。人们用它创造了两种新的艺术形式——历史和制图学。一位艺术家绘制了圆形屋顶的轮廓，

一位艺术家描绘的加泰土丘——第一批原始城市之一，这座城市出现在大约 9000 年前，那时街道和前门还没有出现。

所有的屋顶都与附近的火山相连，形成了一个整体。这是有史以来，人类第一次创造了一个对他们在现实空间和时间中所处位置的二维映射。“这就是我家相对于火山的位置。”并且，通过那描绘烟雾的魔法般的寥寥几笔，这位艺术家传达了一条跨越九千多年的信息：“当火山重新苏醒时，我就在这里。”

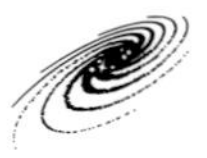

加泰土丘以及其他原始城市开展的这场实验成功了。在那以后的几千年内，城市这一形态遍布世界各地。当来自不同文化群体的人聚集在一个地方时，他们会交换意见，新的思想由此诞生。城市就像一种大脑，成为了新思想的孵化器。

在17世纪的阿姆斯特丹，新旧世界的公民前所未有地混杂在一起。这种交叉融合促生了科学和艺术的黄金时代。在意大利，乔尔丹诺·布鲁诺（Giordano Bruno）和伽利略（Galileo）发表了存在其他世界这一消息，由于这种言论在当时被认定为异端邪说，他们遭受了残酷的惩罚。但仅仅50年后，在荷兰，拥有相同信仰的天文学家克里斯蒂安·惠更斯（Christiaan Huygens）却获得了数不清的荣誉。

"光"是那个时代的主题：它是思想自由与宗教自由的象征性启蒙；借着探索之光，这颗小小星球上的人类磕磕绊绊地探索着，慢慢意识到我们全人类同呼吸共命运的事实；光还造就了其时最优异的画作，特别是维米尔（Vermeer）的作品；当然光本身，也是科学探究的对象。

在那个时代的阿姆斯特丹，有三个人，他们对光的热情促使他们发明和完善了能使光发挥出不可思议的效果的设备。他们发现，利用透镜——弯曲的玻璃片，可以集中或散射光线。这个小玩意儿原先只是纺织品商人用来检验精细缝制挂毯的质量的，从那以后，却成了通往隐藏世界的窗口。

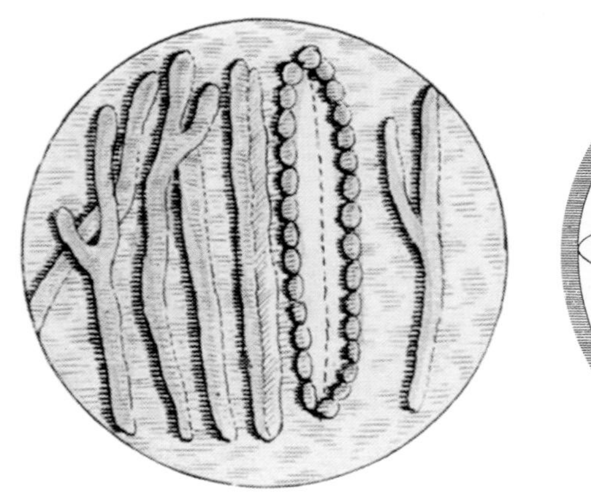

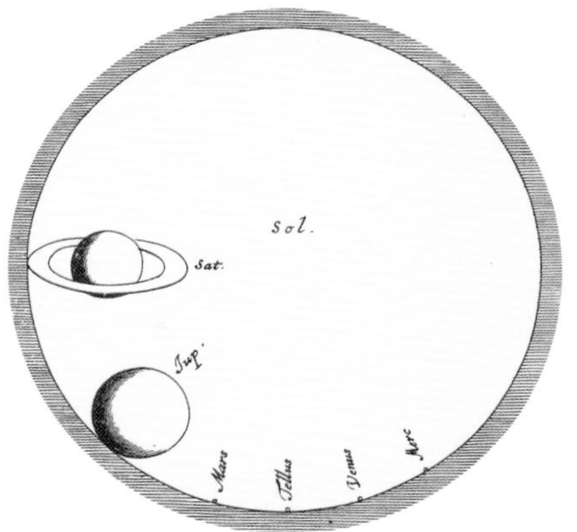

左图：安东尼 · 范 · 列文虎克首次在显微镜下观察生物，并画出了他看到的生命形态，他称其为“微型动物”。
右图：在克里斯蒂安 · 惠更斯于 1698 年出版的《宇宙理论》(*Cosmotheoros*) 一书中，他描绘了“Sol”——在中心的太阳，它被行星围绕着。

安东尼 · 范 · 列文虎克（Antoni van Leeuwenhoek）使用单透镜揭示了微生物世界的宇宙，他用它来研究口水、精子和池塘水，发现了此前无人知晓的生物群落。

他的朋友克里斯蒂安 · 惠更斯则使用两个镜片，将星星、行星和卫星拉到了眼前。惠更斯是第一个发现土星环并没有接触土星，并意识到了其本质的人。他发现了土星的卫星泰坦（Titan，土卫六），这是我们太阳系中第二大的卫星。他还发明了摆钟和其他许多东西，包括电影放映机和动画片。我们将在稍后的旅行中与他一起度过一个不眠夜。

惠更斯认识到，恒星就是其他像太阳一样的天体，它们有自己的行星和卫星系统。他想象着一个充满了无数世界的宇宙，其中许多世界里都有和人类一样的生命存在。但为什么宗教的书中没有暗示其他世界和生命的存在呢？为什么上帝会忽略它们？在这一点上，上帝已经讲得非常清楚了——除了我们，他没有提到任何其他孩子。

无论这种矛盾可能会在启蒙运动领导人的心灵和思想中搅起何种不安，终究还是有一个人敢于迎面解决这个问题了，他是另一个“光明巫师”。当已故的父亲的干果进口公司破产后，他以磨镜片为生，寻找着隐藏的广袤或微型的世界。

巴鲁赫·斯宾诺莎（Baruch Spinoza）出生于1632年，十几岁时就是阿姆斯特丹犹太教会的成员。但在20多岁的时候，他开始公开谈论一种新的“神”。斯宾诺莎的“神”不是一个愤怒和失望的，总是限制你的行为礼仪、你吃的东西、你喜欢的人的暴君，斯宾诺莎的“神”是宇宙的物理定律。他的“神”对你的罪行没有兴趣，他的“经书”是自然之书。

可想而知，斯宾诺莎在阿姆斯特丹犹太教堂的同伴们对他这种“不敬神”的思想和行为感到十分紧张和不安。阿姆斯特丹的犹太人大多是来自西班牙和葡萄牙的邪恶宗教裁判所的难民，他们中的许多人是在遭受了折磨后被迫皈依的。在亲人被谋杀时，他们只能无助地坐在一旁，这时，是阿姆斯特丹向犹太人提供了避难所，所以他们必定会把斯宾诺莎的激进思想当成是他们在荷兰来之不易的安全保障的威胁。虽然出发点不同，但他们和我们的采猎者祖先的行为如出一辙：他们将年轻的反叛者逐出教会，并且颁布教令，让他永远不能回来。

《申命记》(《圣经》中的第五卷）第6章第4节以及第6、7节中，要求信众以及他们的祖先以他们拥有的一切来爱主，而他们在1656年7月颁布的教令却完全违背了这一祷告。这些我在小时候就学过了，至今依然记得。

> 以色列啊，你们要听，耶和华——我们的神，是唯一的主。
>
> …………
>
> 我今日吩咐你的这些话，都要铭记在心。
>
> 也要勤勉地教训你的儿女，无论你坐在家里、行在路上、躺下、起来，都要谈论。

阿姆斯特丹犹太社区的拉比们（编注：拉比是犹太人中的一个特别阶层，是老师也是智者的象征，担任犹太人社团或犹太教教会精神领袖或在犹太经学院中传授犹太教教义者）宣告罪状时使用了这一排比短语的变体，来表达他们对斯宾诺莎的“邪恶观点”和“可恶的异端邪说”的愤怒：“无论白天、晚上、躺下、起来、出门、进门，他都将受到诅咒。”

我们可以理解犹太人群体的这种焦虑，他们曾目睹自己的世界在西班牙和葡萄牙变成一场噩梦，因此渴望宁静和被接纳。但是这件事依然充满了讽刺的意味。托拉祷告（编注：指犹太教的诫命和教义）指示我们每天都要在每个寻常的行为中想到上帝，这不就是斯宾诺莎在做的事情吗？无论他在做什么，他都在每个地方、每件事物——在所有的自然界中都看到了上帝。

这就是斯宾诺莎对神迹感到特别反感的原因。他在1670年出版的《神学政治论》（*Theological- Political Treatise*）的第6章中，详尽探讨了为什么他无法承受其中所谓的意义。斯宾诺莎说，不要在神迹中寻找上帝，神迹违反了自然法则。如果上帝是自然法则的制定者，不应该最严格地遵守这些法则吗？神迹是对自然事件的误解，地震、洪水、干旱并不是因为上帝在针对谁，上帝不是人类希望和恐惧的投射，而是致使宇宙存在的背后的创造力，对自然法则的研究则是了解这种力量的最好方式。

自农业文明诞生后，几千年来，我们对神圣的理解已经脱离了自然的根基。我们被教导说，我们与自然界中的其他生命是分别被创造的，上帝要求我们否认和克制我们的自然本性，因为在他看来，这些都是很大的罪恶。但如果我们崇拜斯宾诺莎的上帝，我们就要去研究和尊重自然法则。

斯宾诺莎平静地接受了荷兰犹太社区的惩罚和驱逐。随后，就如同今天一样，有些人从他的这种上帝观点中感受到了威胁。斯宾诺莎曾遭到一名持刀者的袭击，好在袭击者在逃走前仅仅划破了他的外套。斯宾诺莎穿着破烂的衣服，他视之为荣誉徽章，从没缝补过它。他搬离了阿姆斯特丹，在海牙附近定居，继续为显微镜和望远镜打磨镜片。

在《神学政治论》中，有一些比拒绝接受神迹更为大胆的观念。斯宾诺莎写道:《圣经》不是上帝指示的，而是由人类写成的。对斯宾诺莎来说，官方的国家宗教不仅仅是精神上的胁迫，他认为宗教主要传统的核心——超自然事件，只不过是有组织的迷信。他深信这种离奇的思想给自由社会的公民带来了危机。

在此之前，从没有人说过这些话。斯宾诺莎知道，哪怕是在思想自由的荷兰，他的观点也太超前了。《神学政治论》引出了美国精神和其他很多革命的核心思想，包括民主社会及其区别于所有教会的基本需要。这本书上并没有注明作者，也没有提到真实地名，连出版商也是虚构的。尽管如此，斯宾诺莎的作者身份还是传遍了整个欧洲，这使他成了欧洲大陆上最声名狼藉的人。或许因为多年打磨镜片的工作使他吸入了不少细小的玻璃粉尘，斯宾诺莎于1677年去世，年仅44岁。

1920年11月，另一位对光明充满激情的男子前往海牙附近简陋的工作室朝圣。那间工作室保存完好，是斯宾诺莎哲学及其巨大影响的见证。这位因找到了新的自然法则而闻名于世的科学家就是阿尔伯特·爱因斯坦，他经常被问到是否相信上帝，爱因斯坦回答说："我相信斯宾诺莎的上帝，他在所有存在的和谐中展示自己。"

我们对自然法则的理解已经远远超出了斯宾诺莎最疯狂的梦想。但是我们该如何修复我们与自然本身之间失衡的关系呢？让我告诉你另一个故事，一则关于生命间最持久的合作之一的寓言。我们需要回到宇宙年历上的12月29日下午。

在很久以前，有两个王国，他们之间达成了一个盟约，这个盟约给两个国家带来了无与伦比的巨大财富。这段美好的关系持续了近一亿年，直到其中一个王国中进化出了一种新的生物，它的后代掠夺财富并亵渎了盟约。这种傲慢的行为给两个王国——甚至是给他们自己——都带来了致命的危险。

这个比喻是真的。这就是地球上真核生物六个生命界中的两个——植物界和动物界的故事。

当一株绿色植物并不容易。你被固定在一个地方，如此一来寻找伴侣就成了一件难事。约会是不现实的，你能做的只有坐在那里，把你的后裔扔到风中，仅此而已。你只能等待风吹。如果幸运的话，你的一些花粉会被带走并降落在另一株同类植物的雌性生殖部位——它的雌蕊，也是花的一部分。

在几亿年的时间里，植物一直听天由命，在概率的赌桌上碰运气，直到昆虫进化为红娘。自此，生命史上最伟大的协同进化之一诞生了：昆虫造访一朵花，以富含蛋白质的花粉为食，同时，一些花粉不可避免地沾到昆虫身上。当准备吃下一顿饭时，昆虫会造访另一朵花，不经意间也带去了身上残留的上一朵花的花粉。这些花粉使下一朵花受精，从而繁殖后代。

这对鲜花和昆虫来说是一个双赢的交易，并由此引发了一系列的进化发展。一种除了花粉之外还生产含糖花蜜的植物出现了。现

金色花粉颗粒沾满了木匠蜂（Carpenter bee）的身体。
（对页图）利用紫外诱导可见荧光摄影技术得到的，蜜峰眼中的佛手柑花。

在，这些昆虫不仅取食花粉作为正餐，也会享用花蜜作为甜点。这些昆虫变得更加胖乎乎，进化出了毛茸茸的身体，甚至腿上还有小袋子，方便它们在日常访问花朵的时候收集更多的花粉——它们就是蜜蜂。

这对动物王国的另一个物种来说也是一种奖励，我指的是人类。我们的祖先喜欢蜂蜜，西班牙洞穴中带着发烟罐的女人 / 男人以及许多其他古代图像都证明了这一点。他们尽情地享受着蜂蜜，甚至还成功把它发酵成了一种名叫蜂蜜酒（mead）的饮料来过瘾。

鸟类和蝙蝠也想进行授粉业务，但它们从未像昆虫——尤其是蜜蜂那样成功过。我们有很多理由感谢蜜蜂，比如说，美。植物们在为得到蜜蜂的繁殖服务相互竞争时，还演化出了花蜜以外的其他策略，例如香气和色彩。

和我们人类的眼睛一样，蜜蜂也有三种光感细胞。不同的是，我们能感知红色、蓝色和绿色，而蜜蜂感知的是紫外线、蓝色和绿色。蜜蜂只能在橙色和黄色波段上感受到一抹红色。

除了美之外，我们还要感激蜜蜂对人类的生存做出的更为重大的贡献。我们餐桌上的食物，有 1/3 要归功于这些小家伙，甚至对于那些无肉不欢的人来说，这一点也依然成立。蜜蜂不仅仅增加了食物的数量，还促进了生物多样性，使得我们的食物供应如此丰富多样。

现在我们到了这个寓言的悲剧部分——动物王国的一个新成员由于无知和鲁莽，贪婪又短视，破坏了这个古老的盟约。我想你已经猜到了故事的走向以及其中的罪魁祸首。

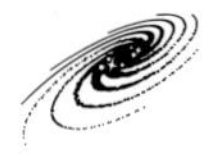

在长达50万年的时间里，我们的采猎生活方式都是与自然平衡发展的。的确，过度捕猎曾导致了一些物种的灭绝，但我们的祖先从未在全球范围内引起过灾难。大约1.2万或1万年前，农业的发明改变了我们。从某种意义上说，自那以后，我们就患上了后农业应急综合征，至今未愈。我们还没有足够的时间来演化出与自然以及彼此间和谐相处的策略。不管是福还是祸，农业革命让我们增强和扩大了粮食的供应，导致人口迅速增长，也使我们陷入了如今的危险局面。

我想象着，在某个地方也许安放着一座纪念碑，在那里，生命树上所有凋零的树枝都被纪念着。我把这个地方叫作灭绝之殿。你必须越过一片了无生气的荒地才能找到它——一座庄严而透着悲剧色彩的大厦，没有窗户，也没有美妙的风景来柔化它对结局的见证。一道怪异的光束透过天顶的圆孔照射下来，落到圆形花岗岩中央室铺满沙子的地板上。六个宏伟的入口通往六条独立的走廊，每条走廊都布满了生命形态的立体模型，它们在六次大规模灭绝事件中死去。这些大规模灭绝事件是灾难性的，使得这个世界上几乎所有的生命都濒临灭绝。

直到几年前，这种有名字的大规模灭绝事件还只有五个。因此这六条走廊中只有五个被命名，它们的名字被刻在拱门上——奥陶纪（Ordovician）、泥盆纪（Devonian）、二叠纪（Permian）、三叠纪（Triassic）和白垩纪（Cretaceous），以纪念造成了如此多的死

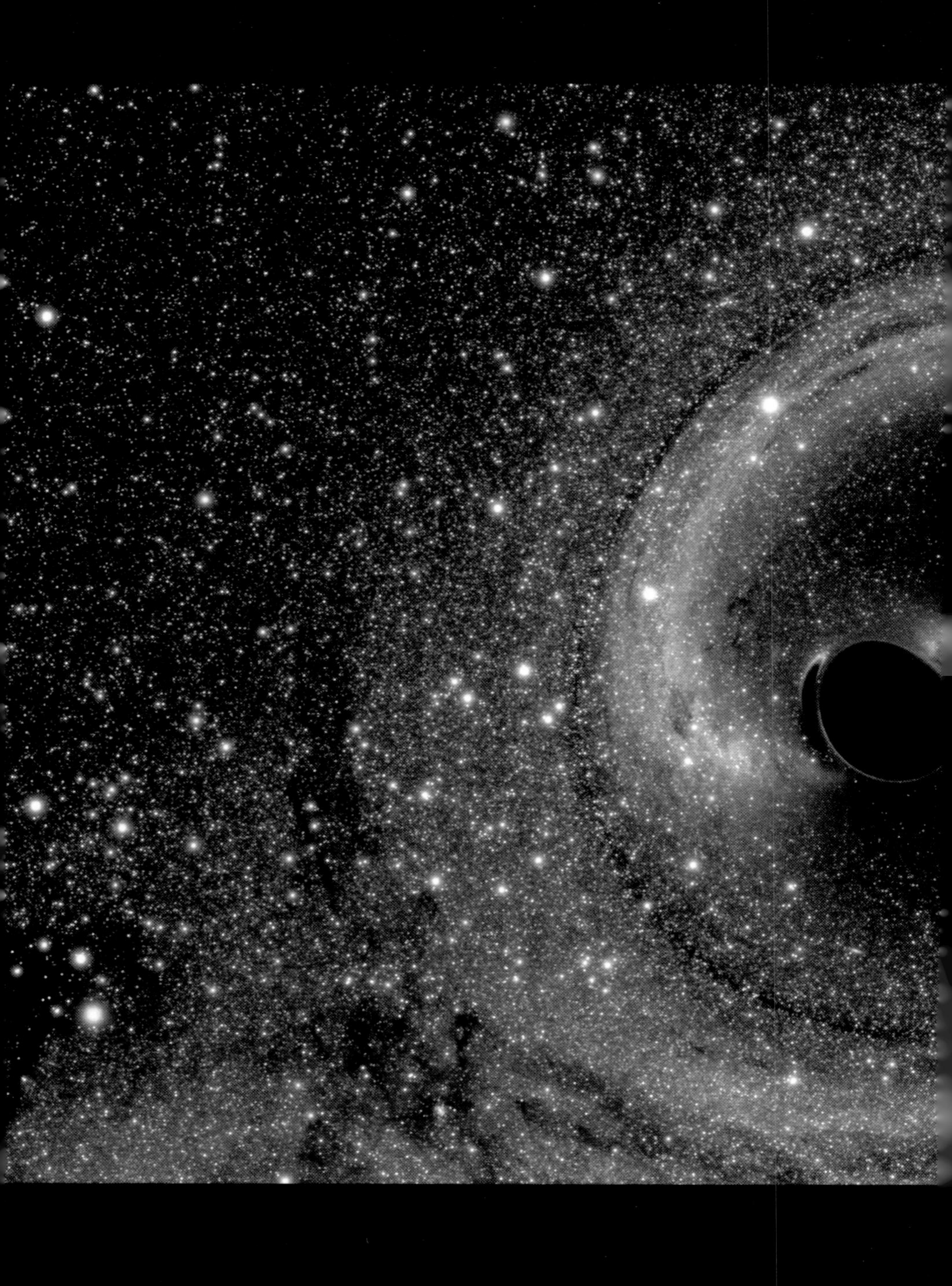

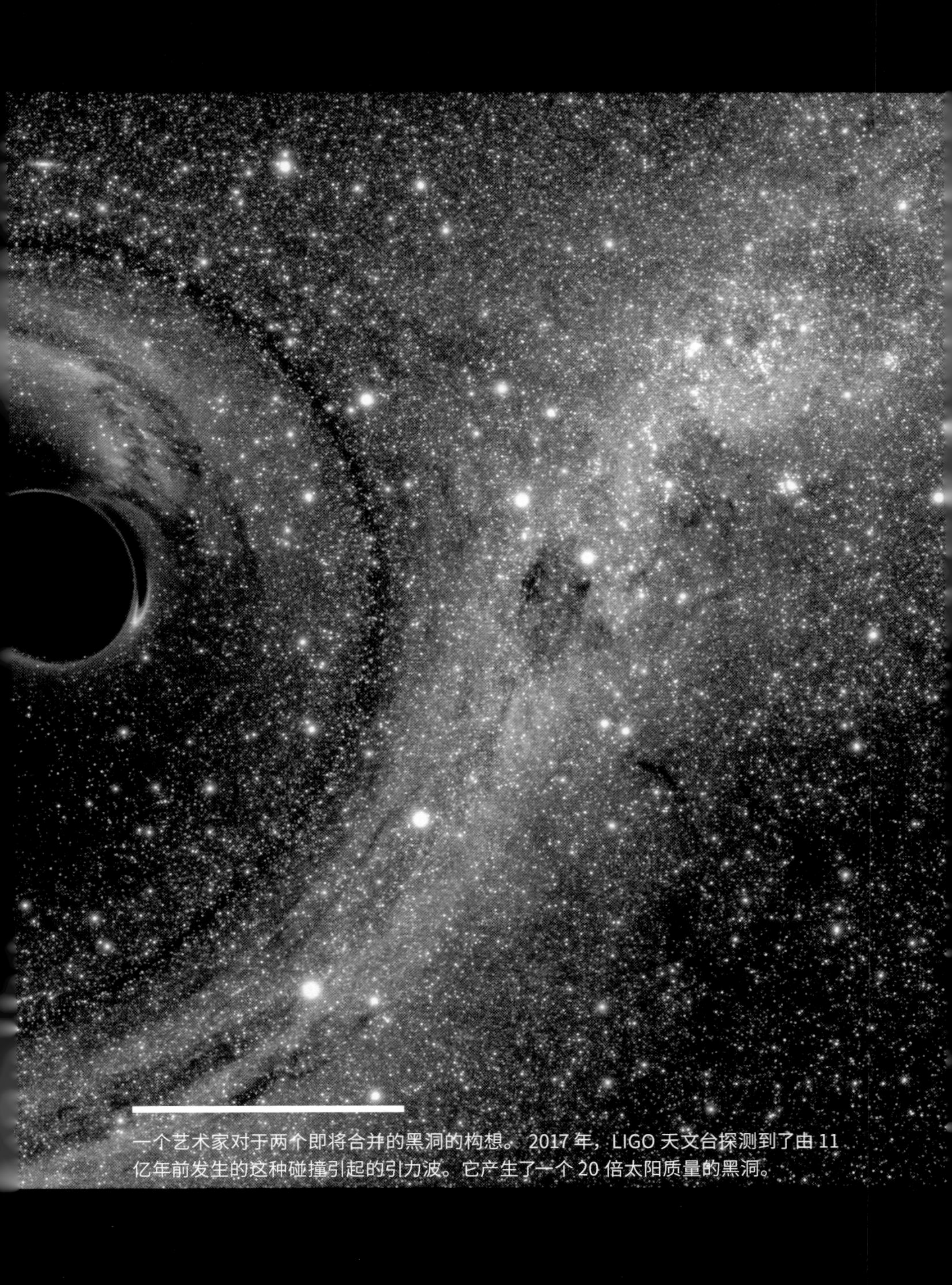

一个艺术家对于两个即将合并的黑洞的构想。2017 年，LIGO 天文台探测到了由 11 亿年前发生的这种碰撞引起的引力波。它产生了一个 20 倍太阳质量的黑洞。

亡的灾难性化学、地质和天文事件。现在第六条走廊也有了名字，但它与众不同，它包含了我们的名字：人类世（Anthropocene）。“Anthropo”源自希腊语中的“人类”，“cene”是希腊语后缀，意为“最近的”。我们现在正生活在人类造成的大规模灭绝的时代。

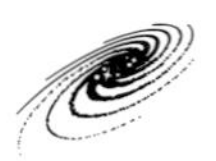

现在我们就暂时别往那条走廊去了吧，换个时间再来。我们才刚刚开始这次探索之旅，而人类已经多次在险境中奇迹般地存活下来。就在最近，我们完成了爱因斯坦曾认为不可能的事情，他低估了我们的潜力。我们不应该重蹈覆辙。

爱因斯坦是第一个将宇宙视为由空间和时间构成的海洋的人，他意识到物质可以在时空中发出涟漪。1916 年，爱因斯坦想象宇宙深处物质的灾难性爆炸应该会创造出比涟漪更强烈的东西——巨大的波浪——引力波。

我们现在谈论的是一个连爱因斯坦的想象力也未能企及的罕见例子。爱因斯坦断然表示，永远不可能设计和进行一个实验来证明引力波的存在。为什么呢？请试着想象从遥远的星系之外来测量一根人类头发的直径你就理解了。爱因斯坦认为穿越宇宙广袤的距离去测量微弱的引力波根本不可能，因为当它们穿过这片广袤的时空海洋时，只会虚无缥缈得让人无法察觉。

接下来的一百年时间里，理论和实验物理学家都很难找到可以验证引力波存在的直接证据。他们寻找的东西究竟有多小？比一个原子还要小，比单个粒子还要小。实际上，它只有一个质子直径的万分之一！但这小小的蛛丝马迹将使我们能够追溯到它的源头——距离地球 10 亿光年外两个黑洞的碰撞。

1967 年，科学家和工程师开始了这个被称为激光干涉引力波观测台（LIGO）的项目。他们所需的只是一个大规模的事件来扰动时空——比如两个碰撞的黑洞——和一对非常敏感的探测器，能够记录 10 亿光年外的冲撞。当黑洞相撞时，它们会引发一场时空海啸，在各个方向上拉伸空间。时间本身会变慢——然后变快，接着又变慢。

为什么每个探测器口径必须长达 4 千米？因为要听到这么微弱的声音，你需要很大的耳朵。为什么设置两个探测器？因为这保证了你能够将引力波与纯粹噪声区分开来。我们需要两个探测器来确认信号。通过在路易斯安那州利文斯顿和华盛顿州汉福德分别建立两个独立的探测器，科学家可以计算出信号到达时间的微小差距。这将使我们能够追溯到它的源头——距离地球 10 亿光年外的两个黑洞的碰撞。

就像海上的巨浪一样，引力波会随着传播而消散。当爱因斯坦在一个世纪前产生了他革命性的想法时，这个引力波仍然在离地球大约 100 光年之外，在我们的银河系中轻轻地冲荡着黄矮星 HD 37124 及其行星和卫星。不知在那个世界里是否有人发现了它呢？

当引力波到达 LIGO 探测器时，它已不再是那个曾经强大的自己，而只剩其中的一小缕。虽然不过是一个啁啾，却足以证明引力波的存在，也为黑洞的存在提供了第一个直接证据，并为领导该项目的科学家赢得了 2017 年的诺贝尔物理学奖。

这个长达 50 年的项目以及这些经历了几代人的耗费实力的科

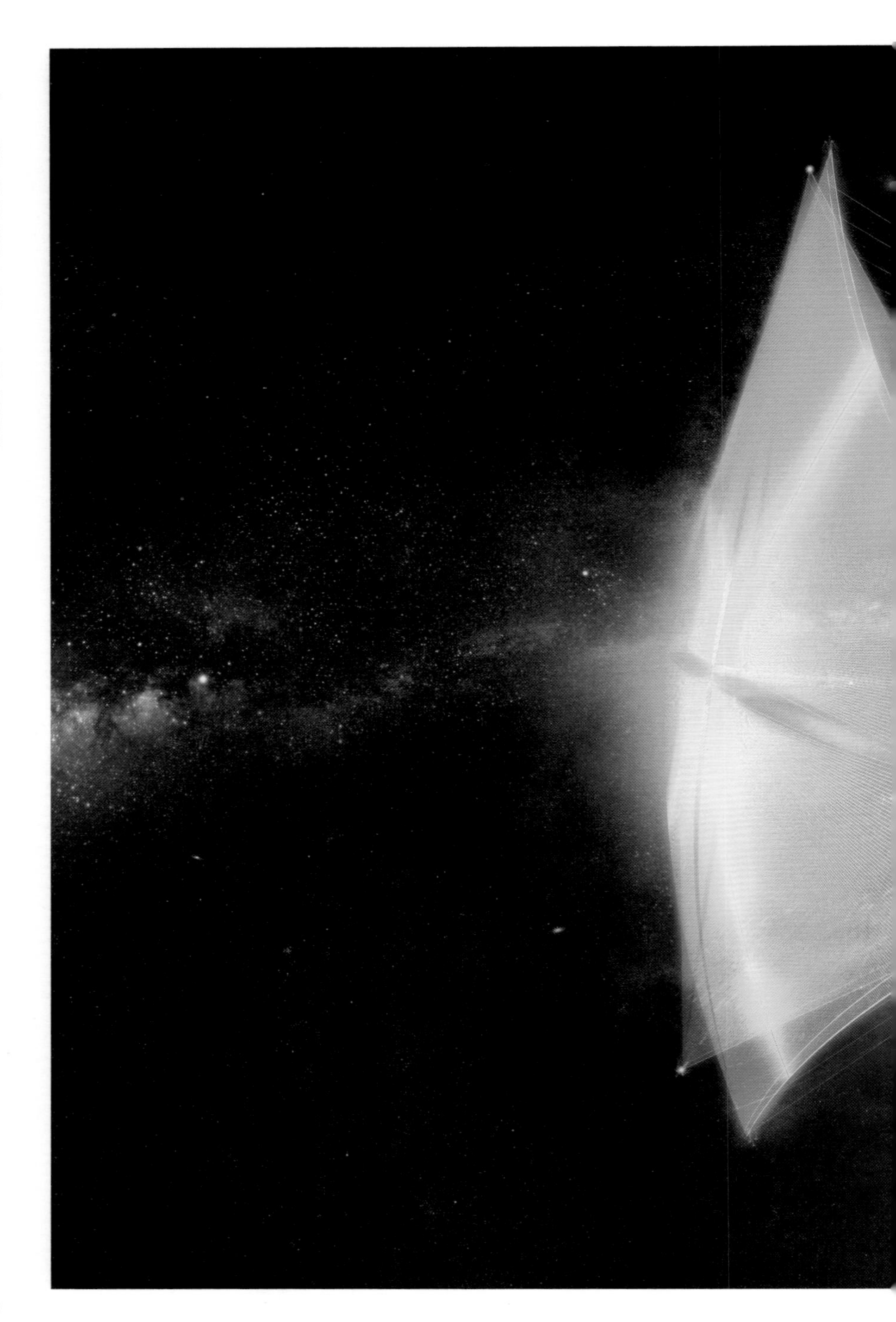

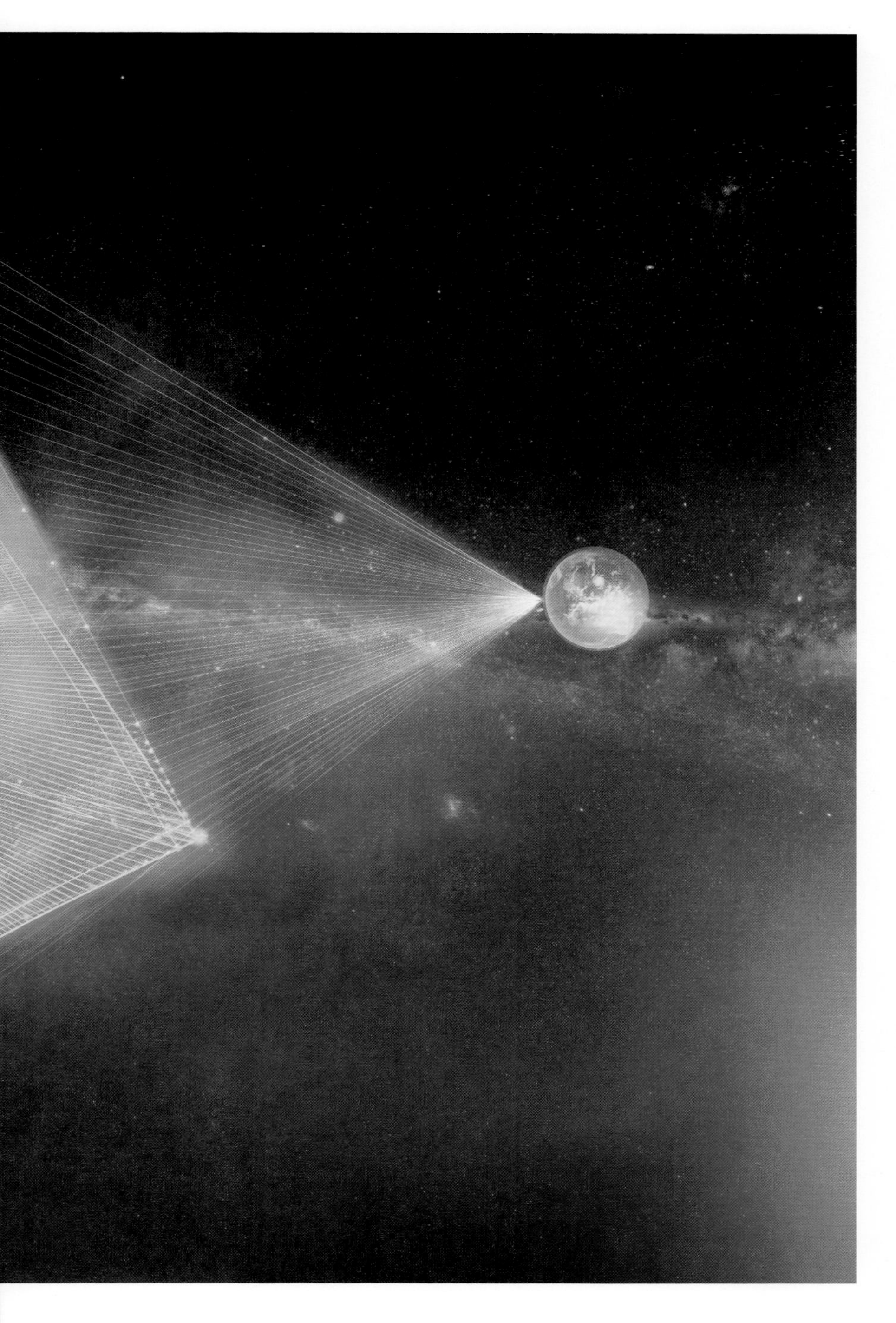

（上页图）突破摄星项目设想超轻纳米级飞行器以超过每小时 1.61 亿千米的速度驭光而行。通过这项技术，近天体探测飞行任务可以在短短 20 年内到达离太阳系最近的邻近恒星系统，比邻星系。

学尝试，让我想起过去建造高耸的大教堂的过程。他们是人类事业中无私奉献的榜样，也给我带来了希望。

就在我写这本书的时候，科学家和工程师正致力于研发“突破摄星（Breakthrough Starshot）”项目，这是人类对离我们太阳系最近的恒星的第一次侦察。他们为此付出了巨大的努力，哪怕自己根本不可能活到任务完成的时候。

大约 20 年后，一支由一千艘舰船组成的舰队将离开地球。这些星际飞船只有 1 克重，通过捕获的激光获得动力。每艘飞船比豌豆还要小，但都配备了同 NASA 的旅行者号（我们的第一个星际宇宙飞船）一样的装备，甚至更多。在每艘迷你飞船的内部，都有对另一颗恒星世界进行初步侦察并将图片和科学信息传回地球所需的一切设备。

旅行者 1 号已经以每小时 6.1 万千米的速度航行了 40 多年。这对我们来说是一个不可思议的速度，而且它还搭过一次引力加速的便车：在这场冒险之旅的最初几年中，它通过飞掠巨大的木星获得了一次加速。然而，即使只是在一个星系的尺度下，这也像在梦里赛跑一样。这个速度对于人类来说很快，但是在宇宙中却慢得难以到达任何地方。

纳米级小型太空飞船将在短短四天内超越旅行者号，这令人难以置信，但事实的确如此。然而纳米级小型太空飞船的速度也不过只有光速的1/5。恒星之间相距甚远，离太阳系最近的一个，比邻星，距离我们地球也有4光年。对于纳米级小型太空飞船来说，这是一次为期20年的单程旅行。

在比邻星系中，我们知道在宜居带中有一个行星，在那里，水可能会流动，生命可能会蓬勃发展。这个星系中可能还有更多的行星尚未被发现。我们的机器人使者将从这个（些）新行星发回旅行途中的见闻，它们的数据将以无线电波的形式传回地球，这至少需要4年的时间。40多年后，它们将带回来什么样的启示呢？

你们中的一些人将会在那时的科普书中读到这些新内容。

从布隆伯斯洞窟到驭光前往其他恒星，这个过程在宇宙年历中仅仅是几分钟而已。是的，我们正处于人类物种历史上一个极其关键的分岔口，但还为时不晚。我们已经证明，人类有能力做到比我们最伟大的头脑思考出的最不切实际的设想更了不起的程度。我们即将访问的过去和未来可能的世界以及我们即将讲述的关于英勇的搜寻者的故事都证明，我们有强大的力量来度过技术青春期，保护我们的小家园，确保我们安全渡过时空的大洋，不再局限于土地、海洋和天空。

| CHAPTER 02 |

哦，万能的王

思想不会被武力击败，
只会被爱和更高尚的思想征服。
——巴鲁赫·斯宾诺莎，
《道德》（*The Ethics*），1677年

群众饥馑之时，切莫有粮不卖，囤积居奇。
——琐罗亚斯德（Zoroaster）

Pir-e Sabz 的入口。这是如今伊朗中部一个神圣的琐罗亚斯德教石窟。据传，最后一位萨珊国王（编注：萨珊王朝属于波斯第三王朝，也是最后一个前伊斯兰时期的波斯帝国，于 651 年灭亡）的女儿尼克班努（Nikbanu）曾在这里避难。洞穴内凝结的水珠，被想象成是她悲伤的泪水，并为这个圣地赢得了另一个名字：Chak Chak，意思是“滴答、滴答”。

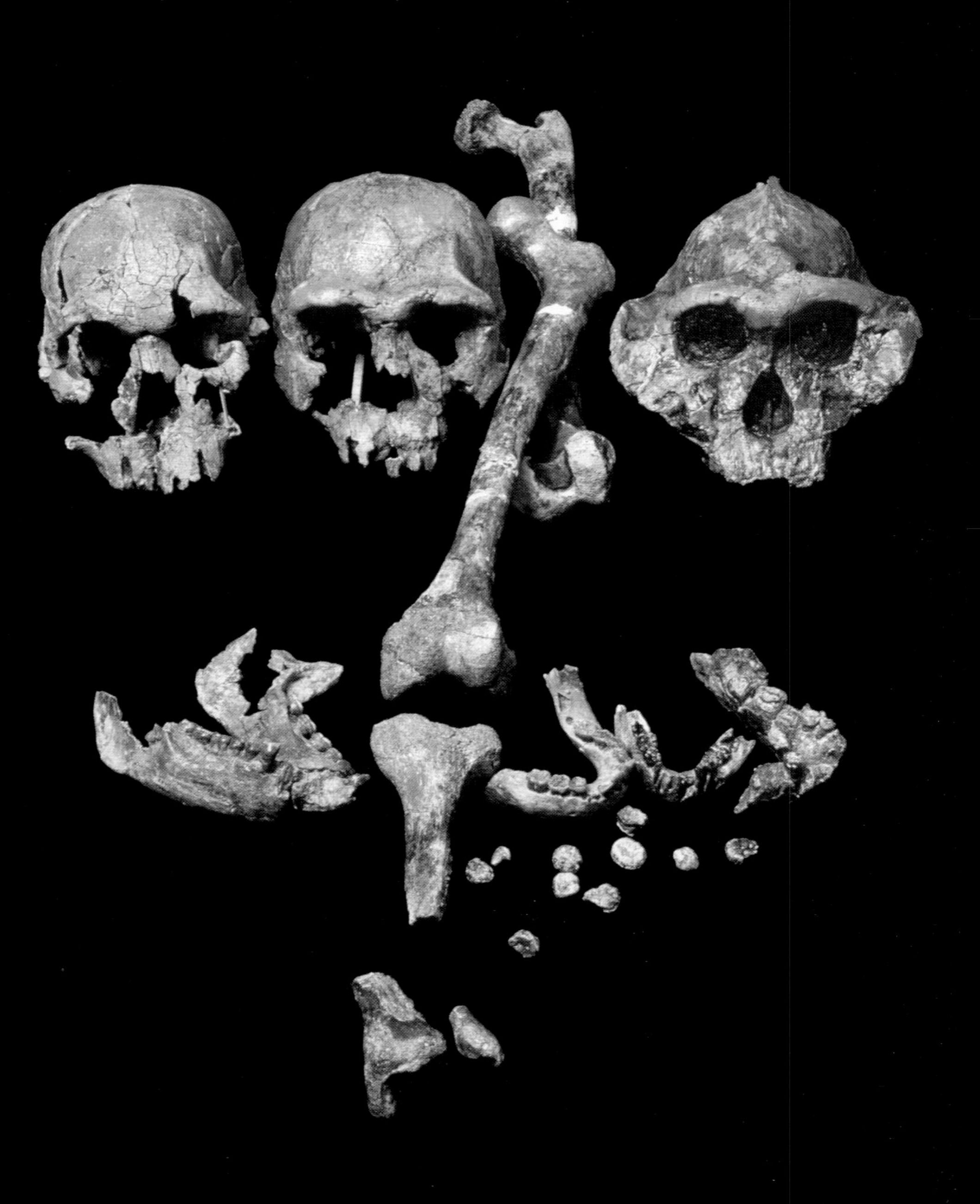

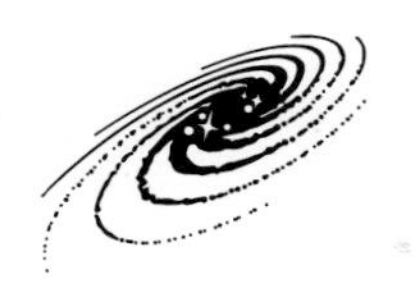

在发明农业大约一万年后，人类在宇宙中觉醒，开始如婴儿学步般对宇宙进行探索。而就在这时，我们的短视思维和贪婪正威胁着人类文明。如果我们不希望这种情况发生，就必须做出改变，但这可能吗？作为一个物种，我们能够改变自我吗？还是说，存在于我们的内心深处的某种东西注定会驱使我们走向自我毁灭？

这个问题困扰着卡尔·萨根和我。我们达成协议，无论答案通往哪里，都只能跟着证据走。多年来对这件事的研究和思考促使我们写就了《被遗忘的祖先的影子》一书，本章的部分内容就改编自这本书。唯一的区别就在于，这个触动我们的问题在当下比以往任何时候都更加紧迫。

如果人类的记忆可以追溯到生命的起源，那么这个问题可能就不会那么神秘了。但是我们直到最近，才开始追忆遥远的过去。严

三个头骨见证了生活在同一时间和地点的三类不同的人种：（左起）能人（Homo habilis）、直立人（Homo erectus）和南方古猿（Australopithecus robustus）。理查德·利基（Richard Leakey）的远征队在肯尼亚找到了他们，这些人都生活在大约150万年前。

格来说，我们才刚刚开始尝试，重建在我们有意识的记忆出现之前可能发生在我们这个物种上的事件——甚至那些远在我们作为物种存在之前、可能导致我们先天缺陷的事件。

我觉得人类就像一个患有健忘症的大家族，不断地编造关于自己过去的故事，直到发现了一种重构它的方法——科学。尽管如此，我们还是在地球上仔细搜寻并发现了一些燧石和动物骨骼，这些都是人类童年时期少有的幸存文物。

南非旺德沃克洞穴，拥有最早的壁炉之一。远在 100 万年前，我们的祖先聚集在这里，围绕着篝火，发展出了我们如今的社会结构。

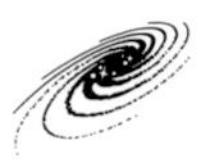

如果说地球上有什么地方对人类来说是神圣的，南非北开普省库鲁曼豪厄尔斯的旺德沃克（Wonderwerk）洞穴肯定是其中之一。旺德沃克洞穴是已知的人类最早使用火的地方。100 万年前，我们的祖先聚集在那里，成为第一批点燃文明之火的人。

这是一个庞大而雄奇的洞穴。即使是世界上最高的人，也可以挺直身板走进距洞口120多米的洞穴深处。不同学科的科学家以不同的方式来这里敬拜，进行他们信仰的神秘仪式：用激光扫描洞穴，以释光测年和宇宙同位素测年技术仔细检查细微的花粉和沉积物。这一切行为，都是为了拼凑出这个古老洞穴逝去的历史，并最终探索出我们人类的过往。

通过判断灰烬中细微碎片的卷曲方式，我们可以分辨哪些火是自然发生的，哪些火是人为点燃的——人为点燃的通常烧得更为集中和旺盛。位于这个洞穴深处的遗迹，那些几十万年前就已经熄灭冷却的火显示，我们的祖先曾用这些火来取暖和烹饪。

我们今天活着的每一个人都是人属的一员。我们是智人——所谓的“智者”。我们的祖先，那些聚集在旺德沃克洞穴里的人，是直立人——“站起来的人”。他们还没有成为“我们”，但我们身上带着他们的痕迹。我们对他们了解得不多：我们认为他们变老或生病时会互相照顾；我们知道他们是熟练的工匠。仅此而已。

纵观太阳系中所有的星球——每颗彗星、小行星、卫星和行星——只有一个星球能生起火来，那就是我们的地球。而且只有当大气中有足够的氧气时才有可能实现——这个条件仅仅在过去的4亿年里，或者说在宇宙年的最后10天里才满足。在旺德沃克洞穴，我们的祖先驯服了火，并因这项聪明才智获得了丰厚的回报。就在那个洞穴里被点燃的火的周围，我们开始烹煮食物，给身体提供远超未经烹煮、咀嚼不烂的生肉的能量。火使我们温暖，并吓跑了恐吓我们的捕食者。夜里，我们聚集在火堆周围，一起吃饭、讲故事，彼此分享，我们开始有了家族的观念，一家老小亲密地联系在一起。

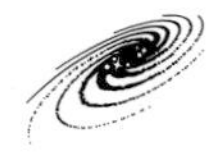

火的使用可以被认为是人类有别于其他动物的行为。（植物实际上已经进化出了利用野火来打败竞争对手的生存策略，但它们无法将火点燃或熄灭。）在现存最古老的宗教的精神信仰和实践之中，人类对火在人类意识和文化中的核心地位的认识达到了巅峰。

在古希伯来先知亚伯拉罕（Abraham，编注：最早的犹太人被称为“希伯来人”）的时代，波斯地区（即现在的伊朗）还有另一位先知。和亚伯拉罕一样，另一位先知的出生年月仍然是一个谜，只是有证据显示，这两位先知都是出现在大约4000年前。另一位先知的名字叫琐罗亚斯德（Zoroaster），火是他的化身。每个琐罗亚斯德教的神庙都把拜火作为神圣职责，供奉几个世纪以来永不熄灭的火焰是琐罗亚斯德教徒为数不多的仪式义务之一。火象征着他们的神的纯洁和照亮心灵的光。

琐罗亚斯德的神，阿胡拉·马兹达（Ahura Mazda），并不贪婪，他不想要祭祀仪式，也不想要金钱——他对人类的所有要求仅仅是维持火焰的燃烧、心存善念、说好话、做好事。但出于某种原因，大多数人都无法满足这些简单的要求。他们经常会有不好的想法，会说坏话，其中一些人还犯下了邪恶的罪行。为什么会这样呢？

对此，我们仍然没有准确的定论。琐罗亚斯德教徒最先尝试回答了这个问题，他们认为：世界上所有的坏事、人类犯下的罪行以及自然灾害和疾病等灾难，都是由与阿胡拉·马兹达截然对立的邪恶的原生双胞胎安哥拉·曼纽（Angra Mainyu）所引起的。阿胡拉·马兹达期待人类帮助他击败安哥拉·曼纽，任何人通过他们的

在古代波斯波利斯的这幅壁画中，安哥拉 · 曼纽作为琐罗亚斯德教徒中的邪恶原型，凶猛地攻击了一头公牛。

行动都可以改变整个宇宙的未来方向——走向善或者走向恶。

公元前 6 世纪，波斯是地球上唯一的超级大国，当时的波斯皇帝们建造了一个宏伟建筑群，叫波斯波利斯（Persepolis）。其中有一座浅浮雕描绘了安哥拉 · 曼纽的形象，至今仍栩栩如生。安哥拉 · 曼纽长着粗短的尖角、长长的尖尾巴和偶蹄一样的脚。这个形象是不是听起来有点熟悉？我们今天对魔鬼的形象概念大概就源自安哥拉 · 曼纽。从希腊到印度，在长达一千年的时间里，琐罗亚斯德教都是人们的主要宗教，这也难怪它对后来的宗教影响如此之大。

阿胡拉·马兹达是一个偏爱狗的神，他不喜欢猫。如果一个琐罗亚斯德教徒不小心杀死了一只狗，他赎罪的唯一方法就是杀死一万只猫。然而安哥拉·曼纽喜欢猫。现如今，我们一般认为猫与女巫（魔鬼的女仆）关系密切，是否就源自这两个神的偏好呢？

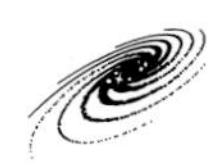

在近代科学出现以前，当邪恶显露出它丑陋的面目时，除了把它理解为安哥拉·曼纽源源不断的恶意，还有什么更好的办法吗？

想象一下，你是一个从不多管闲事的古代波斯人，而你心爱的家养狗（一条萨路基猎犬）突然从一个多年来都对你忠心耿耿的家庭守护者，变成了暴躁凶猛的怪兽。它的表情明显充满了恶意，它狠狠地咆哮着，露出狗牙，嘴角挂着一些泡沫，口水从暴露的吸血鬼似的獠牙上滴落下来。这条狗原本坐在地上，但是却忽然间站起来，朝着你最小的女儿走去。你只有七个月大的女儿此刻正在摇篮里咿咿呀呀地叫着，在这个可怕的瞬间，你意识到狗即将冲向你的女儿。除了被恶魔附身，还有什么理由可以解释狗的这种可怕的变态行为呢？

但这不是关于善恶的故事，也不是关于上帝与恶魔之争的故事。事实上，这只是一个关于捕食者及其猎物的故事。在这个例子里，捕食者是极其微小却又极其狡猾的病害微生物——它们将宿主作为其携带的疾病的传递系统，并在事后毁尸灭迹。只因为在三周或者几个月前，这条可怜的、不幸的狗偶然遇到了携带狂犬病病毒的蝙蝠，它明明没做错什么，却成了恐怖故事中的主角。

一旦闯入血液，这群子弹形的病毒就会直奔狗的大脑，攻击其边缘系统。狂犬病病毒又叫作狂犬病毒（lyssaviruses），以古希腊神话中主管疯狂和愤怒的神的名字命名，是操纵大脑中愤怒回路的能手。狗因此又退化成为龇牙咧嘴的狼，一场战斗随之而来——一大群狂犬病毒围攻神经细胞，入侵并劫持了神经系统的机件，通过攻击神经细胞，狂犬病毒逐渐将可怜的狗转变成一个不懂得忠诚或爱的冷血怪兽。患了狂犬病的动物会变得无所畏惧。

一大群病毒往下扩散到狗喉咙里的神经。现在边缘系统已经被征服，是时候派出另一批狂犬病毒来加大唾液分泌量了，它们的任务是使狗的吞咽能力瘫痪，由此增加受感染的唾液离开狗并入侵下一个目标的机会。大量的唾液从狗的嘴里流到它的胸前，再滴到地板上，这增大了病毒入侵新宿主的可能性。

病毒是如何协调如此复杂的一系列战术攻击的？又是如何知道另一个生物的大脑中哪个部分是控制愤怒的呢？我们直到最近才弄清楚这一点：这是进化的力量。如果时间足够的话，只要一个随机的突变，无论多么特殊——比如病毒使受害者喉咙瘫痪的能力——都将占据主导地位。只要能增加病毒的生存机会，它就会被传递下去。在狂犬病毒这个例子中，每一代病毒所需要的不过是一个可以携带病毒的受害者，从而保证邪恶的火焰不会熄灭。

从它对猎物的神经科学不可思议的了解，到其攻击计划的条理性和精确性来看，狂犬病毒简直是一个操纵大师。它对受害者的入侵和奴役让人联想到历史上某个著名的将军的军事能力。狂犬病毒是一个多么聪明的战略家啊！

我们受各种看不见的力量的支配：病毒、微生物、激素以及我们自己的DNA。当爱犬突然出现狂躁的行为，或是一直正常的孩子

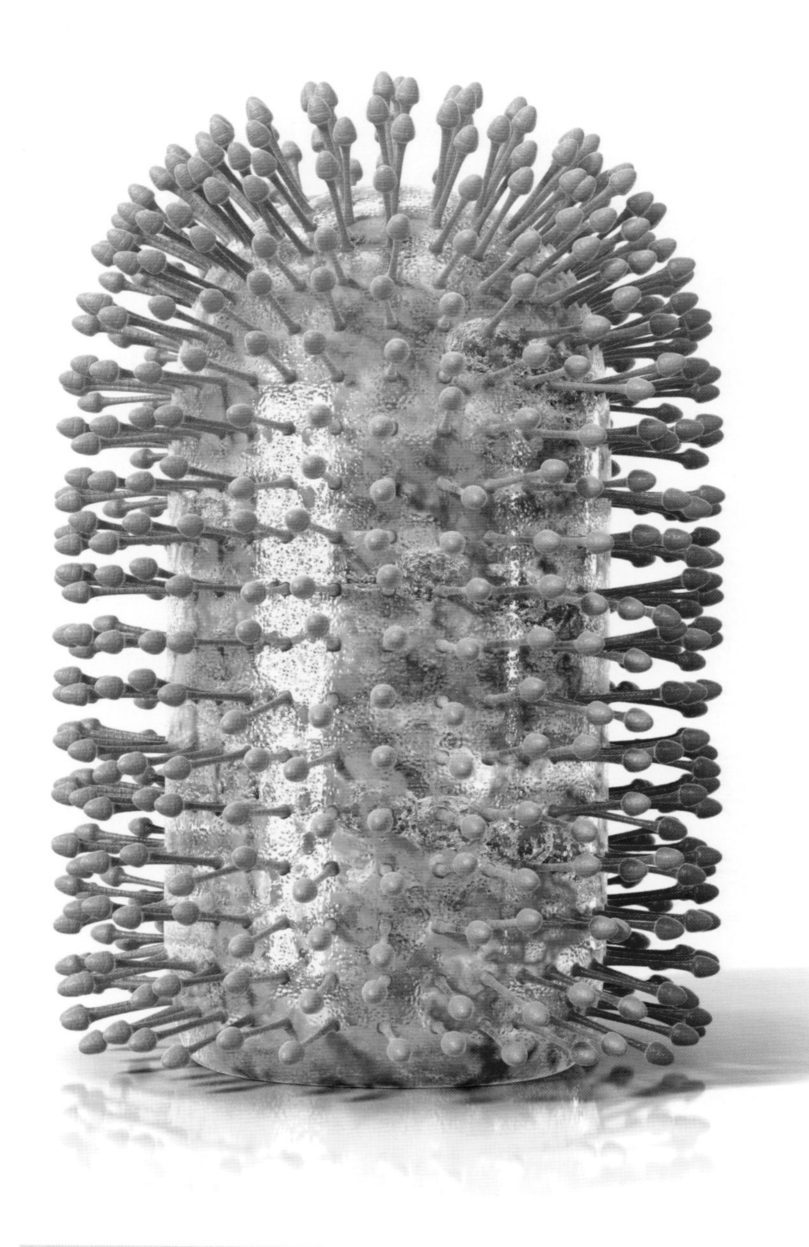

子弹状的狂犬病毒，利用糖蛋白构成的许多纤突（上图计算机模型中的粉红色突起）抓住细胞，以颠覆、破坏其可怜的宿主的性格。

到了弱冠之年突然开始在某种生物的命令下，表现出怪异的行为，我们的祖先唯一能想到的解释就是：除了魔鬼的诅咒，还有什么其他可能呢？

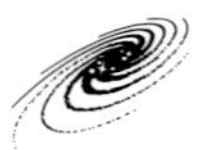

一旦开始了解这些隐蔽的生物机制，我们还能否坚持自己关于邪恶的理念？没错，这些行为本身可能是邪恶的，但那些被看不见的力量推动着行恶的人或许和那条可怜的狗一样无辜。只有当我们停止向阿胡拉·马兹达和安哥拉·曼纽或其他神灵索求帮助时，我们才有望理解真正发生了什么，以解释我们和这个世界的本源。然而，大量的流行文化都充斥着被物化的恶和超自然化身的善，在荧幕上经过一段时间的打斗之后，善总是能绝处逢生、不出所料地获胜。

试着以外星人或者来自遥远未来的考古学家的角度探究一下我们的文明吧。21 世纪的科技以空前的速度发展着，人类以前所未有的方式在宇宙时空的各向维度上扩展自己的见识。他们打开了长久隐藏在物质世界最深处的微观宇宙，他们学会了创造现实世界全景式的三维体验——在这个时间点之前，这一切对人类都是紧闭大门的。那么，这些新获得的力量有没有被用来探索这片由科学揭示的世界，或被用来加深公众对自然的理解呢？显然，它们在这方面的作用并不是很大。大多数情况下，这些力量被用于建造巨大而危险的机器来进行大规模的破坏性战争，就像是阿胡拉·马兹达和安哥拉·曼纽之间角斗比赛的仪式化重演，从而导致城市被毁，无数的生命就此终结，而所有这一切，皆源于人类欲壑难填的野心。

灭绝之殿是生命之树上那些凋零的枝条的纪念碑，纪念着自生命诞生以来的40亿年历史中经历的5次大规模灭绝事件的受害者。而人类一直在建造灭绝之殿的第六个侧厅，这个新的侧厅上有着他们的名字——人类世。随着栖息地被破坏，物种逐渐灭绝，这个侧厅的走廊正在迅速延伸，直到我们人类被惊醒……发生了什么？

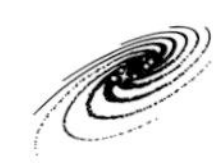

是40亿年来写在我们每一个细胞中的生命经文在发号施令吗？所谓的生存，是否只是竞争生物的遗传指令之间的争斗——而我们，所有植物和动物，不过是它们的棋子？所有的历史和生命加起来不过就是如此吗？是否存在更重大的意义呢？ DNA能决定命运吗？这些问题我们仍在努力解决。我们对于自己以及我们所处的更大的自然界，几乎一无所知。

卡尔和我被某种特定化学物质的力量所震惊，它能引发另一种生命形式里的某个特定仪式。垂死的蜜蜂会释放一种叫作油酸的特殊化学物质，这种“死亡信息素”的气味警告着蜂巢里的其他伙伴：无论哪只蜜蜂身上有这种气味，都必须被搬到外面去。令我们感到震惊的是，即便是一只健康的蜜蜂，只要被涂上少量的油酸，也会被当作一具尸体带走，不管它如何强烈地抗议。甚至对蜂王也是如此，哪怕它在蜂巢中扮演着如此重要的角色。

这些信息令我们大为震惊。这对我们人类有什么启发？蜜蜂也知道亡者可能会给蜂巢带来感染的危险吗？蜜蜂有死亡的概念吗？

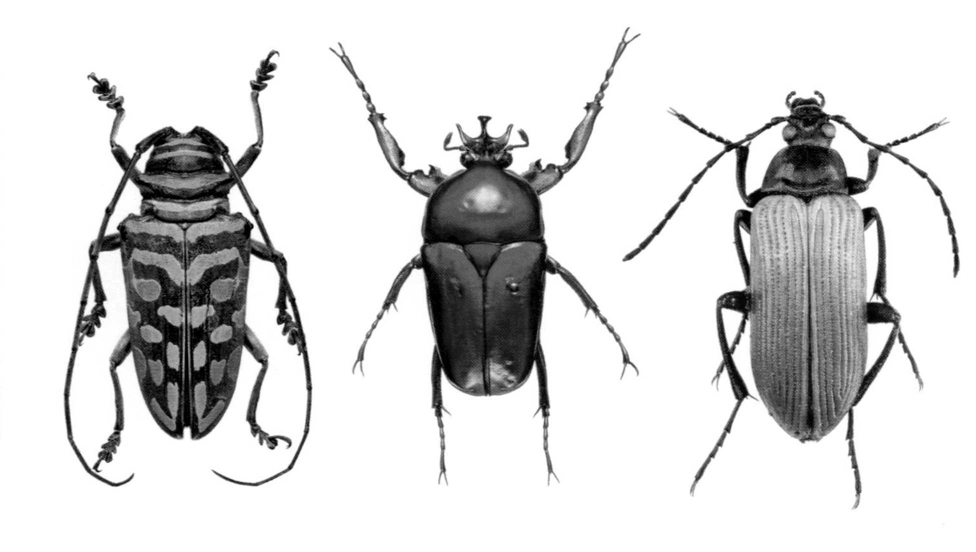

自然选择是一位无与伦比的艺术家，这些只是世界上35万种甲虫中的6种。从左至右：非洲天牛（Sternotomis bohemani），非洲花金龟（Neptunides stanleyi），拟步甲（Proctenius chamaeleon），芦小水叶甲（Donacia vulgaris），大王花金龟（Goliathus meleagris）以及毛婪步甲（Carabus intricatus）。

在共同经历的数千万年中，除了临终前那痛苦的一刻外，没有一只蜜蜂释放过油酸。直到宇宙年历上的最后0.1秒，蜜蜂才形成了这种对油酸的微妙反应。这种闻到一丝油酸味就触发的即时出殡行为，完美地迎合了蜜蜂的生存需要。

我们可以在许多动物中找到类似的行为，这些行为不受任何明显的指令监管。当一只蛋滚出窝时，母鹅会将它推回去——这种行为对维持鹅这一物种的繁衍生息具有明显的价值。事实上，母鹅会把窝附近任何像蛋的东西都带回去。这种行为使我们忍不住想问：母鹅明白自己在做什么吗？

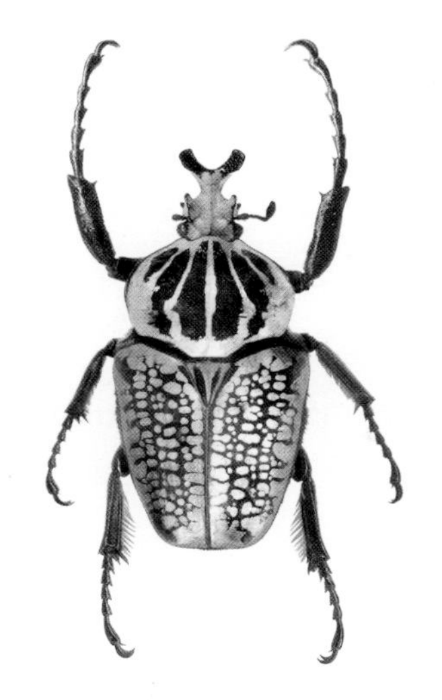

那只被灯光吸引、不断撞到窗玻璃上的飞蛾呢？在数百万年的演化历程中，飞蛾被光吸引是一种先天的遗传行为，而透明的窗玻璃是在大约一千年前才进入历史舞台的，因此飞蛾还没有演化出懂得避开灯光的内在程序。

甲虫有头脑吗？亿万年时间的进化机制像珠宝大师一般，塑造和装饰了众多不同种类的甲虫，难道在这个过程中完全没有提升甲虫的决策能力、意识和情感吗？还是说甲虫只是一个“机器人”，其DNA 芯片剥夺了它的原创性、自发性和即兴创作的潜力？那我们人类呢？

在以上每一个案例中，似乎都是 DNA 编码在控制动物的行动。就此而言，我们甚至可能会同意蜜蜂和甲虫，甚至鹅，都是无意识的机器这一观点。那么我们这些叫作智人的动物呢？

这正是一个年轻的法国士兵一直在思考的问题。那是 1619 年11 月一个寒冷的夜晚，在巴伐利亚某个小镇的一个房间里，他铺好床，熄了灯，然后躺下。但他无法入眠。他对一个令人震惊的想法迷恋不已，完全无法忽视不管。多年以后，当回忆起那些时刻时，他声称是一位圣灵现身向他透露了这种新的思维方式。他一掌握这个想法，就开始想方设法地分享给其他人。

这个年轻人就是勒内·笛卡尔（René Descartes）。“Cogito, ergo sum——我思，故我在”是他最著名的声明。那天晚上笛卡尔突然产生的想法，已成为现代文明的特征。按他所说，他被指示将哲学与科学结合起来。要知道什么是真实的，就必须将你的想法置于科学严格的纠错机制中，寻求可以用数学方式表达的证明。

笛卡尔的观点的核心其实就是现代世界的主要特征：怀疑。试想一下，这个想法在17世纪初是多么激进。那时候，伽利略刚被审判、定罪、监禁，只因为他观察到地球是围着太阳转的并且在数学上给出了证明！一千年来，教会成功地控制了公共话语权。关于旧约和新约的绝对真理地位不能有任何讨论。信仰不是用来质问的，容不得任何的怀疑。但对于笛卡尔来说，怀疑恰恰是知识的起点。

至少在公众场合，笛卡尔不是无神论者。他一再肯定上帝的存在，并相信只有人类才拥有不朽的灵魂。蜜蜂、飞蛾和甲虫，在他眼里都只是一些小机器。那个时代的人们对时钟感到惊讶不已，视之为最前沿的技术，笛卡尔认为昆虫和其他生物同样优雅，就像钟表发条一样高效，但却是机械的，毫无灵魂。

但今天，我们可以采取笛卡尔的怀疑原则，进一步突破其界限。让我们继续探讨其他动物是否能思考吧。它们会做决定吗？如果可以，它们会说什么呢？母鹅可能会混淆，把一个球和它的蛋一起滚回窝里，然而一旦小鹅孵出来了，母鹅就会认定它和小鹅之间独特的关系。小鹅们特别的气味、发出的啾啾声以及它们的外貌——只有这些特质结合在一起才能引起母鹅作为母亲的关注。母鹅永远不会把自己的小鹅们与陌生物体，甚至是其他的小鹅混淆——这是多么精湛的智慧！而我们人类，虽然自诩“聪明”，却不一定能把两窝小鹅区分开来！

让我们说回甲虫。这个如此小的生物体内蕴含了各种能力，它具有全套的感官和生殖能力。它可以走路、跑步，甚至飞起来。它会对周围的环境做出反应，如果有东西靠近它，它会立起上身或向相反的方向匆匆离去。尽管甲虫很小，但它的躯体拥有足够的能力和独特的器官来实现所有这些行动。

一旦开始谈论昆虫的意识，许多科学家会感到紧张。这是有原因的。我们人类倾向于将其他物种拟人化，但有时候可能会想象过度。我有一种怪异的感觉，将甲虫的机械程序与意识完全分开可能并没有我们想象的那么容易。甲虫决定吃什么、逃避谁、和谁交配，这难道不正意味着在它小小的脑袋中存在一些意识吗？

这个问题的意义十分重大——远远超出了那只小甲虫的命运。如果在仔细权衡这些问题之后，我们仍然认为昆虫是像机器人一样，由其 DNA 编程来执行生死攸关的每一项功能，那么我们又有多少把握认定，这种判断不适用于我们自己呢？如果我们愿意将人类行为视为由 DNA 驱动的、已经编好程序的本性，那么又何来自由意志一说呢？更进一步地说，我们又怎么区分善恶呢？琐罗亚斯德教徒认为，超出他们控制范围的阿胡拉·马兹达和安哥拉·曼纽掌控着人类行为的善与恶，而我们的处境又比他们好多少呢？我们是否有希望能够选择我们的行动并塑造我们的命运——不是由遗传驱动，而是靠我们自己更高的理念？

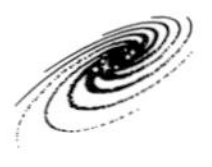

我知道一个能够带来希望的故事。这是一部体现了人类行为中最极端的冲突的生命传奇。由于时间久远，其中有多少真实已无从考证。相互竞争的不同宗教都有关于这个人的神话故事，其中真假难辨，不过可以肯定的是，不管真实与否，几代人都在试图压制他的故事，想从历史中抹去这个人的存在以及他所记述和建造的一切。尽管如此，他的事迹仍熠熠生辉。再次强调，无论是历史还是神话，梦想都是指路的地图……

公元前 4 世纪，在琐罗亚斯德逝世大约 200 年后，一名年轻人从一个叫作马其顿的偏远之地走来，在不到 10 年的时间里，打造了一个从亚得里亚海一直绵延到印度河的帝国。一路上，亚历山大大帝粉碎了号称天下无敌的波斯军队，又吞噬了世上最大的阿契美尼德帝国，渴望着进一步开疆拓土。他甚至想要吞并印度。

然而，公元前 324 年，在打下古印度的西北部分，也就是现在的巴基斯坦之后，亚历山大的部下叛变了。他们对帝国的期望和亚历山大不太一样，他们思乡心切，于是收拾行李离开了。在他们离开之后，一位名叫旃陀罗笈多（Chandragupta）的印度教战士决定自己打造一个帝国。在短短的三年时间里，他创立了孔雀王朝，这个帝国的版图在之后的岁月里囊括了印度辽阔的北部地区和现在的巴基斯坦。

塞琉古一世（Seleucus I Nicator）是亚历山大的一名心腹，他认为自己有能力做到他已故的指挥官没能做到的事。他和他的军队越过印度河攻击旃陀罗笈多的部队，最后却一败涂地。没过多久他就意识到，与旃陀罗笈多的家族联姻是一个更明智的选择。这种由数百头大象和各种催情剂搭建起来的关系，成了印度和希腊两国关系的通衢，世代相传。

事实证明，旃陀罗笈多是一位优秀的管理者，他建设了大量基础设施，其中包括大规模的灌溉和现代道路网络，并用金属加固使其更加耐用。这些基建的目的是统一帝国，利于贸易和战争。继承旃陀罗笈多王位的是他的儿子宾头娑罗（Bindusara），他的生平乏善可陈，似乎只是为了承接两位伟人而存在的中间桥梁。

宾头娑罗的儿子阿育王（Asoka）出生于公元前304年左右，据说他年幼时曾因生病而破相。他的皮肤粗糙，浑身长满麻点。宾头娑罗因此生厌，将阿育王放逐，令他远离宫廷。或许，这个故事可以为阿育王后来犯下的滔天罪行提供一个心理学方面的解释和依据。

宾头娑罗临死时，各位妻妾的子嗣开始争夺王位。历史指控阿育王为了登上王位而谋杀了他的一个（也有传说是多达99个）兄弟。即使我们以最大的善意对阿育王的其他罪行持“疑罪从无”的态度，假设他只犯过一次手足相残的罪过，那一次的谋杀所体现出的残忍，也足以令人发指：阿育王将他的兄弟困在了一个熊熊燃烧的火坑里！

残忍成了阿育王帝国的象征之一：仅仅消灭敌人是不够的，必须让他们在临死前遭受难以想象的恐惧。阿育王的传说始于他冲进临终的父亲的房间那一刻。相传，宾头娑罗在遗嘱中指定了另一位继任者，很可能就是被阿育王骗入火坑中的那位。而被嫌弃的儿子阿育王冲进房间后，他穿着皇袍，站在垂死的父亲面前，轻蔑地宣布：“现在我是你的继承人了！”

相传，宾头娑罗愤怒得涨红了脸，而后倒在枕头上，与世长辞。想象一下阿育王高兴地笑着以使自己父亲在最后时刻尽可能地悲惨的样子。所有的传说，甚至历史，都一致认同，他是一个无情的年轻帝王。

几年之后，所有觊觎王位的人都没能活下来。奇怪的是，阿育王的愤怒突然转向了围绕着宫殿的许多甘美的果树，他下令砍掉所有的果树。他的大臣们对这个命令犹豫不决，建议他三思，可阿育王怒发冲冠，又做出一次著名的惊人之举。他向畏缩的大臣们怒吼道："我有个主意，把你们的头颅砍下来也行！"于是，武装警卫拖走了这些人，并将他们斩首，而阿育王的故事才刚刚开始。

阿育王建造了一个更宏伟的宫殿，共有五个巨大的侧厅。建成之后，阿育王向最杰出的统治们发出了雅致的请帖。此时阿育王的帝国已经包含了幅员辽阔的次大陆的大部分，除了最南端的一小部分和东海岸的两个小点。我们仅能凭借想象来还原受邀者当时感受到的欢喜以及自尊心上的极大满足。富丽堂皇的新宫殿是多么令人震撼，作为第一批看到它内部的人是多么荣幸啊！

在宏伟的中庭，每位应邀来访的统治者都会受到一位主事者的接待，并被护送到五条走廊中的其中一条。就在这时，这些人发现自己已没有任何逃脱的希望，他们这才意识到，五个侧厅其实代表了阿育王眼里五种最痛苦的死法。世上没有不透风的墙，渐渐地，

藏传佛教中的阿育王形象，描绘的是他皈依佛门、受到佛陀影响后的手势和服饰。他在印度做阿育王时的形象，则因他激起的仇恨而没能留存下来。

这个宫殿便被称为阿育王的炼狱。通过这种方式，阿育王消灭了所有潜在的竞争对手，并给人们留下了不可磨灭的印象。他的暴戾无所不在。

然而不知何故，阿育王的暴行暂未蔓延至卡林加。这个繁荣的地区位于印度东北沿海，这里没有国王。卡林加被视为一个开放的文化中心，可能是当时最接近民主社会的体制。它拥有自己的港口，可以自由交易，无须一个以虐待狂为首的帝国来统治。

卡林加的人民设法避免自己的家园被阿育王的帝国吞噬。然而，在登上王座的第八年，阿育王还是决定吞并卡林加。卡林加的人民知道与这样的疯子不可能和解，他们对阿育王进行了勇敢的抵抗，这也引发了阿育王最十恶不赦的暴行。

阿育王和他的军队围攻卡林加长达一年，最终突破城墙，冲进了这座饥饿又虚弱的城市。阿育王的士兵烧毁了房屋，和卡林加的人民进行了残酷的肉搏战。他们屠杀了手无寸铁的卡林加人，犯下了各种野蛮行径。当一切结束时，包含平民和士兵在内，共有 10 万人死亡，大约 15 万名参加反抗的卡林加人被驱逐或流放。自此，阿育王帝国内能独立思考的人群就这么被驱散了。

阿育王终于得偿所愿：他信步于战场，满地的尸体让他和他的士兵几乎无处下脚，目力所及之处都是死亡，阿育王在尸堆中品尝着他的胜利。

远远地，一个衣衫褴褛的人向这些胜利者走来。看到这一幕，士兵们都紧张地把手放在剑上。当陌生人走近时，他们看到他怀里抱着什么小东西。奇怪的是，这个人似乎无所畏惧，竟然丝毫没有被这恶魔般的暴君吓倒。士兵已经准备好杀死来者了，但阿育王命令他们住手。这个陌生人的勇气激起了阿育王的好奇心，当然，他也觉得这么个骨瘦如柴的乞丐构不成什么威胁。当这乞丐靠近阿育王时，他向皇帝献出了怀里的东西——一个毫无生气的婴儿，那是阿育王的战利品之一。乞丐将死婴高高托起，让阿育王能近距离查看。他直直地盯着眼前的凶手，说出了下面的话：“哦，万能的王，你是如此强大，一时的心血来潮就能带走几十万条生命。请向我展示一下你到底有多强大吧——让这个死去的孩子起死回生，只这一个就行。”阿育王看着这具小小的尸体，胜利带来的所有快乐都变了味，曾经如毒品一样令人陶醉的权力，此刻也似乎不再那么耀眼了。

这个无所畏惧地以阿育王的罪行同他对质的乞丐究竟是谁？他的确切身份已不可考，但我们可以确定的是，他是佛陀的使徒。在

为了在庞大的帝国中传达他革命性的思想，阿育王将教义刻在岩石和柱子上。目前已经发现了大约 150 个，这块碎片就是其中之一，上面有用婆罗米文这一早期印度书写系统刻下的一条法令。

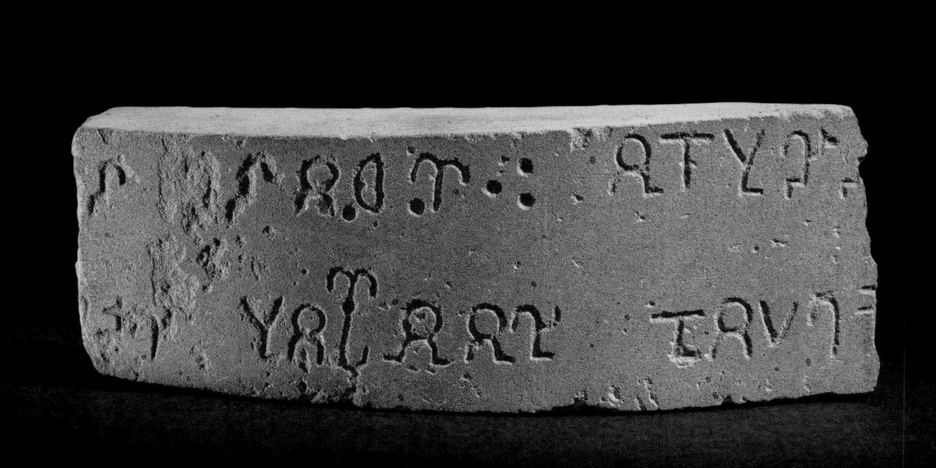

当时，佛陀是一位生活在将近200年前的鲜为人知的哲学家，他崇尚非暴力、意识和同情，他的追随者们纷纷放弃财富，游历四方，以身作则地传播佛陀的教义。人们相信，这个战场上的僧人就是其中的一员。凭着勇气和智慧，他在一个冷酷无情的人身上唤起了感情。

当视线再次转向满是尸体的战场时，傲慢、得意的表情从阿育王的脸上消失了——现在他充满了厌恶和懊悔。阿育王在他最为罪孽深重的罪行现场竖起了一根柱子，之后又竖立了更多根。柱子的顶部有四头面向四方的狮子，并以婆罗米文刻下文字，那是阿育王的第1号法令之一："所有人都是我的孩子。我渴望自己的孩子可以幸福安康，我希望所有人都能如此。"

在阿育王的第13号法令中，他记录下了自己饱受煎熬的良知："在卡林加被吞并后，圣主开始积极保护虔诚法，他热爱该法令，并孜孜不倦地传播它。自此圣主对占领卡林加之事不停自责，因为在征服一个从未被征服的国家的过程中，包含着屠杀、死亡和俘虏。这令圣主极为悲痛和懊悔。"

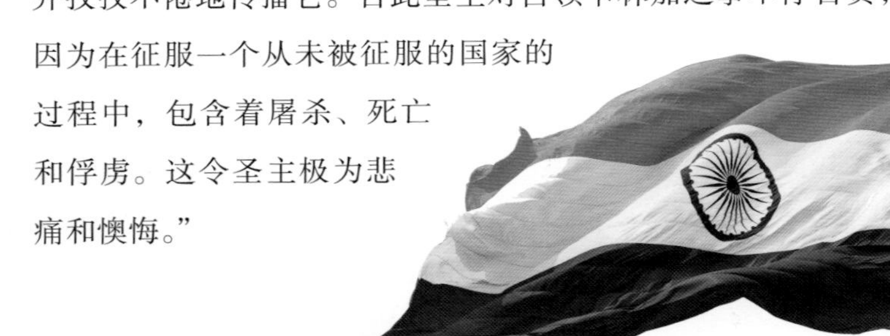

在传达他的法令的柱子顶上，阿育王经常将4只狮子放在一个带有24根辐条的轮盘上，这一佛教象征后来被选中，作为印度独立后的国旗的中心装饰。

阿育王并非仅仅为自己犯下的众多罪行而忏悔，他做了更多。一个崭新的、前所未见的领袖，诞生了。

阿育王与弱小的邻国们签署了和平条约，那些国家曾经只要听到他的名字就瑟瑟发抖。他继续统治了印度长达 30 年，在这段时间里建立了学校、大学、医院甚至临终安养院；他引入了妇女教育，认为没有理由拒绝她们成为僧侣；他为所有人提供免费医疗服务，确保每个人都能获得药品；他下令开挖水井，为村庄和城镇供给用水；他在印度的道路上种植树木并建造凉亭，这样旅行者就能有宾至如归的感觉，而动物也能享受到阴凉；他还下令对所有宗教一视同仁，对那些被非法监禁或严酷对待他人的人进行司法审查，并且废除了死刑。

阿育王的同理心不仅限于他自己的子民，还延伸到了所有生命。他禁止了动物献祭仪式以及所有的狩猎运动，在印度各地建立了兽医医院，并建议他的公民善待动物。这并不是说阿育王违反了亲缘选择定律。亲缘选择这一进化策略认为，我们会优先关心那些与我们共享最多基因的亲属的生存。事实上，阿育王对于“亲属”的定义扩大到了每一个物种。

阿育王的另一个想法则比他所处的时代超前了数千年。阿育王并不认为国王的儿子就理所当然地也成为国王。他相信国家应该由最开明的人来管理，而不是国王的后嗣。

不过，这些并不代表阿育王一生中从此再未做过任何暴力或残忍之事。有记载说，在他 36 年的统治期行将结束之时，他似乎有几次间歇性地陷入了暴怒之中，就像他年轻时那般混乱和血腥。但是事实表明，他开辟出的开明的统治之路仍在继续。

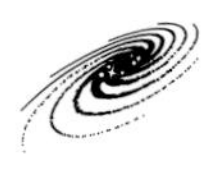

在阿育王寿终正寝之后，孔雀王朝只持续了50年。阿育王统治下的寺庙和宫殿，包括他在印度各地竖立的大部分柱子，都被几代宗教狂热分子摧毁了，他们认为阿育王不够虔诚并为此感到愤怒。对他们来说，神圣需要最严格地维护等级序列。但是，哪怕这些诋毁者使尽全力，阿育王的遗风犹存，因为在18世纪和19世纪，人们再次发现了他的法令。而到了20世纪，现代印度国建立时，更是采用了代表阿育王的狮子形象作为其象征。

佛教成为世界上最具影响力的宗教哲学，这要归功于阿育王。在耶稣诞生之前的几百年，阿育王的法令就以耶稣的语言——亚拉姆语（Aramaic）和其他语言刻在了石头上。这些是罗塞塔石碑，用于教导人们同情、怜悯、谦卑以及热爱和平。我们知道，阿育王的使徒曾漫游至亚历山大港和中东其他城市，这可能扩大了他们的导师的影响。

位于印度巴拉巴尔山区的洛马斯利夕佛窟（Lomas Rishi Cave）是少数几座残存的阿育王神殿之一。除了一些文字，神殿里面朴素得令人震惊。但它确实有一个独特之处：洞窟内部具有异常出色的共鸣效果，可以产生持久的回声。声波在洞窟内高度抛光的墙壁上来回反弹，越来越微弱，直到完全被墙壁表面吸收，只留下一片寂静。

但在我看来，阿育王的梦想并没有如这回声一般归于沉寂，相反，它的回声在历史的长河中越来越响亮。

作为印度东北部花岗岩山丘上的四个神圣洞穴之一，洛马斯利夕佛窟精致的入口，通向一个朴素的内室，那里具有非凡的声学效果。阿育王在公元前 3 世纪曾到访过这里。

JB

| CHAPTER 03 |

生命的失落之城

这片大海有着难以名状的甜美奥秘，它那平缓而又可怕的迹象似乎表明下面潜藏着一个灵魂……你看，在这片海洋牧场、辽阔起伏的水状大草原和所有四块大陆的公墓上（译注：Potters’ Field，指专门用来埋葬穷人和无名者的公墓），波涛升起又落下，不停地涨退；因为在这里，数百万纠缠不清的鬼魂和影子沉溺在梦里，梦游着、幻想着；那些我们称之为生命和灵魂的，静静地躺在这里做梦、做梦；如沉睡的人在床上辗转反侧；他们焦躁不安，激起了不停翻滚的波涛。

——赫尔曼·梅尔维尔《白鲸记》

大海的奥秘在画作《记忆》中具象化，这幅图像于1870年由美国艺术家伊莱休·维德（Elihu Vedder）绘制。

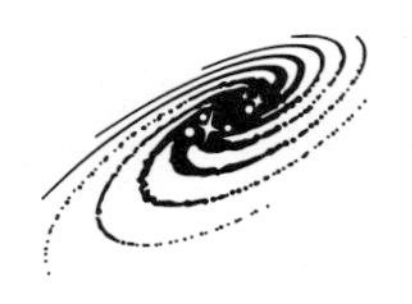

我们的银河系在更年轻的时候——只有几十亿岁时，比今天要更高产。那时候，大约七十亿年前，它诞生恒星的速度是现在的 30 倍：那是一个创造恒星的风暴。

我们的恒星是银河系晚期的产物，这可能是我们能存在的原因之一。从更古老、质量更大的恒星消失到地球生成，这中间经过了 50 亿年，那些死去的恒星将它们较重的元素留给了我们，正是受到这些元素的丰富和滋养，太阳系的行星和卫星才得以形成。我们人类也是由那些恒星物质生成的。

炽热的粉红色氢气云包裹着新生的恒星，来自引力的拥抱改变了它们。略微年长的兄弟星形成了明亮的蓝色星团，与无形的气体和尘埃一起加入了粉红色的氢气云，组成了我们今天称之为“家”的星系。

宇宙创造了星系，星系孕育了恒星。

结合三台望远镜的数据，天文学家捕获了 NGC 602，一个距离地球约 200,000 光年的年轻星团，位于小麦哲伦星云（SMC，一个围绕着我们银河系的矮星系）中。由于 SMC 的这个区域包含较少的金属以及较少的气体、尘埃和恒星，它可以作为早期宇宙中恒星形成的模型。

其中一颗恒星变成了超新星，释放出物质冲击波来扰乱气体和尘埃云。这个星云开始凝聚并旋转，迅速被压扁成一个圆盘。其中心的凸起瞬间变成聚变反应堆，发出炫目的光芒。我们的太阳诞生了。

闪闪发光的绿色物质开始从我们的恒星射出，落在周围的圆盘上，如翡翠般闪烁着光芒。我们的恒星给其周围的行星送去了珍贵的矿物——闪闪发光的钻石和绿色的橄榄石，它们是我们这个故事中的主角。

圆盘继续旋转并形成清晰的同心环。其中一个环开始聚拢，变得越来越大，直到成为一个球形行星。这就是木星，太阳的长子。

恒星缔造出了行星、卫星和彗星。

现在，各大行星开始像撞车大赛一样，在聚集的气体和尘埃中合并、碰撞。不断有行星形成，它们在自己运动的轨迹上与碎片碰撞，像滚雪球一般变成更大的行星，清扫了它们围绕太阳的轨道。这些未来的行星和卫星上布满了有机分子——生命的化学组成成分。这是它们从其他恒星那里继承的遗产。

宇宙是否能像制造恒星和行星一样自然而然地产生生命？请和我一起，像鱼雷一样深入到宇宙的海洋，越潜越深，穿过富含铁元素的血红色海水，直达海底。

很久很久以前，大概超过40亿年前，当我们的星球还很年轻的时候，曾有一座由高达15到30米的塔楼构成的城市，其地基锚定在海底深处。建造这座城市需要数万年的时间，但那时这个世界

这里似乎是一座失落的生命之城。多孔石灰岩塔，又称为钙华，从加利福尼亚州的这片区域上拔地而起。差不多一千年前，周围的湖水被排干了，它们才得见天日。

上还没有生命。那么，是谁建造了这些位于海底的摩天大楼呢？是大自然。她用二氧化碳和碳酸钙建造了它们，这些矿物同样也被用来制作贝壳和珍珠。

我们躁动的地球母亲裂开了，寒冷的海水涌入炎热的岩石地幔，产生越来越多的有机分子和矿物质，包括那种叫作橄榄石的绿色宝石。水和矿物质混合后温度变得越来越高，最后以极大的力量喷射而出。二者的混合物被困在碳酸盐岩的孔隙中，正是这些岩石形成了后来的塔。岩石孔隙就如同孵化器一样，为有机分子聚合提供了安全处所。这就是我们认为的岩石建造第一个生命家园的故事，也是地球矿物质——岩石，和生命之间持久合作的开始，至少在我们这个宇宙中的一小部分区域中是这样的。

在水和二氧化碳被转化成有机分子，为生命的起源提供能量的同时，它们也释放出了氢气和甲烷。这个过程在岩石上留下了蛇形的裂缝，称为蛇纹石化。在其他星球寻找生命的科学家常说“跟着水走”，因为水是生命最基本的需求。现在，他们还要说“跟着岩石走”，因为蛇纹石化与生命诞生的过程密切相关。

那么，这一过程又是如何开始的呢？科学能否提供一个关于生命起源的美丽愿景，就如同米开朗基罗画笔下，上帝伸向亚当的那只手一样呢？有机分子是生命的基石，聚集在这些“水下塔”的砂浆微孔中。这些分子同所有事物（包括你和我）一样，是由原子组成的，而那些穿梭在分散的有机分子之间的发光的能量点，便是质子。

无生命的分子需要吸收能量才能演化成生命体，这些能量来自于塔内的碱性水与海洋酸性水相遇时发生的反应。第一个自我复制的分子，也就是现代 RNA 和 DNA 分子的前身，很可能就是这样产生的。其他微小分子聚集在微孔内壁上，我们称之为脂质，它们形成了第一个细胞膜。

随着时间的推移，这些具有无数微孔的热水塔开始溶解并逐渐消失。但是位于它们内部的复杂分子——地球上最早的细胞——完整地保留了下来，演变成了可以繁殖的微生物。

这个版本是我们现今对生命起源最为合理的科学解释。它只是一个假设，需要四个长期分离的科学领域——生物学、化学、物理学和地质学共同验证。

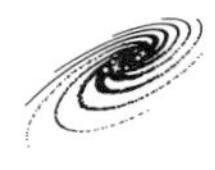

一些科学家认为生命最开始起源于岩石之中。然而从第一天起，生命就像个逃脱大师，总是想要挣脱牢笼去征服新的世界，即使是浩瀚的大海也无法阻止它。

在这些最初的生命形式出现的时候，地球与现在的样子迥然不同。海洋覆盖了地球的大部分表面，那时的海水是铁红色的；天空也不是蓝的，而是朦胧的黄橙色；月球离地球的距离还没有今日这般遥远；大气层只是由碳氢化合物组成的烟雾；没有氧气可以呼吸，也没有能够呼吸氧气的生命。毫无生气的紫色火山口遍布在这片土地上，它们会不时地炸掉自己的顶部。生命终将重塑世界、海洋和天空，但它们并不总是做对自己有利的事。审判之日来临的那一天，这些生命险些自我毁灭。

为了见证地球历史上最灾难性的时代之一，让我们先回到宇宙年历。直到宇宙诞生大约30亿年后，宇宙这一隅的故事才开始。（宇宙年历上的）3月15日，我们的银河系开始形成，60亿年后，或者说8月31日，我们的太阳才成为一颗闪耀的明星。不久，木星和其他行星（包括我们自己的地球）开始成形，仅仅三个星期之后，即9月21日，我们推测，生命开始在海底的那些小角落和缝隙中产生。在之后的三个星期（宇宙时间）里，更多的火山向上高耸出海平面，火山开始爆发，陆地随之形成。

直到最近我们才开始意识到，生命是如何神奇地塑造了这个星球。说到生命改变地球的方式，我们首先想到的是绿色的森林和广阔的城市，但事实上，远在这些东西出现之前，生命就开始改变地球了。在海底的“星星之火”点燃的10亿年后，生命已然遍及全球，这要归功于一位生命界的常胜将军——蓝细菌。

在生命长达27亿年的演化过程中，蓝细菌（也称为蓝绿藻）可以在任何地方生存。无论是淡水、咸水、温泉还是盐矿，对它们来说都没有区别，到处都是它们的家。它们犹如炼金术士一般，有些它们能做到的事，即使是我们如今最先进的科技也无法实现。它们将阳光变成了糖，并利用光合作用创造了自己的食物。

在接下来的4亿年中，蓝细菌通过吸收二氧化碳并释放出氧气，将天空从黄色变为了蓝色。不仅如此，蓝细菌还改变了岩石。氧气具有腐蚀性，蓝细菌释放的氧气使陆地“生了锈”，这对矿物产生了神奇的作用。在地球上的5000种矿物中，约有3500种是因生命释放的氧气而产生的。

地球曾经是蓝细菌的天下。虽然这些微小的单细胞生物看起来并不多，但它们是这个星球上占主导地位的生命形态，改变景观、水和天空，无论到哪里它们都会造成严重破坏。直到23亿年前，也就是宇宙年历上的10月下旬。

蓝细菌曾与另一类生物共享这个星球——厌氧菌，一种在蓝细菌开始用氧气“污染”地球之前就已经成熟的生命形态。虽然对于厌氧菌来说氧气是有毒的，但蓝细菌不会停止向大气中注入氧气，

黄石公园的大棱镜泉中心没有生命，因此150 °F（译注：约65.6°C）的水呈现出一种深邃的蔚蓝色。微生物垫（Microbial mat）的存在，使富含矿物的温泉的边缘处呈现出艳丽的黄色和橙色色调。

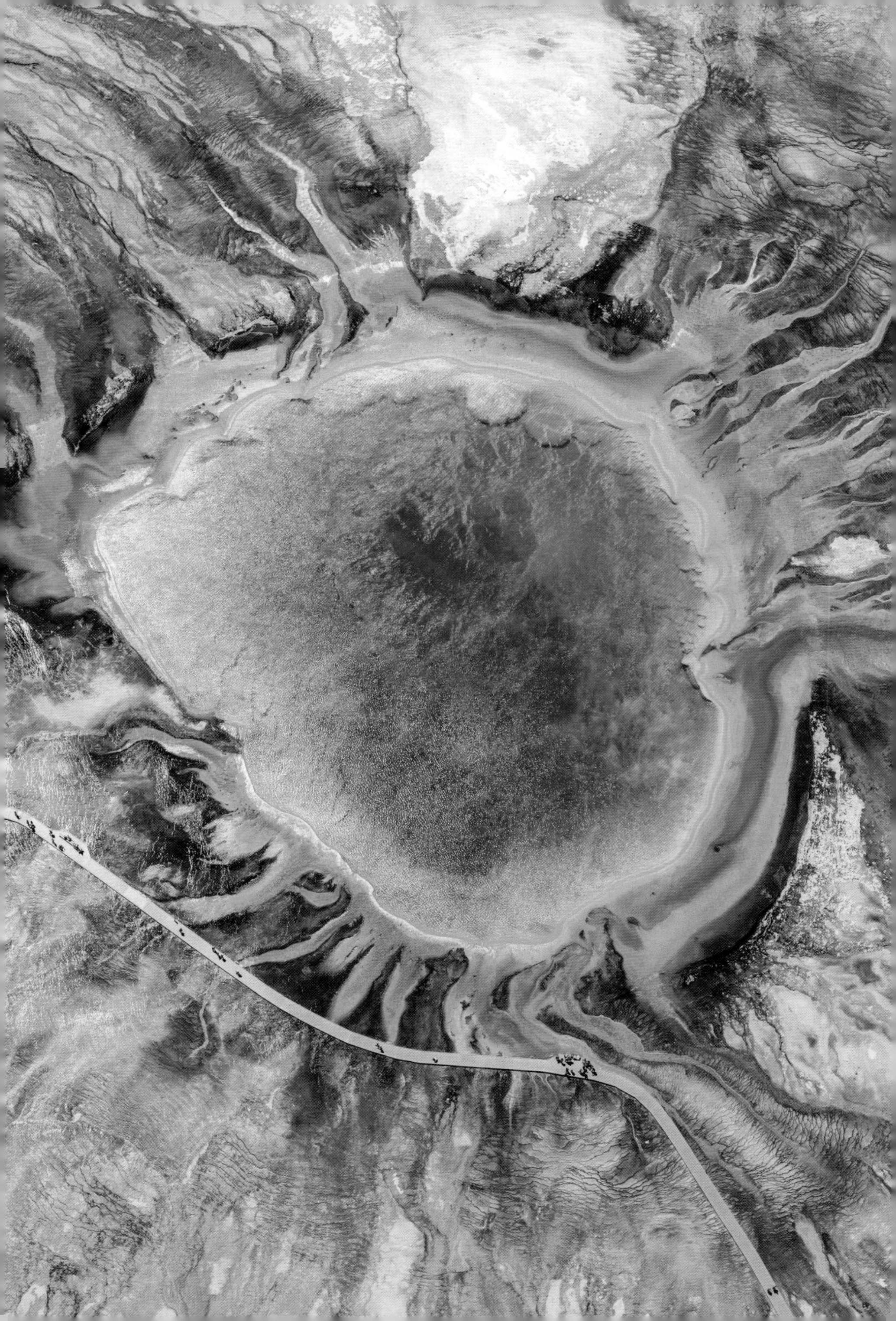

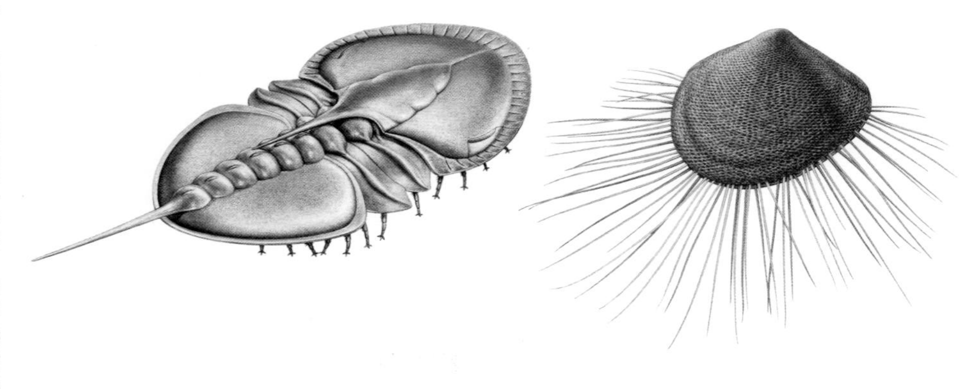

加拿大落基山脉的伯吉斯页岩（Burgess Shale）化石中存在着丰富的生命形态，这些化石都是在约5亿年前寒武纪大爆发期间出现的。从左到右的生物分属类别：三叶虫（Pagetiabootes）、腕足动物（Micromitraburgessensis）、软体动物（Eldonialudwigii）和节肢动物（Molariaspinifera）。

这对于厌氧菌以及当时地球上的几乎所有其他生命来说，都是灾难性的。蓝细菌带来了一场氧气大灾变。厌氧菌中唯一的幸存者，是那些躲避在海底的细菌，它们潜藏在氧气无法到达的沉积物深处。

还记得那些在海底放出氢和甲烷的蛇纹石吧？甲烷是一种强大的温室气体，在当时，它是使地球保持温暖的主要因素。然而又一次，生命释放的氧气改变了这一切。它吞噬了甲烷，放出了二氧化碳——一种效力比甲烷低得多的温室气体。二氧化碳无法有效地捕获地球大气中的热量，地球变得越来越冷，陆地上的绿色生命开始逐渐消亡。

极地冰盖开始增长，并渐渐扩散开来，包围了整个星球，直到地球完全被冰雪覆盖，成为一个“雪球”。蓝细菌的行为太过火了，这个曾经的地球主导者几乎完全走向了自我毁灭。对于现今有幸存活下来的任何生物来说，这都是一个值得深思的故事。

第一个全球性的冬季发生在大约 22 亿年前，它持续了几亿年（也就是宇宙年历上的 11 月 2 日到 11 月 6 日）。直到大规模的火山喷发爆破了冰层，熔岩开始流过地表，生命这位逃脱大师，才摆脱了埋葬了它们的冰冷的致命魔爪。与此同时，流冰群也撤回到了两极。

蓝细菌死亡后，它们的尸体成为了地球上的二氧化碳储存库，爆发的火山将二氧化碳泵入大气层中，使地球回暖，融化了冰层。在接下来的 10 亿年中，生命和岩石继续着它们精彩的双人舞蹈，使地球不断在冰封和解冻之间循环往复。

随后，5.4 亿年前，也就是宇宙年历上的 12 月 17 日，发生了一件奇妙的事情。那时，我们的星球上已经有了蓝天和大海，有了两个大洲和各种岛链，但生命依旧以微生物和简单的多细胞生物的形态存在。突然在一段很短的时间内，生命开始迅速发展，这个时期我们如今称之为寒武纪大爆发。在那段时间里，生命长出了腿、眼睛、鳃、牙齿，并迅速演变成令人惊叹的各种形式。寒武纪动物军团——古虫动物门（贝壳状生物，有鳃）的装甲三叶虫、名为怪诞虫的多刺无头蠕虫以及更多其他生物，开始在全球范围内迅速繁殖。

我们还不知道究竟是什么让生命呈现出如此惊人的多样性，不过我们已经有了一些貌似合理的解释，这可能要归因于火山喷发后留在海水中的所有含钙矿物。生命长出了一根脊梁，还披上了外壳。它找到了一种借助岩石来制造自己的盔甲的方法。如此一来，生命可以长得更大，并冒险进入无人居住的领土——陆地。

也许，生命的多样化要归功于蓝细菌建造的保护盖。它们对大气的氧化造就了臭氧层，这使得生命即使离开安全的海洋居住在陆地上，也不会被太阳的致命紫外线杀死。在过去的数十亿年时间里，所有生命能做的只是慢慢发展。现在，生命开始游泳、奔跑、跳跃和飞翔。

也有可能，在相互竞争的生命形式之间爆发了一场关于进化的军备竞赛。比如说，一种巨型虾类生物奇虾，长出了外壳和更长的钳子，能将它的猎物三叶虫抬起，翻过来，暴露出三叶虫最脆弱的部分。紧接着三叶虫也演化出了一种有效的防御策略——灵活的分节外壳。拥有这种外壳后，三叶虫就能滚进装甲球中保护自己。就这样，三叶虫在攻击中幸存下来，并留下了更多的后代，而奇虾只能饥肠辘辘地离开，直到灭绝。

又或者，病毒是否导致了寒武纪新生命形式的爆发呢？我们总是倾向于将病毒视为生命的克星，但它们并非都是坏的。病毒往往很“马虎”的，它们有没有可能充当了信使的角色，在从一个宿主到下一个宿主的旅途中留下了一些 DNA 呢？一些宿主可能正是被这些遗留的 DNA 所改变，从而增强了自身对环境的适应能力。

从寒武纪开始的前所未有的生命多样性，可能是上述所有因素的共同结果，也可能是由我们尚无法理解的因素引起的。无论如何，生命已经变得十分擅长挣脱一切束缚，地球上没有任何牢笼可以关住它。在寒武纪生物大爆发发生数亿年后的某一天，生命甚至可能会逃离地球——毕竟，生命是关不住的。

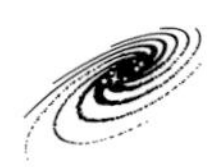

回顾生命最初的艰苦跋涉的过程，需要一种新的、能够将不同学科统一起来的科学方法，而创立这种新科学方法的人自己也恰好是一名逃脱大师。他挣脱了历史上最无情的杀手，逃离了一路取笑他、折磨他的人。

维克多 · 莫里茨 · 戈尔德施密特（Victor Moritz Goldschmidt）非常出色，他没有参加过任何考试，也没有获得过任何学位，却在奥斯陆大学得到了一个教职。那是 1909 年，当时他只有 21 岁。三年后，他被授予了挪威最高的科学荣誉——弗里乔夫 · 南森奖（Fridtjof Nansen）。

戈尔德施密特是最早将地球视为单一系统的科学家之一。他意识到，为了拥有全局观，你不能只了解物理、化学或地质学——你必须了解全部的学科。当时正处于元素研究的早期阶段，元素周期表上排在铀以后的那些不稳定元素（称为超铀元素）还没有被发现。

在 19 世纪，化学家们在对化学物质的本质和特性的理解方面取得了很大进展。那时的化学家们大多相信，元素作为最基本的化学物质是由不可分割的原子组成的。不同的原子具有不同的化学性质，当它们与其他原子反应，并结合形成分子时，就会产生世界上一切各种各样的物质——空气、水、金属、矿物、蛋白质。有些分子非常简单，比如水；另外一些，比如构建生命的蛋白质分子，却惊人地复杂，有时一个分子中甚至包含数百万个原子。但总的来说，宇宙中的每一种物质最终都是由几十种基本元素以不同的方式和数量组合而成的。

19 世纪 60 年代，俄罗斯（俄国）化学家德米特里·门捷列夫（Dmitri Mendeleev）等人开始在各种元素中寻找一种形成机制。门捷列夫发现，当他按照原子量递增的方式组织元素时，它们的化学特性（反应性、可燃性、毒性等）显示，这些元素似乎刚好形成了以 8 为单位的自然组。将这些小组整理成一个表格，可以发现，在不同元素行之间有一些空位，门捷列夫猜测这些空位代表了尚未被发现的元素，而且正式发现这些元素之前，他还成功预测出了其中几个的化学特性。

戈尔德施密特应用这一新知识创建了他自己的元素周期表版本，这个版本至今仍在被使用。但在戈尔德施密特看来，他的新周期表不只是用来取代装饰在教室或实验室墙面上的旧版周期表的，它还有更加深远的意义——新的周期表使他可以看到晶体和复杂的矿物是如何由更基本的元素形成的。这个新的增强版的周期表阐明了这些元素如何形成了地球上那些最壮观的地质构造——喜马拉雅山、多佛白崖、大峡谷。戈尔德施密特发现的是地球化学的基本原

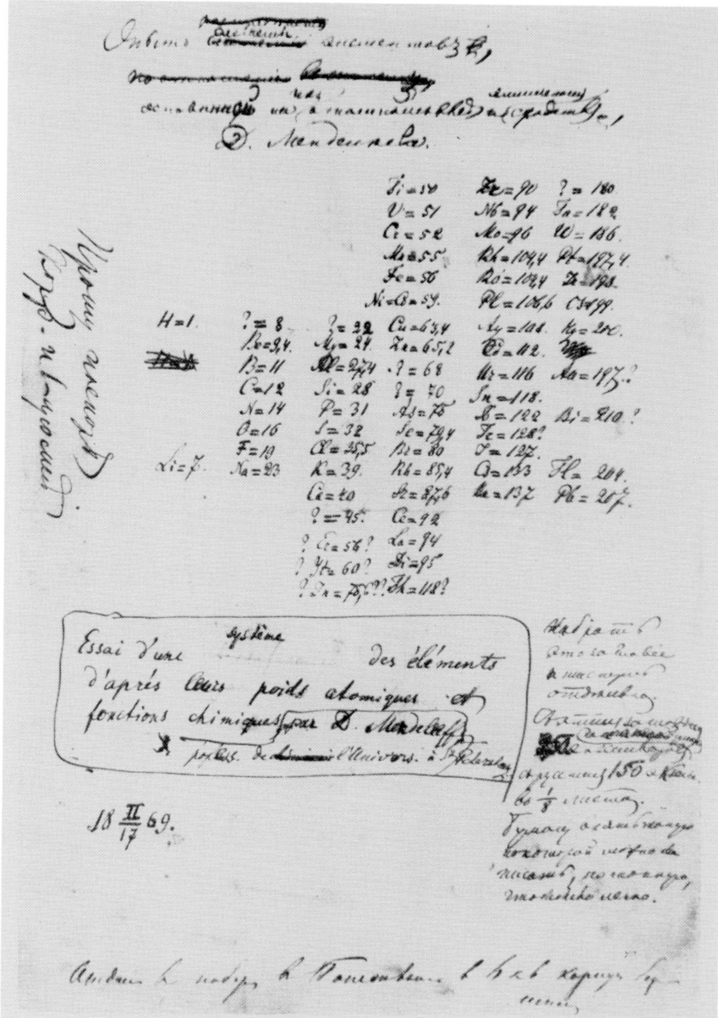
Essai d'une système des éléments d'après leurs poids atomiques et fonctions chimiques par D. Mendeleeff

18 II/17 69.

从 1869 年 2 月的这些笔记开始，德米特里 · 门捷列夫在他的一生中不断完善着元素周期表。他用惊人的预测能力，给科学家们提供了一个理解物质的框架。

理，帮助我们理解了物质是如何演变成山脉的。

1929年，他做出了一个关键的决定，接受了哥廷根大学的任命，去了德国。在那里，哥廷根大学专门为戈尔德施密特建立了一个研究所。他的同事认为这是戈尔德施密特最快乐的岁月，直到1933年阿道夫·希特勒（Adolf Hitler）上台。

戈尔德施密特是犹太人，但并不信犹太教。希特勒让他改变了这一切，他现在开始公开表明自己与当地的犹太教社区的关系。希特勒规定，每个人都必须列出自己历代的犹太祖先，有些人试图隐瞒自己的（犹太）祖父，因为这件事可能会导致他们被送入集中营。然而戈尔德施密特没有，他自豪地在他的表格上宣布，他的祖先都是犹太人。盖世太保的创始人希特勒和赫尔曼·戈林（Hermann Göring）并没有放过他，他们于1935年亲自致函戈尔德施密特，称即刻取消他的大学教职，他被解雇了。于是，戈尔德施密特只得一无所有地逃回了挪威。

戈尔德施密特重点研究了橄榄石，这是太阳系形成后留下的一种绿色矿物宝石。橄榄石可以承受住最高的温度，这让戈尔德施密特十分感兴趣，并由此推测，橄榄石可能在为生命起源奠定基础的过程中起了重要作用，他是第一个提出这个想法的人。戈尔德施密特把橄榄石抛光并镶嵌在一块珠宝中（称为贵橄榄石）进行研究，他开创了橄榄石的新应用。起初，他用它来给熔炉和窑炉排料，但后人们会发现，橄榄石的耐热性是制造核反应堆和火箭的理想选择。

与此同时，戈尔德施密特想知道是否整个宇宙中都存在橄榄石。这是宇宙化学领域的开端。然而对他来说，另一种更传统的化学在此刻显得更为重要。在纳粹入侵挪威的前夕，戈尔德施密特穿上防护服，为自己制作了一些氰化物胶囊。他把它们藏在身上，这样就可以在盖世太保来抓他的时候立即自杀。当另一位科学家问能否也给他一个（胶囊）时，戈尔德施密特回答说："这种毒药只能给化学教授用。作为一名物理学家，你还是用绳子吧。"

盖世太保确实来抓他了。1942 年的一个深夜里，党卫队（SS）把他家的门敲得砰砰直响，戈尔德施密特将氰化物放在口袋里。他被送到了（挪威的）伯格集中营，在这之前，那些人曾准备把他流放到（波兰的）奥斯维辛集中营——他曾用他的冷幽默向他的朋友们介绍过奥斯维辛集中营，他说那个地方"不十分推荐去"。

他在一个码头上等着，站在一千名即将被驱逐出境的犹太人中间，面色苍白而憔悴。一队纳粹士兵走过来，将他单独叫了出去。当他们走近时，他偷偷地摆弄着口袋里的蓝色小胶囊。但此时他决

橄榄石，一种被认为对生命起源和化学进化至关重要的矿物质。

定抓住这次机会跟他们走，他知道还会有其他吞下胶囊的时机。

戈尔德施密特对纳粹来说也是个极其重要的科学家，他们不舍得杀死他。只要他用自己的科学知识来服务帝国，他就可以住在集中营外面。戈尔德施密特抓住了这个机会，利用了自己的优势——对科学的了解，戏弄了那些看守们，让他们进行愚蠢而无谓的科学搜寻。他派出了整个分队去搜寻根本不存在的矿物，并诱骗他们相信这些资源对战事至关重要。他的诡计随时都可能被识破，一旦识破，他将必死无疑。

直到 1942 年底，挪威的抵抗组织得知戈尔德施密特正处于极大的危险之中，他们安排他在夜里穿过瑞典边境逃离。在此后的战争期间，戈尔德施密特先后在瑞典和英格兰生活过，为盟军贡献了他的知识。然而因为身体虚弱，他始终没能从战争的磨难中恢复过来，维克多·戈尔德施密特最终于 1947 年去世。但在他生命的最后阶段，他写了一篇关于复杂有机分子的论文，文中提出，这些分子可能促成了地球上生命的起源。这篇论文中的思想，至今仍然是我们理解生命形成过程的核心思想。一代又一代追随他的地球化学家将他视为该领域的创始人，可惜戈尔德施密特来不及看到这一天了。

他在遗愿中提到了一个简单的要求：他希望被火化，并将他的骨灰装在用他热爱的橄榄石制成的骨灰缸中。因为他相信，橄榄石是生命之物。

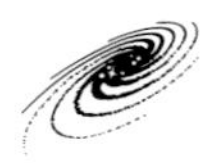

宇宙创造了星系；星系孕育了恒星；恒星又缔造出了世界。那

么，宇宙中还有其他失落的生命之城吗？“责任始于梦中”，爱尔兰诗人威廉·巴特勒·叶芝（W. B. Yeats）和短篇小说作家戴尔莫·施瓦茨（Delmore Schwartz）将这一习语留给了我们。在我生命的大部分时间里，这句话都回响在我的脑海中，它似乎特别适用于我们探索银河系中的潜在世界这一梦想。

身为宇宙公民，我们自有应缴的税费。作为一个可以开展航天事业的种族，我们必须得小心翼翼，不要污染了我们造访的星球，也不要将来自外星的不速之客带回地球，以免造成全球性的危害。

1958 年，在苏联第一颗人造卫星斯普特尼克号上天之后不久，卡尔·萨根和诺贝尔奖获得者约书亚·莱德伯格（Joshua Lederberg）开始讨论一系列严格的行星保护协议，并希望它能成为国际法的一部分。他们的主要动机是希望避免地外星球受到来自地球的污染，这样那些星球才能够告诉我们有关生命起源的问题。同时萨根和莱德伯格也想到了欧洲征服其他大陆的悲惨历史。

然而，其他科学家只是认为开展星际探索迫在眉睫，却并不觉得那些担忧有多重要。最终，大家达成共识，一致支持莱德伯格和萨根。但是当 NASA 在 2005 年开始编纂行星保护公约时，他们提出的方案只是强调了探索任务，并没有关注到地外星球。公约的各项类别所考虑到的，只是探索任务会如何对生命起源的研究造成干扰，而非该如何保护那个星球上以及我们这个星球上的生命。

NASA 制定了 5 个这样的主类别，还有其他略有修改的子类别。他们认为月球毫无生机，是“对理解化学进化过程或生命起源没有直接用处的地方”。因此，在月球上可以进行第 1 大类中的所有探索任务，包括近天体探测飞行、轨道飞行器或者着陆舱试验。

第2大类任务针对那些可能对有关生命问题的研究有“重大意义”的星球，但这些任务的性质决定了它们不太可能会对目标星球造成污染，因此执行起来也没有什么太多的限制。比如极度不适合我们地球生物居住的金星就属于这一类。

存在诸多限制的第5大类任务，则是对“生命具有逃脱天赋”这一说法的极大认可。它适用于针对那些可能已经产生了生命的星球进行的样本返回任务——在那些星球上可能已经存在，或者曾经存在过位于海底的失落的生命之城。

火星是一个特例。它满足第5大类所有的严苛条件，因此NASA规定，这类星球“具有支持地球生命生存的潜力，以此为目标的飞行器必须经过严格的清洁和灭菌过程，也必须遵守更高的操作限制”。但是在某种意义上，我们的机器人飞行员——那些登陆器和漫游者，本身就是生命对寻求和占领新领土的不懈追求的体现。

在对木星进行多年侦察之后，NASA将把朱诺号（Juno）卫星送到通向死亡之路的木星大气层中。朱诺号会先与大气摩擦发光，然后爆发成一个火球沉入到下面更深的云层里，直至湮没。NASA并非因为担心木星会受到污染才指挥朱诺号自毁的，事实上我们的这颗卫星几乎不可能影响到未来对这个巨型气体行星的后续研究，因为来自地球的任何微生物都会被下沉气流的高温所灼烧。这就是木星只属于一个第2大类星球的原因。但在木星的79个（这个数字还在持续增长中）卫星中，有一个是属于第5大类的，NASA担心朱诺号会在无意中撞到它，他们不能冒这个险——它就是木卫二（Europa，欧罗巴），太阳系中仅有的三个受限制的第5大类星球中的第二个。

像地球一样，木星也有一个磁场，我们能够用无线电波观察到它。木星的磁场比地球强得多，从范围上讲也比我们的要大100万倍。对于构成太阳风的带电粒子来说，这是一个巨大的陷阱。在地球，磁场会将来自太阳的带电粒子引导到北极和南极，在那里，它们为诡异的、霓虹般旋转的极光提供燃料。在木星上也是如此。木星的太阳风被引导到木卫二的表面，在这块独特的土地上旋转，看起来就好像被猛虎抓伤了一样。

木星主宰着天空，想象一下小小的木卫二及其姐妹卫星们与行星之王（译注：指木星）无限接近是什么样的场景。巨大的木星对木卫二的引力作用相当强大，40亿年以来，木卫二从未能够将它的这一面转离木星。木星对木卫二抓得非常紧，甚至撕裂了这颗卫星的表面。那些线形图案，也就是木卫二表面的宽阔伤口，宽约19.3千米，长约1448.4千米，而且在明显地运动，一会儿上升，一会儿下沉。不难想象，地震发生时，产生的噪声该有多么刺耳。

这种引力“折磨”被称为潮汐可挠性（tidal flexing），但木星并不是唯一的罪魁祸首——木卫二的姐妹卫星也在拉扯着它。木卫二表层最厚的区域每隔3.5天就会升高30米，这也是木卫二绕木星一圈所需的时间。木卫二与温暖的太阳相距8亿千米，是地球与太阳之间距离的5倍。但是这种潮汐可挠性使得木卫二中心保持炙热，这就是木卫二被认为是受限制的第5大类星球的原因之一。在其混乱的表面之下有一个海洋，比地球上最深的海洋还要深10倍。

现在，想象我们能够潜入其中一条缝隙到达木卫二的地下海洋，看看是否有人在那里游泳。我们现在完全能够实现这项任务，科学家们正在向NASA提出申请。想象一下，宇宙飞船迅速下降，潜水数千米，从冰蓝色两壁间的狭窄裂缝穿过，一猛子扎进大海中，并将图像和其他数据发送回我们的地球。

NASA 伽利略探测器看到的木卫二支离破碎的表面。增强的红色突出了表面的线状裂缝和脊部，掩盖了下方广阔的海洋。

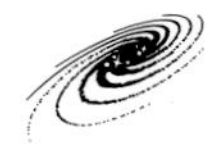

那么，太阳系中第三个限制性的第 5 大类星球又是哪一个呢？

它不是土星。土星最上面的云主要由氨冰构成，任何通过土星云带的地球生命都没有机会存活，因此这个星球属于第 2 大类。土星云带的下面是水汽带，土星的内部很热，它自己产生的热量比从遥远的太阳获得的两倍还要多。

土星的卫星土卫六（Titan，泰坦）是另一个第 2 大类星球。就像土星一样，我们几乎不可能对它上面可能存在的生命造成任何影响。当然，土卫六上的生命有可能比我们想象的更奇怪，但即便如此，任何形式的地球生命都不可能对其造成伤害。

不过在土星的 62 个卫星中，有一个却是限制性的第 5 大类星球。而且它与我们见过的任何卫星都有所不同：它的整个南半球都在涌出大片的蓝色物质，形成土星最外层的环。它的发现者，正是那第一个看向宇宙之海的深水区的人。

威廉 · 赫歇尔（William Herschel）于 1738 年出生在德国，是一位音乐家和天文学家，曾移居英格兰。威廉在 1781 年发现了天王星，并以国王乔治三世为其命名为“乔治”。虽然这个名字没有

《宇宙》中“想象之船”的辉光照亮了可能存在于土卫二海底的矿物塔。

流行起来，但国王对这一致敬感到非常高兴，并资助赫歇尔建造了（当时）世界上最大的望远镜。地点选在斯劳（译注：Slough，英格兰伯克郡的一个镇），从温莎城堡就可以看到。

赫歇尔的妹妹卡罗琳在汉诺威的家中烦躁地等待，直到他把她接到了巴斯。起初他们一起作为音乐家工作，但天文学家的身份为他们赢得了更高的声誉。卡罗琳是第一位受聘于英国政府并获得官方职位的女性，也是世界上第一位作为科学家获得薪水的女性。卡罗琳的身高只有一米三。在10岁时，她患上了斑疹伤寒——她的左眼失去了一部分视力并且身体停止了生长。然而，在很大的程度上，她突破了她所处的时代带来的限制。

卡罗琳有许多重要的天文发现。她在《星云和星团总表》（*Catalogue of Nebulae and Clusters of Stars*）中发表了她的工作成果，不过是以她哥哥威廉的名字署的名。毕竟，那是在1802年。威廉的儿子，她的侄子，约翰，长大后扩大了卡罗琳的总表，后来又改名为新总表（NGC, *New General Catalogue*）。今天的许多天体仍然用NGC号码来指代。

威廉发现了一个新的土星卫星，将其称为土星二号（他不太擅长给星球命名）。他把为这个新的卫星命名的特权交给了他的儿子约翰，约翰决定称之为恩克拉多斯（Enceladus）。恩克拉多斯是希腊神话中的巨人，是盖亚（大地）和天王（天空）的儿子，曾在一次争夺宇宙权力的史诗级斗争中与女神雅典娜对战。恩克拉多斯（土卫二）是我们的第三个第5大类星球，也是太阳系中反射率最高的星球之一。它的表面几乎完全由淡水冰（freshwater ice）组成，基本上是光滑的，依稀点缀着一些环形山。多亏了 NASA 的旅行者 2 号，我们才对土卫二有了这一点了解。

哪怕你不是一名天体生物学家，也只消一眼就知道，地球上到处都是生命。据我们了解，生命几乎改变了地球上的每一寸土地。地球是限制性的第 5 大类星球，这一点对任何尊重生命的航天文明来说都是显而易见的。但土卫二却把它的秘密隐藏在其内部深处。

在土卫二的赤道以南，我们开始看到由数百千米高的冰层和水汽组成的蓝色冰塔顶。想象一下，一个来自地球的机械航空器飞过间歇泉的水帘，通过摄像机把看到的一切展示给我们。那些由冰和水汽构成的间歇泉以每小时 2100 千米的速度从土卫二射出。在高压作用下，水射流冲破土卫二的地壳，在空中蜿蜒数千米。它们构成了这颗卫星最外层的环，也就是所谓的土星 E 环。除了水以外，间歇泉还含有更多其他物质——氮、氨和甲烷，而有甲烷的地方，就可能存在橄榄石。

土卫二至少已经像这样存在了 1 亿年了，它还可以继续喷上 90 亿年的水！那么，这些水都来自哪里呢？

土卫二的岩石核心被一片蓝色的全球性海洋所包围，而这片海洋则被冰冷的地壳环绕着。土卫二南半球的地壳最薄，只有几千米厚，是进入土卫二地下海洋的最佳位置。来自卡西尼号任务的观察结果告诉我们，那片全球性海洋、由间歇泉产生的惊人水帘以及覆盖在地表上的诡异的雪，这些都是真实存在的，它们就是在土卫二上等待着我们的东西。

那么，如果直接下潜到这个星球的中心，我们会发现什么呢？科学家们认为，访问土卫二的飞行器将在热雾中持续下降，到达一个漆黑的裂缝，那个裂缝里面充满了由土卫二内部热量产生的蒸汽——当水暴露在真空中时，就会变成蒸汽。随着我们的飞行器继续深入，我们将到达地下海洋，那里可能会有一个巨大的拱形冰顶，而海洋表面可能会漂浮一层红红绿绿的有机物。

那层红红绿绿的漂浮物是生命物质——有机分子，那么在更远的下方又有什么在等着我们呢？土卫二的海洋比地球的海洋大约深10倍。如果能在超大倍数的显微镜下观察水，我们可能会看到有机碳和氢的微小分子。反过来说，如果存在大量这样的分子，那么说明也很有可能会产生生命。也许我们会发现土卫二在其海底也有自己的生命之城。如果真的存在的话，那里的岩石柱可能会比我们地球的还要高，因为土卫二上的引力要比地球弱得多。但是那里的水流很强，又可能会冲翻这些柱子。那里会存在蛇纹石和维克多·戈尔德施密特的橄榄石吗？那里的岩石中是否已经产生了生命？另外，即便那里已经产生了生命，它们又是否有足够的时间来征服这个世界呢？

我们人类认为自己就是故事的主角，认为我们就是宇宙的全部和最终目标。然而，就我们所知，我们只是地球化学力的副产品——那些力量正在整个宇宙中展开。星系孕育恒星，恒星创造世界，而生命则可能会由行星和卫星产生。

这所有的一切是会让生命变得平平无奇，还是更加奇妙呢？

CHAPTER 04

瓦维洛夫

哲学要有对明日的良心、对未来的承诺、对希望的了解，不然它就无法获得新知。

——恩斯特·布洛克（Ernst Bloch），

《希望的原理》（*The Principle of Hope*）

露珠像珠宝一样装饰着新生麦芽。

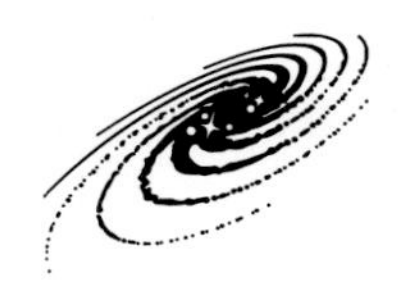

许多强大的文明都曾因饥荒而陷入困境。玛雅人、古埃及人、13 世纪美国西南部的阿纳萨齐人——遍布整个地球的任何地方——所有的民族都经受过饥饿的折磨。

在人类先民诞生的最初数十万年时间里，我们一直是生活在星空下的游荡者。我们依靠采集的野生植物和捕获的动物生存，直到大约 10,000 年或 12,000 年前，我们的祖先才意识到，种植植物的方法就隐藏在他们寻觅的植物里——他们发现了种子。这一发现使我们人类做出了一个决定性的选择：我们可以继续以小群体的形式游荡，追赶野生畜群，住在森林里，我们可以驯化一些动物，例如与我们一起游荡在森林中的猪，喂它们吃我们无法消化的东西；或者，我们也可以选择安顿下来，种植和培育农作物为食——比如小麦、大麦、小扁豆、豌豆和亚麻，但这需要付出长时间高强度的劳动，并且要在很久以后才能获得回报。我们开始生活在未来。

一幅新王国时期（大约公元前 1539 年至前 1075 年）的埃及壁画，从下到上依次显示了小麦的播种、收获和脱粒过程；它装饰了法老的粮食官——乌苏的墓。

当然，游荡还是定居并不是在一瞬间决定的，而是经历了数代人才做出的选择。我们觉得过去的采猎时期距离现在非常遥远，但是如果放在整个宇宙年历上看，它就发生在不到半分钟之前。从整个宇宙年历来看，我们的祖先在不到 25 秒前（大约 10,000 年前）才开始驯化动物和植物。食物生产方式的转变深刻地改变了我们与自然界其他生物的关系。我们曾一直认为自己与鸟、狮子和树属于同类，现在，我们开始认为自己与地球上的其他生命生来不同。

这些游荡者第一次安顿下来、驯化动物并储存大量食物，这使得他们不必再不停地寻找食物，并且有了发展其他爱好的时间。他们敢于触及更遥远的未来，开始建造能维持一个季度以上的东西，而且建造得很好，他们建造的那些东西在近万年后依然屹立不倒。

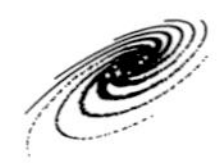

耶利哥塔（Tower of Jericho）是世界上最古老的石造建筑。有多古老？这么说吧，在第一座埃及金字塔建成之前，它已经有 5000 年的历史了。它古老到足够让地球在几千年的时间里慢慢地、难以觉察地将它整个吞下——第 22 级阶梯曾经是耶利哥塔最高的一个阶梯，也是约旦河及周边地区最佳的观景地，现在却已经被深埋入地下。

耶利哥塔是为了保护城市不被入侵而建造的瞭望塔吗？又或者只是一种让人类更靠近星星的途径？建造它需要 11,000 个工作日，而这必须依靠足够的储备粮食才能实现。攀登它就是在追随 300 代人的脚步。当时的那些刚刚脱离游荡生活的人们能够创造出如此令人敬畏的、在人类看来近乎永恒的东西，这难道不令人惊讶吗？这些建造者们——有时被称为苏丹时期的一部分，对我们来说仍然是一个谜。

正如加泰土丘的市民所做的那样，那些建造耶利哥塔的人为了方便，也将死者埋在起居室的地板下方，并用石膏涂抹死者的头骨来重塑他们的面孔，他们还在石膏里嵌入贝壳做的茫然的眼睛和卵石做的万圣节南瓜灯式的牙齿。他们在想什么？这些头骨是用来崇拜的对象还是艺术品，抑或是某种新事物——财产索赔？还是说这些面具是在证明“我的祖先为了保护这片土地而死，这是我的领地”？将这些头骨看作是第一个所有权证明这一观点，凸显出了不动产亘古不变的内在本质，即使在当时这个星球上似乎有无限的无主之地。

在人类历史上，耶利哥和加泰土丘几乎是同时兴盛的。但有证据表明，耶利哥给加泰土丘带来了从未有过的危险。人口密集的地区，容易引发流行病。伴随着收获和城墙一起到来的是桎梏，新的生活方式加剧了人类的阶级斗争和性别歧视，被奴役的和无权力的人得不到足够的营养。对他们的骨头和牙齿进行的法医检验则证实了这种不平等的加剧。之前采猎能得到的丰富多样的食物，包括植物、昆虫、鸟类和其他动物，在很大程度上被碳水化合物作物所取代。

当雨季迟迟不来，或者蝗虫泛滥，抑或某种霉菌感染了谷物时，就会造成大范围的饥饿——饥荒。有时饥荒是由发生在地球另一端的事件引起的，这远远超出了受害者的理解范围。1600 年 2 月 19 日下午 5 点，于埃纳普蒂纳（Huaynaputina）火山在秘鲁南部喷发，这是南美洲有史以来最大的火山喷发。巨石、气体和尘埃被推向高空，形成了一个无限蔓延的巨大喷发柱。巨大的爆发使喷发柱

1836 年，尼古拉 · 卡拉姆津（Nikolay Karamzin）创作的 12 卷巨著《俄罗斯国家史》中的一幅插画，描绘了 1600 年，由半个地球以外的秘鲁火山喷发而导致的饥荒，使俄罗斯人民深陷绝望的场景。

冲破了地球大气层（对流层和平流层），直抵深蓝色、几乎全黑的中间层，然后才开始向地表回落。有害的硫酸和火山灰混合物阻碍了太阳光线到达地球，凛冬将至——这一回是火山爆发带来的寒冬。

于埃纳普蒂纳火山爆发给俄罗斯人带来了 6 个世纪以来最严酷的冬季，在爆发后的两年里，即使是夏天，晚上的气温也会降到冰点以下。200 万人，即俄罗斯人口的 1/3，将在随之而来的饥荒中死去。冷到发抖的工人在脸上绑着破布，为成堆的尸体挖掘巨大的坟墓。沙皇鲍里斯 · 戈杜诺夫（Boris Godunov）因此垮台。而这一切都是因为在 13,000 千米外的秘鲁，有一座火山喷发了。我们的星球是一个有机整体，这一想法对许多人来说都是空洞的，但这却是一个科学事实。

18 世纪，由于干旱和英国殖民者管理不善造成的饥荒，导致了印度 1000 万人死亡。19 世纪，饥荒又使中国接近 1 亿人丧生（这个数字大到让我们难以形成真切的感知，就像我们到最近星系的距离一样抽象）。爱尔兰大饥荒也是因英国殖民者的管理不善导致的，在那场饥荒中，100 万人饿死，还有 200 万人被迫逃离出境谋生。1877 年发生在巴西的干旱和瘟疫与之类似，当时最严重的一个省里，有超过一半的人死于饥饿和营养不良导致的机会性感染。到了 20 世纪，埃塞俄比亚、卢旺达和非洲的萨赫勒地区遭受饥荒的人依然不计其数。

自有历史记录起的几千年来，地球上总有一些地区有大量人口遭受饥饿。现代科学革命的成功带来了惊人的发现和技术的进步，提高了人类生存的可能性。农业可以成为一门科学吗？关于杂交的预测理论会和牛顿的引力理论一样可靠吗？农业科学有可能持续不断地培育出能抵御干旱和疾病的品种吗？

数千年以来，农民和牧羊人已经认识到优先选择强壮的亲本进行杂交以产生更强大后代这一优势，这就是所谓的人工选择。但这些性状是如何传递给后代的还完全是一个谜。即使在查尔斯 · 达尔文（Charlse Darwin）通过自然选择揭开所有生命进化的神秘面纱之后，人们仍不清楚这一点。

1859 年，达尔文出版了《物种起源》(*On the Origin of Species*) 一书，启发和激怒了全世界。与此同时，在如今的捷克共和国的布尔诺乡下，圣托马斯修道院的院长格雷戈尔·孟德尔（Gregor Mendel）正试着成为一名科学教授。然而，孟德尔两次都没有通过资格考试，他唯一的职业道路是成为代课老师。于是在业余时间，他开始研究豌豆。他培育了成千上万株豌豆，仔细观察植株的高度以及豆荚、种子、花朵的形状和颜色。随着花园欣欣向荣，这位修道院院长如实地描述并记录了每株豌豆的生长情况。孟德尔在寻找一种育种理论，这种理论可以准确预测出高大和矮小的豌豆植株杂交，或者黄色和绿色的豌豆杂交会得到什么。

孟德尔发现，当他把黄色和绿色的豌豆杂交时，每次都会得到黄豌豆，他称这种特性为“显性”——直到孟德尔创造出这个词之前，我们还没有一个词能够描述这种黄色优先于绿色显现的力量。值得高兴的是，他发现自己可以预测到在这之后的下一代豌豆会发生什么。如果前三个豌豆荚都是黄豌豆，那么在打开第四个之前他就知道，那一定是绿色的豌豆。

有 1/4 的豌豆会是绿色的。孟德尔将下一代作物中出现的隐藏性状命名为“隐性”。植物内部隐藏着一些东西——他称之为“因子”，这些因子引发了特定的性状。孟德尔可以用一个简单的方程来描述它们运作的定律，就像牛顿描述引力一样。这些定律控制着生命信息如何从一代传递到下一代。这位代课老师发现了一个全新的科学领域，可惜在之后的 35 年内都没有人注意到这一点。

孟德尔一生只发表了一篇记录他实验的论文，他在去世前并不知道世界将把他视为科学史上的巨人。直到 1900 年，他的研究成果才被发现。英国动物学家威廉·贝特森（William Bateson）是孟德尔最坚定的支持者，他和他的同事们用孟德尔的方程培育了新的植物和动物品种。孟德尔的“因子”被赋予了一个新的名称：基因。贝特森将这一新的领域命名为遗传学。

贝特森相信科学和自由是不可分割的，他在伦敦南部默顿（译注：现属于伦敦默顿区郊区）的约翰 · 伊尼斯园艺学院（John Innes，译注：著名植物研究所 John Innes Centre 的前身）管理实验室时，主要与剑桥大学纽纳姆学院（译注：这是剑桥大学的一所女子学院）的女科学家们合作。除了这些女性还有一位年轻人，是来自俄罗斯的访问植物学家，他梦想用科学创造一个崭新的世界——在那里，没有人会因饥饿而死亡，饥荒将不复存在。

格雷戈尔 · 孟德尔，一位失败的代课老师，通过研究豌豆植株破解了隐藏的遗传代码。

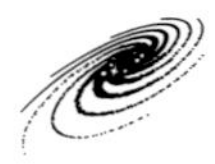

这位年轻的俄罗斯植物学家就是尼古拉 · 伊万诺维奇 · 瓦维洛夫（Nikolay Ivanovich Vavilov），他于 1887 年出生，父亲是一个富裕的纺织品商人，在莫斯科有一栋优雅的联排别墅，因此他的生活很舒适，丝毫不会受到持续横扫俄罗斯的干旱和饥荒的影响。但作为一个早熟的四岁孩子，尼古拉或许通过他家的窗户目睹了可怕的灾难。那些遍地的绝望景象大概给他幼小的心灵留下了创伤，并影响了他的整个人生。

1891 年的冬天提前到来了，庄稼都被冻死了。尽管数百万人正挨着饿，富裕的俄罗斯商人仍然为了获利继续出口粮食。沙皇亚历山大三世没有及时回应此事，他给饥饿的百姓提供的只有“饥荒面包”——由苔藓、杂草、树皮和果壳组成的少得可怜的混合物。尼古拉可能透过他在莫斯科广场的窗户看见了沙皇军队向受冻的市民发放面包，而市民们为了那难以下咽的口粮拼个你死我活的场景。那个冬天有 50 万俄罗斯人丧生，其中大多数是因为霍乱等机会性感染，这些疾病在因遭受饥饿而虚弱的人群中很常见。与此同时，贵族和富人们却没有受到影响。他们享受着来自法国南部的新鲜草莓和来自英格兰的凝脂奶油。许多历史学家认为，这场饥荒正是点燃 26 年后俄国革命漫长的导火索的火花。

瓦维洛夫有三个兄弟姐妹，他们都喜欢科学。他的兄弟谢尔盖想成为杰出的物理学家，亚历山德拉想当医生，丽迪娅在死于天花前打算研究微生物学。青春期的一件逸事反映出兄弟们对暴政的不同应对方式：他们的父亲曾被男孩们的调皮行为激怒，父亲猛地摘下腰带，命令男孩们到楼上准备挨打。谢尔盖在上楼梯的途中熟练地将一个装饰用的枕头塞进裤子里。而瓦维洛夫在听到他兄弟假哭的声音后，立刻跑到开着的三楼窗户处。当他的父亲走近时，他尖叫道："再往前走，我就跳下去！"

到 1911 年，瓦维洛夫成年了，当时的俄罗斯是地球上最大的粮食出口国，尽管其耕作方法已经过时。人们在激烈争论如何实现国家农业的现代化，彼得罗夫斯基农业学院是俄罗斯唯一一个科学家们有望通过新的遗传学实现粮食生产现代化的地方。此时的瓦维洛夫决定成为一名植物学家，他尊重农民的个人经验以及世代传承下来的知识。他想用科学的预测能力来武装农民、帮助农民，因为农民们无法预知作物的哪些特征是显性的，哪些特征是隐性的，许多人一年年都在玩农业版的轮盘赌游戏，而胜率与普通赌徒的差不多。

孟德尔的方程式使瓦维洛夫得以了解投注赔率，知道球将落在哪个数字上。在孟德尔用数学表达他的观点的那一刻，农业就成了一门科学。瓦维洛夫热切地相信，科学方法是能养活世界的唯一希望。多年以后，彼得罗夫斯基农业学院的一些同学还记得，瓦维洛夫会因沉浸于午餐时间的争论而没有注意到自己先吃了甜点（译注：甜点一般最后吃），或者直到他的宠物蜥蜴从他胸前口袋里探出头朝他的脖子爬去时，他才小心翼翼地抓住它。瓦维洛夫会用手帕将蜥蜴轻轻地包裹起来，放回口袋，最后还不忘轻轻地打一下它。

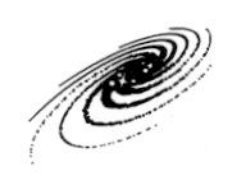

在瓦维洛夫努力成为科学家的时期，一些同行仍然坚信英勇的战士、18 世纪的生物学先驱让·巴蒂斯特·拉马克（Jean-Baptiste Lamarck）的观点。历史有时候会表现得十分无情。可怜的拉马克因为他所犯的错误被世人铭记，而他对生物学做的所有重要贡献以及他青少年时的非凡英雄行为，却鲜有人提及。

1760 年父亲去世后，拉马克买了一匹马，骑马穿越了法国去参军，对抗普鲁士（在现在的德国境内）人。他在战场上的英勇表现为自己赢得了名声，却不幸在与同伴的喧闹嬉戏中受伤，从而结束了自己的职业生涯。在摩纳哥休养期间，他碰巧拿起了一本关于植物学的书。那时，他发现了自己真正的爱好。

拉马克是第一批相信生命可以按照可知的自然法则进化的人之一。他对数千种植物和动物进行了命名和分类，并将它们添加到了关于生命的科学书里。他结束了昆虫和蜘蛛属于同一个科的古老误解，并创造了“无脊椎动物”一词。作为科学史上真正的名人堂成员，拉马克的贡献成为了先前的神秘主义者与后来的科学非神秘主义者之间的重要桥梁。他的见解中有一部分正在获得新的认可，但他被记住却是因为浮现在众人脑海中的一个名词（译注：指“获得性遗传”），也就是他那个出了名的错误观点——植物和动物可以把后天获得的性状传递给它们的后代。这种观点认为，长颈鹿伸长颈部去够树木的高处，下一代可以因此“继承”更长的脖子。

拉马克、达尔文和孟德尔为基因的发现奠定了基础，而基因正是传递生命信息和遗传错误的隐藏手段。瓦维洛夫梦想在他们的研究基础上塑造未来的基本粮食作物，如小麦、水稻、花生和土豆等。他和贝特森以及其他人狂热地运用这些新知识，来解决自耶利哥以来一直困扰着我们的问题。他们为遗传学领域奠定了基础。

1914 年，第一次世界大战爆发，瓦维洛夫和他的新娘卡佳 · 萨哈罗夫（Katya Sakharova）回到了俄罗斯。当瓦维洛夫被派往波斯前线解决谜团时，他们的婚姻已经破裂了。瓦维洛夫来到前线，他发现士兵们举止怪异，不仅常常感到头晕目眩，而且神志不清，无法清醒地思考问题。瓦维洛夫推断他们的症状是由用来制作面包的小麦上的真菌引起的。因为解决了这个谜团，瓦维洛夫获得了在枪林弹雨中采集当地植物样本的许可。土耳其军队带着轻型火炮进攻的时候，瓦维洛夫正将植物样本放在干净而精致的方形蜡纸上，仔细折好放入胸前的口袋，这些是地球上最大的植物收藏库中的第一批样本。事实证明，在面对致命危险时，这种钢铁般的、坚定的冷静是一种终身特质。当周围的其他人都沉浸在惶恐中时，这种冷静让瓦维洛夫显得超凡脱俗。

1918 年，卡佳生下了儿子奥列格，但这段婚姻很快就结束了。瓦维洛夫给同事写了一封信，这封信清楚地表明了他真正热爱的东西："我真的深信科学，它是我的生命，是我的终生目标。我可以毫不犹豫地为哪怕一点点的科学献出我的生命。"

1917 年，当俄国参与的战争演变为俄国革命时，瓦维洛夫开始不遗余力地为革命服务。他认为这次革命可能会让每个人都有接受教育的机会，而不仅仅是富人的孩子。任何人都可能成为科学家。瓦维洛夫欢迎这支新近解放的科学人才大军，其中一些人加入了他的研究任务。他想要追溯现代粮食作物的系谱，弄清楚它们在多久以前还是野生的，又是在哪个遥远且灌木丛生的花园里首次被人为种植的。

1920 年，在萨拉托夫举行的全俄植物育种大会上，瓦维洛夫提出了一种新的自然定律并由此树立了他在科学界的声誉。在他的论文《遗传变异中的同系定律》(*The Law of Homologous Series in Hereditary Variability*) 里，他证明了，相同的基因在不同物种的植物中会发挥相同的功能。若两种完全不同的植物具有相似形状的叶子，则该形状是由来自共同祖先的共有基因引起的。为了理解进化，并科学地指导植物育种，有必要去最古老的农业国家，因为那里可能依然生长着植物的共同祖先。

瓦维洛夫是最早意识到生物多样性的重要地位的人之一，他知道每株幼苗都包含其物种独特的信息。尽管内容不同，这些信息都是用同一种神秘的语言写成的，这种语言几十年内都不会被破译。瓦维洛夫想要保存生命的远古经文中的每一句话，以确保其能安全地传递到未来。为此，他提出了一个全新的概念：建立一个不受战争和自然灾害影响的世界种子库。该人道主义目标基于一个科学依据：如果能找到我们吃的植物的最早活体样本，就可以解析它的基因，破译生命的语言。你可以知道它是如何随着时间而改变的。这种解密让我们有可能编写新的信息——种出对疾病、真菌和昆虫免疫而且能抗旱的食物。

于是，瓦维洛夫成了一个植物猎人。他走遍世界，寻找地球上很多经济作物首次出现的地点，同时为种子库收集样本。他前往五大洲的偏远地区，冒险涉足其他科学家不敢去的地方。他对人类在河流三角洲发明了农业的流行理论持怀疑态度。在他看来，第一批农民将田地选在如此繁忙的人流交汇处几乎是不可能的，相比之下，在偏远的山区据点进行种植会更安全，因为那里可以避免路人的偶然掠夺。

在进行研究的同时，瓦维洛夫还在苏联建立了400个科学研究所，不少农民和工人的子女在那里成了科学家。他们中的一些人成长为他最亲密的科研同事，甚至一路追随他直到殉难。

1926年，瓦维洛夫来到亚的斯亚贝巴（编注：埃塞俄比亚的首都），等待进入埃塞俄比亚内陆的许可。他很惊讶地收到了摄政

卵穗山羊草（Aegilops ovata）是普通小麦的一个野生亲缘。这份至今仍保存在他的研究所的样本说明，尼古拉·瓦维洛夫和他的植物学同事们相当仔细地为后代编录了植物的种子、茎和叶子标本。

者、未来皇帝拉斯·塔法里（Ras Tafari）的邀请——这个人就是后来的海尔·塞拉西（Haile Selassie）一世。瓦维洛夫把他俩共进晚餐的事写进了日记里。他们都懂法语，因此不需要翻译。塞拉西希望了解有关俄国及其革命的一切。瓦维洛夫告诉他，列宁逝世后由约瑟夫·斯大林掌权。之后，瓦维洛夫获得拉斯·塔法里的许可，可以在埃塞俄比亚各地自由探索，他因此发现了所有咖啡的母株。

这也是一件好事。

在特克泽河畔露营时，瓦维洛夫借着闪烁的提灯写日记。这天轮到他值班守夜。在其他人酣然大睡的时候，瓦维洛夫抱着一支步枪坐在帐篷里，靠咖啡因维持清醒。夜里，他能听到豹子的叫声，但他并不担忧。忽然，在昏暗中，他注意到帐篷的整个地板似乎都在震动。人们开始苏醒和尖叫。地板上爬满了巨大的黑色毒蜘蛛和蝎子！快速思考后，瓦维洛夫将他的提灯移到帐篷外面，这些入侵者也跟着光线出去了。

后来，当瓦维洛夫乘坐布勒盖双翼飞机穿过撒哈拉沙漠时，飞机坠毁了。他和飞行员刚从飞机残骸中爬出来，就立刻被一群饥饿的狮子包围。他们用飞机碎片作掩护，抵挡住狮子，直到获救。

没有地图，甚至没有道路，瓦维洛夫是现代第一个冒险进入阿富汗山区的欧洲人，那里充斥着部落冲突和其他危险。他找到了很多植物的种子，包括：中国的罂粟、樟树和甘蔗，日本的茶、水稻和萝卜，韩国很多种类的大豆和水稻，西班牙山区的燕麦，巴西的木瓜、杧果、橙子和可可，爪哇的奎宁，中美洲和南美洲的苋菜、红薯、腰果、利马豆和玉米。瓦维洛夫收集了超过 25 万种植物的种子。

1926 年，瓦维洛夫成为了新设立的列宁奖的获得者之一。同年，他与卡佳离婚，并与同事叶连娜 · 巴鲁琳娜（Yelena Barulina）开始了普通法婚姻（译注：common-law marriage，又叫事实婚姻、非正式婚姻），这段关系持续了他的余生。瓦维洛夫作为探险家和无畏者的声誉几乎和他的科学声誉一样令人钦佩，但他仍然保持谦虚。“我，我没什么特别的，”他说，“我的兄弟物理学家谢尔盖才是出色的人。”

尼古拉·瓦维洛夫，勇敢的五大洲植物标本收集者。

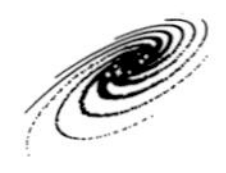

1927 年 8 月，苏联共产党官方报纸《真理报》（*Pravda*）的记者写了一篇关于阿塞拜疆 29 岁豌豆种植者的文章，称他的豌豆作物经受住了俄罗斯的冬天。这个种植者不是科学家，而是个庄稼汉。他出生于乌克兰波尔塔瓦的一个农民家庭，直到 13 岁才开始学习阅读和写字。文章中声称，特罗菲姆·邓尼索维奇·李森科（Trofim Denisovich Lysenko）是一名"赤脚科学家"，他没有浪费时间上大学或是在显微镜下"研究苍蝇的毛腿"。

就像其他所经之处寸草不生的枯萎病一样，李森科刚出现的时候看上去微不足道、人畜无害，但是之后他会成为一个急先锋，与瓦维洛夫和他对饥饿的征程展开一场生死决斗。李森科重拾了拉马克那个被人遗弃的想法，即后天获得的性状能传递给下一代。遗传学断定，粮食作物经过若干代杂交可以产生能在严酷的冬天及许多其他自然威胁下生存的品种。但拉马克主义提供了更为迅速的解决方案：将豌豆或小麦的种子浸泡在冰冷的水中，它们的后代就能够抵御寒冷。这个名为"春化"的过程如果真的有效，将成为解决苏联长期粮食短缺难题的灵丹妙药。（译注：为避免误解，当今植物学研究中的"春化"另有其意，一般指将植物置于寒冷的环境中以促进开花进程）对于一个即将再次面临历史上最残酷的饥荒之一的国家来说，这种能在冬季种出新鲜绿豌豆的希望具有极大的诱惑力。然而，正是对科学的敌视和对春化农业骗局的采用，给苏联留下了两道自我伤害的创伤，削弱了苏联养活自己的能力。而最具破坏性的，还要属第三个。

这张 1930 年的苏联海报写着“我们的集体农场容不下牧师或富农”，宣布富农是无产阶级的敌人。

1929年，斯大林命令将富农从其生产性农场转变为工业化的农业合作集体。他的既定目标是使苏联农业现代化，但这却给乌克兰带来了大规模的死亡和苦难。它被称为“乌克兰大饥荒”（Holodomor）。

对于李森科来说，这场大规模的悲剧反而给他提供了一个机会。像伊阿古（译注：莎士比亚作品《奥赛罗》中的反派角色，利己者）一样，他开始伺机在斯大林的耳边不停吹风，包括瓦维洛夫的莫须有的不忠罪名、科学界所构成的危险以及他自己的治愈苏联饥荒的方法。

与此同时，对这些一无所知的瓦维洛夫正在中亚寻找伊甸园，因为他发现第一批苹果就生长在那里。1932年，他回国后见到的列宁格勒（今圣彼得堡）与伊甸园相去甚远。它完全变成了另一个样子，成了一个陷入饥荒的城市。此前对革命的盲目乐观现如今已被恐惧和绝望所取代。街上的人们看上去面容憔悴，衣衫褴褛，就连人行道上躺着个死人也无法引起行人们注意。

在巴甫洛夫斯克研究站，瓦维洛夫仔细地观察每一株植物，小麦和大麦被贴上了不同颜色的标签，像罂粟一样在风中摇晃。他的同事利利娅·罗迪纳（Liliya Rodina）利用这个难得的不受监视的时刻，恳求瓦维洛夫放弃他的遗传学实验。她告诉她的导师瓦维洛夫，李森科正抓住一切机会将饥荒归咎于他。

瓦维洛夫不愿意放弃手里的研究。他告诉利利娅，无论发生什么事，他们都必须继续工作。而且，他们得加快速度。他们必须努力工作并准确地记录实验结果，就像他的英雄迈克尔·法拉第（Michael Faraday）一样。瓦维洛夫告诉她，如果他失踪了，她必须接替他的位置。把科学做对了才是最重要的，这是结束饥荒及其带来的其他灾难的唯一希望。

“同志，他们会逮捕你的！”她告诉他。

“那我们最好更快地工作。”他如此回答。

李森科宣称瓦维洛夫自命不凡的科学废话正在摧毁苏联农业，危及斯大林对权力的控制。苏联植物育种研究所委员会会议记录是从瓦维洛夫的克格勃档案里挖掘出来的，由马克·波波夫斯基（Mark Popovsky）翻译，读起来很费劲。它们生动地展示了，用事实说话的人是何其难以打败那些优秀的煽动者。

委员会要求瓦维洛夫提交一份报告，概述他的研究进展。瓦维洛夫在演讲时看起来憔悴而沮丧。他的报告没有令人鼓舞的标题来振奋这个饥饿的国家，也没有任何炒作的内容或空洞的承诺，完全是一份典型的低调但完全准确的报告。瓦维洛夫对此表示遗憾，他所在的研究所的生化学家仍然无法通过分析小扁豆和豌豆的蛋白质来区分它们。

可以想象，看到这位伟大的科学家将自己暴露于公众的屠刀之下，李森科是多么欣喜若狂。李森科发言时甚至没有站起来，只是说：“我认为任何人都可以用舌头来区分小扁豆和豌豆。”

瓦维洛夫站在讲台上，不为所动。他仍然相信——在科学中总是如此——最好的论据必然会取得胜利。“同志们，我们无法通过化学方法来区分它们。”他向李森科和听众们解释道。

特罗菲姆·李森科（右）在乌克兰敖德萨附近的一块苏联集体农田上测量小麦，以加强他声称的春化这一伪科学主张：将种子浸泡在冰水中，它们的后代就能抵抗寒冷的冬天。

李森科知道，瓦维洛夫已经逃不出他的五指山，是时候发出最后一击了。“既然你可以用舌头试出它们，”李森科现在站了起来，戏剧化地转身面向巨大礼堂的两个角落，“何必要通过化学方法来区分它们呢？”他博得了满堂喝彩。

这位蛊惑人心的政客开始收获他散布下的怨恨。每一个曾经被科学家吓到或被难以理解的术语所困扰的小官员，礼堂里每个饥肠辘辘、担惊受怕的人，现在都感觉自己比台上这个有着钢铁般意志的世界著名科学家和冒险家更优秀，甚至开始当面嘲笑起他来。

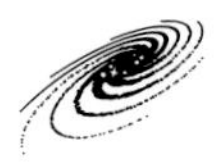

1939年的那一天，礼堂里挤满了人，有李森科的支持者，也有瓦维洛夫逐渐减少却极度忠诚的捍卫者。李森科展示了一个童话般的场景，即如何将各种种子浸泡在冰水中从而使国家拥有更多食物。他得到了奉承者们震耳欲聋的掌声。等到赞美声平息，瓦维洛夫才站起来。

瓦维洛夫大胆地向李森科发出质疑和挑战，问他：这就是你要展示的全部吗？科学在哪里？证据呢？你的声明应该像某种宗教信仰一样被无条件接受吗？

李森科很快进行了反击，他问瓦维洛夫是否还没意识到他的支持者已经所剩无几。人们几乎可以听到李森科的吼叫："春化将为冬天带来巨大的收获！每个人都这么说！"

1939年3月，瓦维洛夫选择在他研究所内的一次会议上，公开呼吁将苏联的农业政策转回现实。他试图重新唤醒科学家们对人民的神圣义务，哪怕这样做将面临可怕的后果。会议纪要证明了他在捍卫科学方面多么地无所畏惧："你可以把我绑在火刑柱上！你可以点火烧我！但你不能让我放弃我的坚定信念！"

瓦维洛夫做了最坏的准备。他立即开始警告他的同事们，让他们务必申请转移到其他机构以求自保，并且，他们有谴责他的自由。但是有十几个人拒绝了，并表示不管发生什么，他们都会留在研究所继续进行收集工作。

出人意料地，接下来的几个月居然太平无事。第二年，当瓦维洛夫获准到列宁格勒之外的地方进行一次研究旅行时，他甚至怀疑自己是否在脑海中夸大了面临的危险。

可是，到了 1940 年 8 月 5 日的晚上，一辆黑色汽车来到乌克兰西部的一个试验田站点。车上的人把瓦维洛夫仓促地带回莫斯科，并且把他关在内务人民委员部秘密警察所在的卢比扬卡监狱最深处的一个牢房里。

起初，除了科学意见分歧之外，瓦维洛夫不承认任何罪行，但国家安全高级中尉亚历山大 · 格里戈里耶维奇 · 希瓦特（Aleksandr Grigorievich Khvat）有足够的经验使这样的硬骨头屈服。他开始审讯瓦维洛夫，每次 10 ～ 12 小时，而且通常在半夜将瓦维洛夫从床上带出去。瓦维洛夫遭受了酷刑，他的腿肿到无法行走。被拖回牢房后，瓦维洛夫躺在地板上，无法动弹。就这样，瓦维洛夫被折腾了 400 多次，总共持续了 1700 个小时——直到最终崩溃。他签署了一份供词。一年后，瓦维洛夫被判处枪决。

1941 年秋天，瓦维洛夫在莫斯科的布提拉尔监狱死囚牢房里，经受了几个月单独监禁的折磨后，等待着被处决。然而那年冬天，当卫兵终于打开牢房门将他拖走时，他惊讶地发现卫兵们并不是带自己去枪决的。相反，他的看守者正在撤离监狱，因为数千名德国军队和装甲部队正在进军这个城市。希特勒打破了他与斯大林的互不侵犯条约，派遣数百万人的德国军队和数千辆坦克入侵苏联。当他们到达莫斯科的大门时，瓦维洛夫和其他囚犯被转移到了更靠中心的地方。

天空中弥漫着浓厚的黑烟，德国飞机的大规模编队在城市上空投下阴影。炸弹不停地爆炸。但与被围困的列宁格勒相比，莫斯科那里的情况根本不算什么。无论用何种标准来衡量，这都是所有对城市发动的战斗中，最可怕的进攻之一。瓦维洛夫的植物工业研究所坐落在圣艾萨克广场上，仅以窗户抵挡着袭击。研究所里面又冷又黑，一帘帘的石膏灰尘从天花板上落下。这里储藏着世界上农业发明以来的基因遗产——曾支撑人类走过 10,000 年的植物种子。与斯大林不同的是，希特勒知道这些是无价之宝。

忠于瓦维洛夫的同事们聚集在地下储藏室里。叶戈尔卡 · 克瑞尔（Georgi Kriyer）、亚历山大 · 斯捷奇金（Alexander Stchukin）、德米特里 · 伊万诺夫（Dmitri Ivanov）、利利娅 · 罗迪纳、G. 科瓦利维斯基（G. Kovalesky）、克伊波 · 卡姆拉斯（Abraham Kameraz）、A. 马雷金（A. Malygina）、奥尔加 · 沃斯克列先斯亚（Olga Voskresenskaia）以及叶连娜 · 基尔普（Yelena Kilp）在试图弄清楚瓦维洛夫希望他们做什么，他们冷得发抖。虽然连瓦维洛夫是否还活着都不确定，但他们决心要完成他想做的事情。无论如何，要继续工作，就像他的英雄迈克尔 · 法拉第一样。他们感到害怕，因为如果围困持续下去，他们的同胞们会忍受不住饥饿。虽然研究所里有大量的食材，但他们知道他们必须想办法保护每一粒种子，以待世界恢复秩序。

1941 年圣诞节那天，列宁格勒有 4000 人饿死。这座城市已经被希特勒的军队围困了 100 多天。当时的气温是 −41 ℉（译注：即将近零下 −40℃），整个城市的基础设施已经崩溃。希特勒自忖着胜利只是个时间问题，没有哪个城市可以在这种情况下抵抗很久。

希特勒甚至打印了邀请函，为他的胜利庆典计划好了菜单。他打算在列宁格勒最好的酒店阿斯托里亚举行庆典，还指示他的轰炸机飞行员特别注意不要损坏这栋建筑，以免破坏他的聚会。但他对圣艾萨克广场的兴趣不止于此。虽然斯大林担心埃尔米塔日博物馆（Hermitage Museum）的艺术作品的安全——他花费了人力和火车把米开朗基罗、达·芬奇和拉斐尔的作品运到斯维尔德洛夫斯克的安全区域，但他从未想到过瓦维洛夫的种子库。而希特勒当时已经占领了巴黎的卢浮宫艺术博物馆，他对画作没有更多的兴趣，却渴望得到更加珍贵的东西——瓦维洛夫的宝藏。

就这么过了几个月，植物学家们越来越瘦弱、忧郁。他们围着一张大桌子，在烛光下工作，努力完成种子、坚果和大米的分类和编目工作。天气太过寒冷，他们甚至可以看到自己呼出的白气。

希特勒在党卫队中成立了一个特殊的战术部队——俄罗斯搜集突击队，来控制种子库并取回其中的种子财富，以供希特勒的第三帝国未来使用。他们像一群杜宾犬一样随时待命，等着缰绳一放开就径直冲向研究所。现在，植物学家们每天只有两片面包作为口粮，但他们仍在继续工作。

在某种程度上，城市入口的德国军队甚至是他们最不担心的。有一天，一群老鼠肆无忌惮地跳上了装满种子托盘的工作台。植物学家们惊呆了片刻后，开始用金属棒打老鼠。叶连娜·基尔普跑出房间，带回来一个自动武器并瞄准射击老鼠。曾经完美有序的种子、坚果和大米完全被打散了混合在桌上，植物学家们只好细心地开始重新分拣。如果瓦维洛夫在这里就好了，没有他，他们感到很迷惘。"亲爱的同志们，"他们告诉彼此，"虽然痛苦，但我们必须接受瓦维洛夫永远离开了这一事实。"

但瓦维洛夫还活着——尚存一息。他被转移到了另一个城市，萨拉托夫的一所监狱。他活到了第二年的圣诞节，已经瘦成了一副骨架，还患上了坏血病。瓦维洛夫坐在狭小的牢房里，用最后一丝力气给他的迫害者写信。“我今年 54 岁，在植物育种领域拥有丰富的经验和知识，”他写道，“我很乐意全身心地为我的国家服务……哪怕只是最低级别也好，我请求并恳请您允许我在我的专业领域工作。”然而，没有任何回复。

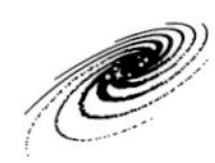

1943 年，又一个圣诞节到来了，党卫队俄罗斯搜集突击队成员仍在等待突袭瓦维洛夫研究所的机会。他们靠在堆得很高的沙袋上休息，上面放着火炮。

列宁格勒的人民在围困中饥肠辘辘地度过了三个圣诞节，其中 1/3 的人被饿死，共计 80 万人。但他们还是设法抵抗住了德国的持续攻击。植物学家每天两片面包的微薄口粮早就用完了，瓦维洛夫的宝藏守护者们开始被饥饿压垮。在黑暗寒冷的研究所里，他们饿死在办公桌前，周围是花生、燕麦和豌豆的样本，神圣的荣誉感阻止了他们吃这些来维持生命。所有人都因饥饿而死亡，而收藏的种子中没有任何一粒下落不明。

那么瓦维洛夫的克星——特罗菲姆 · 李森科呢？他对苏联农业和生物学的控制又持续了 20 年，直到 1967 年另一场饥荒席卷而来时，俄罗斯三位最杰出的科学家公开谴责了李森科的伪科学及其他罪行。

斯大林逝世后，瓦维洛夫的名字才再次在公开场合被提起。植物工业研究所以瓦维洛夫的名字重新命名，至今仍然蓬勃发展。

2008 年，挪威、瑞典、芬兰、丹麦和冰岛政府宣布启用斯瓦尔巴特全球种子库，成为瓦维洛夫种子收藏库的现代继承者。它位于挪威和北极之间废弃的采煤岛上的冰层之下。截至目前，它保护着近百万个种子样本。近年来，由于气候变化导致永冻层迅速融化，使它的安全受到威胁，挪威政府不得不花费数百万美元来升级并更好地隔离这个地下种子库。

那么，为什么研究所的植物学家们不吃一粒米呢？在当时的列宁格勒，超过两年的时间里每天都有人饿死，为什么他们不把种子、坚果和土豆分发给那里的人民？

你今天吃饭了吗？如果答案是肯定的，那么你可能吃到了植物学家舍命保护的种子的后代。

瓦维洛夫和他的植物学家们对人类的未来异常珍视，要是我们能像他们一般珍视我们的未来就好了。

这是斯瓦尔巴特全球种子库的艺术概念图，只有闪闪发光的入口出现在北极光下冰冷的蓝色极地景观中。那里面储存了近百万粒种子。

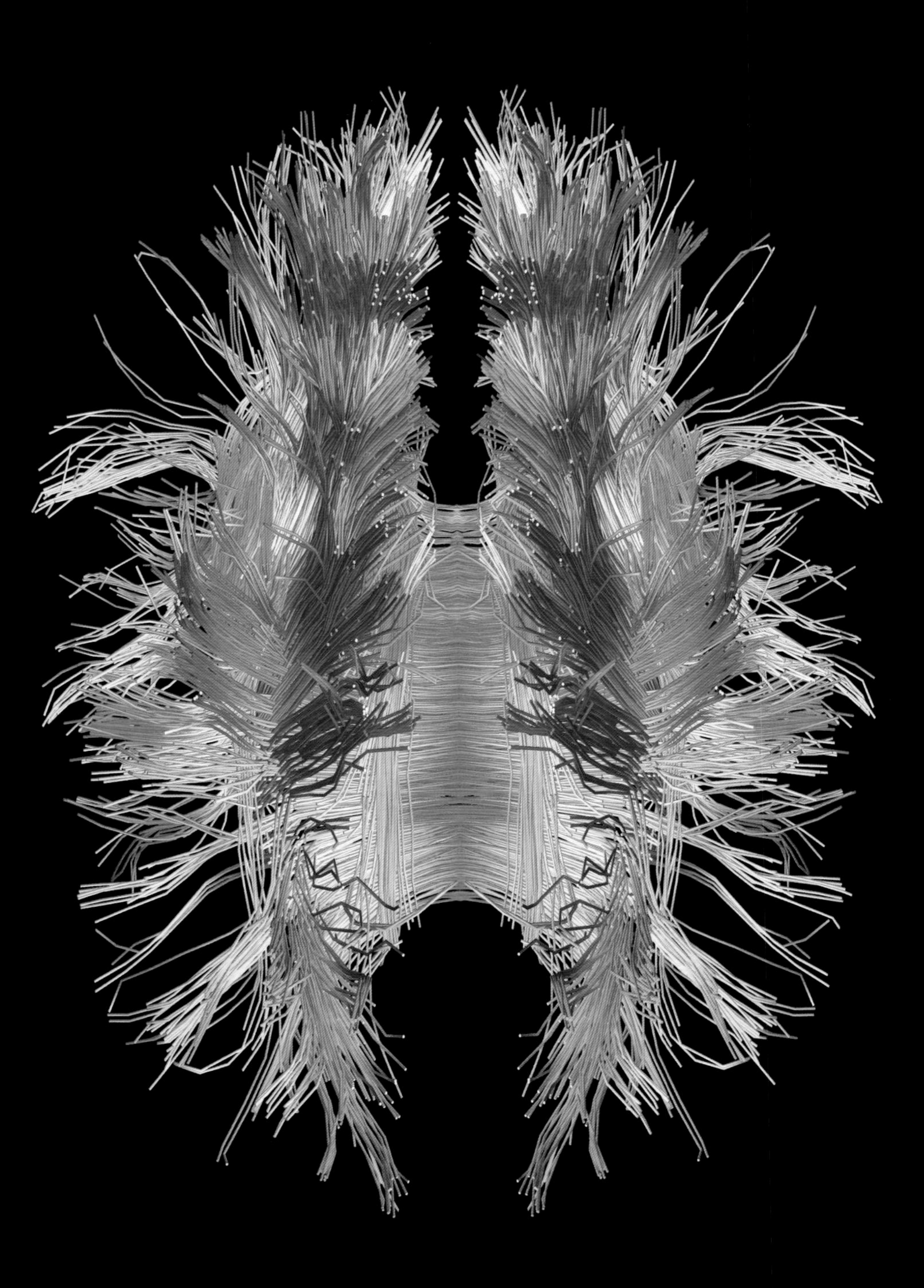

| CHAPTER 05 |

宇宙连接组

头脑，比天空辽阔

把它们放在一起

一个能容纳另一个

而且，还能轻松地容纳你

头脑，比海洋深邃

比一比，蓝色对蓝色

一个能吸收另一个

像海绵，也像水桶

头脑，和上帝一样重

拿起来，称一称

若有差别

也似音节，不同于声响

——艾米莉·狄金森（Emily Dickinson）

这是一张俯视角图片。用增强色标记人类大脑中的白质神经纤维，神经纤维负责向脊髓传输大脑发出的神经信号。图片来自开拓性的人类连接组项目。

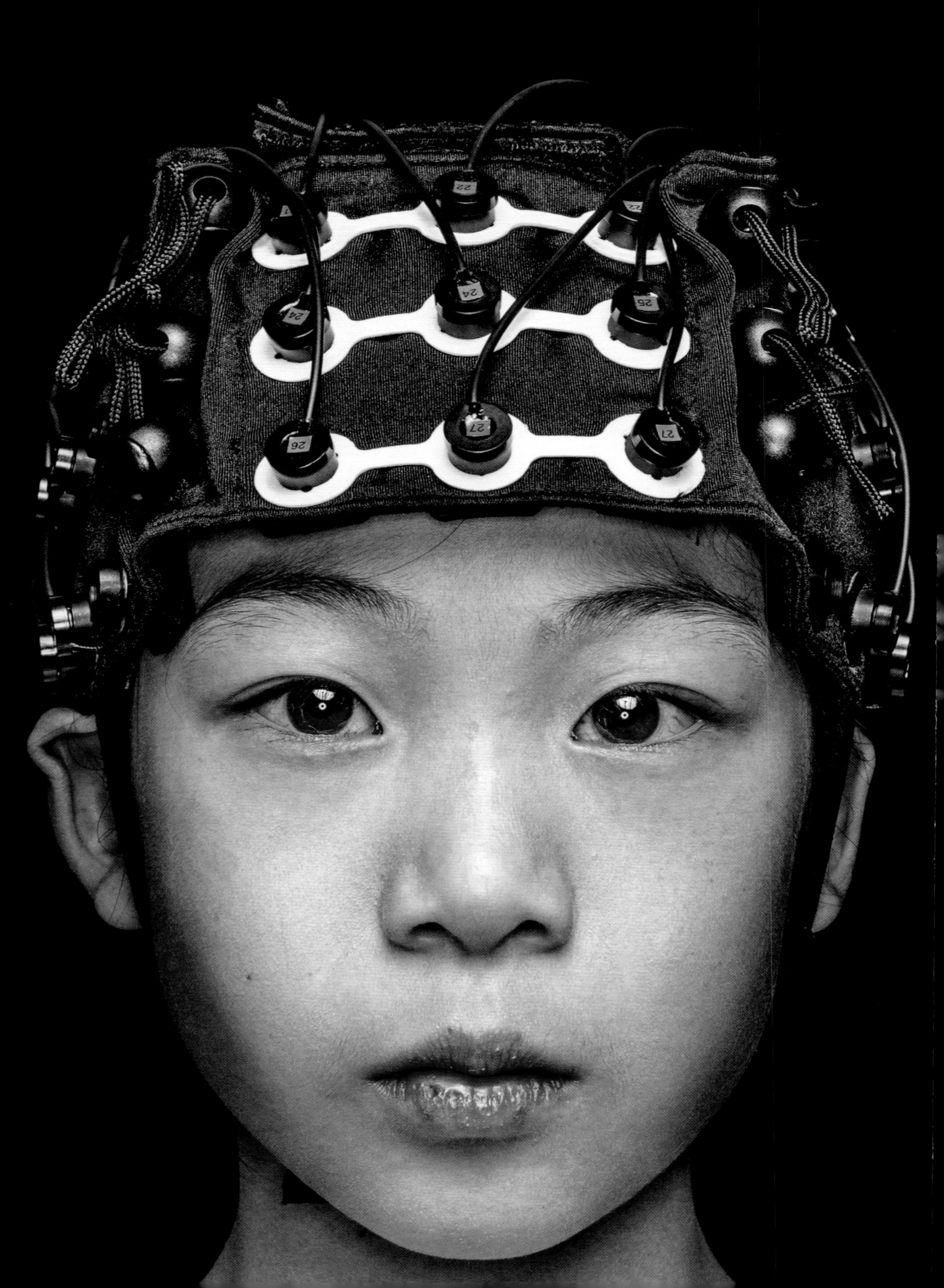

宇宙，是可知的吗？

我们的大脑能理解宇宙的复杂和壮丽吗？关于这个问题，我们目前还无法得出答案，因为大脑几乎和宇宙一样神秘。我们认为，大脑中的加工单元大致上和1000个星系中的星体总量相当——至少有上百兆。大脑中加工单元的实际数量，甚至可能是我们估计的10倍以上。

此时此刻，在我写这些字的时候，我大脑中的加工单元正处于紧张、恐慌的状态，和我在洛杉矶雪松西奈医院神经内科重症监护室等候时一样。一周前，我儿子萨姆和我，以及我们的同事，在《宇宙时空之旅：未知世界》（*Cosmos: Possible Worlds*，本书的同名纪录片）栏目办公室的剪辑室一起工作。萨姆突然站起来，说头疼得厉害，还有恶心的感觉。不知是母性还是直觉告诉我，萨姆肯定不是午餐吃坏东西这么简单。我意识到，必须马上把他送去急救。

到了雪松西奈医院，急救室的工作人员判断他是脑出血。在那天下午之前，我们从来不知道，27年前他出生时就有脑动静脉畸

现代版的亨斯·伯格脑电图（EEG），用于研究大脑中的放电活动。

形——他的大脑里有一团动脉和静脉直接相连的畸形血管。那团血管正在出血，大量积血无处可去，会压迫甚至破坏大脑组织。为了导出积血，医生给萨姆的大脑植入了两条导管，导管附在一个简单的重力平衡装置上，这让我想起了古希腊工程师阿基米德。平衡装置上有一个约为 91 厘米长的水平尺，像是从五金商店买来的东西，用来保证导管能利用重力导出萨姆大脑中流出的血，每天都得这样。颅内压力过高时，监控设备会哔哔作响，平衡装置迅速调整。但是如何才能从根本上解决这个问题呢？怎样才能彻底摆脱随时可能再次破裂的脑动静脉畸形呢？

温文尔雅的内斯特 · 冈萨雷斯（Nestor Gonzalez），是一位介入神经放射学专家。他提议，先做一个血管造影，摸清萨姆病灶处的静脉和动脉分布情况。听起来有点风险，但这将是更危险的栓塞疗法（译注：经导管血管栓塞术是介入放射学最重要的基本技术之一，具体是指在 X 线电视透视下将某种物质通过导管注入血管内，使之阻塞以达到预期治疗目的技术，故常也被称为栓塞疗法）的第一步。治疗时先要缓慢小心地送入一根导管，然后注入栓塞物质（一小滴胶水或线圈）到脑动静脉畸形处，让它不再出血。操作的时候要非常小心，不能有丝毫差错，手术带来的风险可能会让萨姆大脑受损甚至失去生命，令人想都不敢想。萨姆看着我的眼睛，问我如果他有什么事我能不能挺过来。这么多年来，我们一直坦诚相待，我只能对他说，我不知道自己能不能承受得住。

在手术前的这几天时间里，我们三个人讨论了很多次。冈萨雷斯医生问萨姆是做什么的，萨姆说他是《宇宙》栏目的助理制作人，听到这个回答时，平时少言寡语的冈萨雷斯医生似乎有些颤抖。“哦，请原谅。真没想到……你和卡尔 · 萨根是什么关系？”医生问道。

萨姆回答说:“我是他的小儿子。”

冈萨雷斯医生明显有些激动。“我能在这儿当医生，就是因为他！生长在一个像哥伦比亚那样贫穷落后的国家，有个人鼓励你要追求科学人生，这一点多么重要。对我来说，那个鼓励我当上医生的人，就是电视上的卡尔·萨根，我当时唯一的出路就是学医！”

那感觉特别神奇，就像卡尔穿越了几十年的时空，最后救了我们的儿子似的。我等着手术结束，脑子里想着和我一样面临这种痛苦的所有父母。我想起了那个让我爱上科学的人。

大家一直跟我说，萨姆的命运掌握在上帝的手里。他们提议大家一起祈祷。我发自内心地对每一个人表示感谢，但是我忍不住想，如果这件事发生在100年前，面对这样的灾祸，萨姆一点机会都没有。这100年来，是什么发生了变化？想来，上帝是没变的。只是我们掌握的医学知识和操作技术，和百年前相比，取得了质的飞跃。我们能将隐藏在大脑深处的微小病灶可视化，甚至能修复它。人类是怎么发展到今天的？

我认为，在人类发展史上，最重要的一次飞跃发生在2500年前。那时候，在深蓝色的爱奥尼亚海旁，有一个小镇，镇上家家户户的住所都被粉刷成了白色。那里的人们生病了依靠什么治疗？

想象一下，如果你是一个孩子的父母，而你心爱的孩子是一个患了病的小男孩。一个大型社交聚会正在进行，仆人来往穿梭，给高贵的客人们奉上茶点。一个女家庭教师自豪地护送你的儿子来到众人中间。小男孩很聪明，为席间添色不少。他散发的魅力给你的朋友们留下了不错的印象，当你带他去认识重要的贵宾时，他表现得从容又机智，哄得大人们既放松又愉悦，你在一旁看着自然无比高兴。突然，似乎有什么看不见的东西吸引了孩子的注意力。那东西似乎只有他能看见，孩子脸上露出了恍惚的微笑。他的大脑中正在酝酿一场风暴。男孩昏倒在地，身体变得僵直。客人们吓得纷纷后退，你的脸上露出了恐惧的神色。你摇晃着他的身体，叫着他的名字，只可惜一切都是徒劳。

小男孩口吐白沫，身体抽搐，咬着舌头。你急忙派一个仆人去找医生，而客人们随便编了个尴尬的理由，陆续离开。孩子停止抽搐之后，躺在地上一动不动。一个头发花白、看起来脏兮兮的医生走进院子，他的袍子上还有下午吃饭时不小心沾染上的污渍。医生身后跟着几个奴仆，奴仆们手上端着祭坛、香炉，还有一只不断挣扎的山羊。这位“医生”甚至没有看孩子一眼，就开始冲奴仆们发号施令，让他们摆好祭坛，准备用山羊献祭。山羊惊恐地睁大双眼，发出悲嚎。你满怀希望地看着眼前发生的一切，孩子还是一动不动，医生开始在他身边摆弄香炉，口中念念有词。

在 2500 年前的希腊，医学就是这个样子的。希腊人以及同时期其他地方的人们通过某种仪式实施救治，在这个过程中，有的病人因为病程有限（即使什么都不做也该恢复了），或者因为自身免疫系统战胜了病毒而得以康复，但是病人和他们的亲人却坚信，这是献祭仪式安抚了神明的愤怒的结果；而有的病人则因病去世了，此时他们又会认为，这说明神明太过愤怒，无论凡人做什么都会无济于事。

这种思维方式是人类强大力量的副产品，也是人类的弱点，被称为模式识别。上面那个故事所体现的，便是人们错误的模式识别。当感到无能为力时，人们就会混淆其中的因果关系，转而去相信“癫痫是神明的愤怒造成的”这种带有希望的说法。这并不是说古希腊人完全没有实施过真正的治疗行为，他们的药柜里放着很多植物和矿物。但是面对像癫痫这样看起来十分神秘的疾病，他们只会焚香祈祷。他们还没有意识到癫痫在某种形式上和大脑有关，直到希波克拉底（Hippocrates）出现。

对于这位划时代的伟人，我们所知甚少。他是公元前460年出生在科斯岛的吗？他的名字代表的是整个医学院所有的天才吗？我们只知道，公元前400年的那部著作记在了他的名下，著作中首次否定了“神明的愤怒导致疾病和伤痛”这一观点。希波克拉底在书中写道：“医生必须对病人做全面调查，包括他的饮食和他生活的环

在这幅浅浮雕中，被认为是希波克拉底的人正在给一个病人做检查。

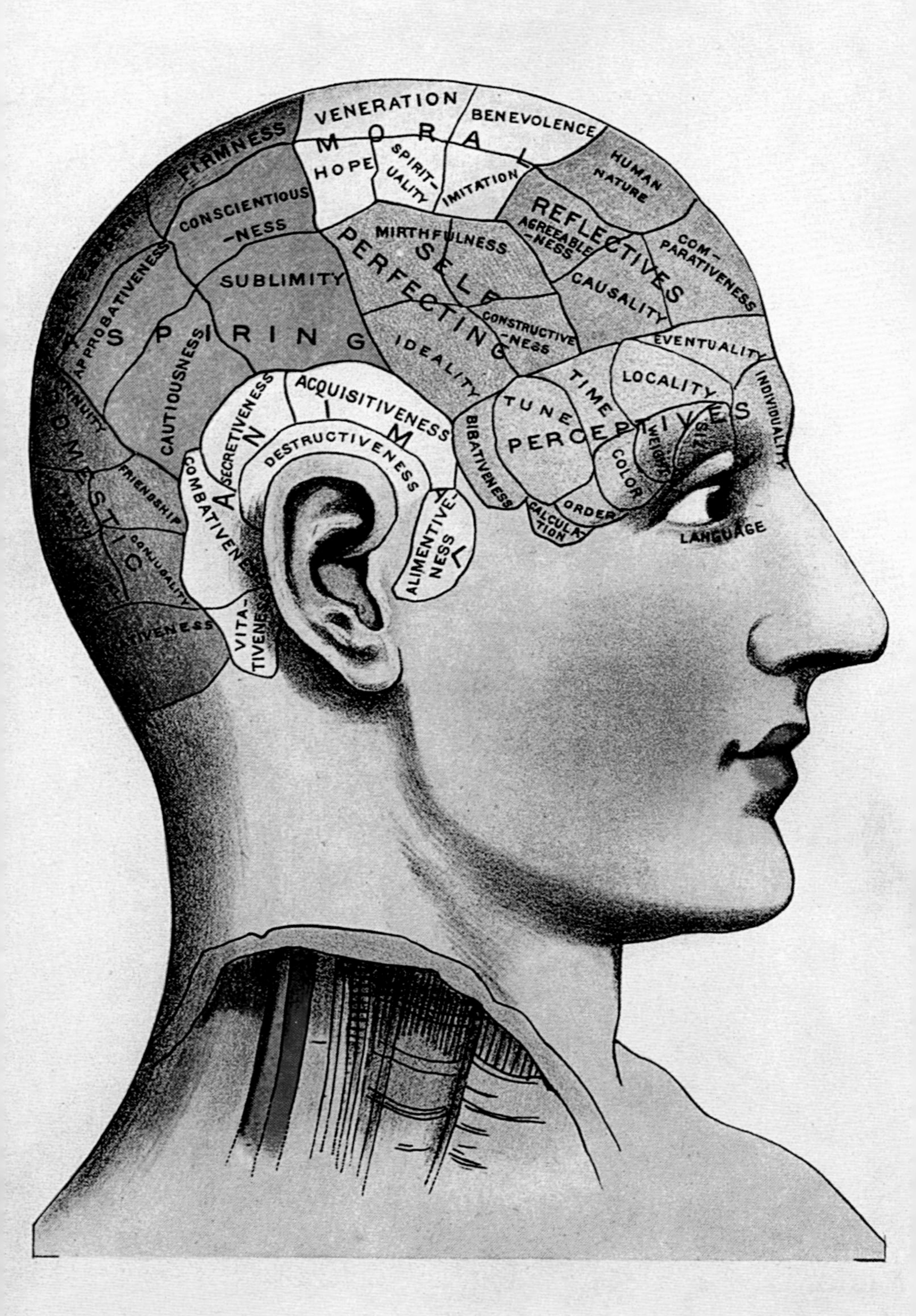
VENERATION
BENEVOLENCE
MORAL
FIRMNESS
HOPE
SPIRIT-UALITY
IMITATION
HUMAN NATURE
REFLECTIVES
CONSCIENTIOUS-NESS
MIRTHFULNESS
SELF PERFECTING
AGREEABLE-NESS
COM-PARATIVENESS
CAUSALITY
SUBLIMITY
APPROBATIVENESS
ASPIRING
CONSTRUCTIVE-NESS
EVENTUALITY
IDEALITY
CAUTIOUSNESS
ACQUISITIVENESS
SECRETIVENESS
ANIMAL
DESTRUCTIVENESS
TIME
LOCALITY
TUNE
PERCEPTIVES
INDIVIDUALITY
BIBATIVENESS
WEIGHT
COLOR
ORDER
CALCULATION
LANGUAGE
DOMESTIC
FRIENDSHIP
CONJUGALITY
COMBATIVENE
ALIMENTIVE-NESS
VITA-TIVENESS
TIVENESS

境。能预防疾病的，才是最好的医生……一切疾病都存在一个自然的起因。”单凭这些见解，他就足以被称为医学之父，更何况希波克拉底做的比这要多得多。他认识到病人的个性特征等对病情的影响，还指出了医生所面临的特殊伦理挑战。多亏了他，才有了成文的医生道德法典。传递希波克拉底精神的誓言，从公元前3世纪开始，直到今天，仍然是所有医学从业者努力践行的准则。

希波克拉底是第一个提出意识源自大脑的人。在那个年代，这绝对是一个颠覆性的概念。因为那时候，大部分人都认为人类是用心脏思考的。他指出，人类的大脑至关重要，并结合对疾病自然起因的理解，写出了一篇题为《神圣的疾病》（*Sacred Disease*）的文章。这是所有文字记录中，最早对癫痫做出透彻描述的预言性文章。希波克拉底在文章中写道，他和他同时代的人称癫痫为“神圣的疾病”，是因为他们不了解这种疾病的病因。但他预言，总有一天我们会理解这种疾病，等那天到来时，我们就不会觉得它是神赐的了。上大学时，我第一次读到了翻译过来的希波克拉底著作。从那时候开始，我就爱上了科学。

我们这个故事中的小男孩，代表的是所有受癫痫之苦的真实生命，他们并不是被神诅咒的人，他和他们的家人没有惹怒神明。癫痫是大脑内部出现机体故障导致的，如果我们一直从神明那里找原因，永远不可能帮到那些受病痛折磨的患者。

伪科学颅相学被提出的时间大约是1800年。颅相学观点认为，一个人的才能和性格由他颅骨的轮廓所决定。显然，这是存在于那个时代的所有偏见的缩影。

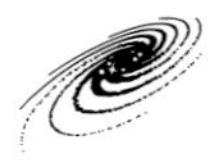

在希波克拉底之后的几千年里，大脑对于我们来说依然神秘。从公元前420年到19世纪，我们对宇宙的了解突飞猛进。我们认识了光速，发现了引力定律，我们知道太阳属于一个比它大很多的星系。正是我们的大脑令我们有了这种种发现。然而，在希波克拉底之后长达2300年的时间里，我们仍然对自己身体的这一部分几乎一无所知。可以说，我们对大脑比对外部世界了解的还少。对大脑的研究一度陷入伪科学的困局，走进了被称为“颅相学”的死胡同。颅相学的观点认为，可以根据一个人颅骨的形状，推断出他的智力和性格。随后，测量头骨这一行为开始风靡。按照颅相学的理论，一个人有没有语言天赋，可以从颧骨上方看出来；一个人对婚姻是否忠诚，可以用耳朵后面颅骨的形状来判断。欧洲颅相学家发现，欧洲人特殊的头骨形状，代表的是头脑出众的通用标准——他们能有这样的发现，真是一点也不让人意外。

第一个真正揭示意识和大脑之间联系的科学观点，诞生自1861年的法国。这一次，癫痫依然扮演了重要角色。

那时候，位于巴黎的比塞特尔精神病院可以说是世界上最先进的医院。在20世纪，这所医院首次将人文实践引入对精神障碍和智力障碍的治疗当中。在那里的众多医生中，有一位年轻有天赋的外科医生，名叫保罗·布洛卡（Paul Broca），他对病人的开明治疗方法尤其让人佩服。他坚信自由调查至关重要，突破了错误认知模式对医学理解的阻碍。

布洛卡对51岁的病人路易斯·勒博涅（Louis Leborgne）尤其

感兴趣。他一直在思考，大脑中的某个特殊区域可能会影响人的语言和记忆，而勒博涅正好是一个值得研究的有趣案例。所有人都管这位病人叫“Tan”，因为这是他唯一能发出的音节——“Tan，tan，tan。”自从他30岁突发癫痫之后，就只能不断重复这个音节。那次发作并不是他第一次犯病，他从小就有癫痫病，但是直到他完全丧失语言能力，只能发出“Tan”之后，家人才把他送到比塞特尔精神病院。可怜的“Tan”卧病在床，他的时日不多了。他的右半身已经瘫痪，患了坏疽。布洛卡常去探望他，想在这位病人死后弄清楚关于他的一切。

“Tan”闭上了眼睛，在死前发出了最后一声有气无力的“Tan”。布洛卡穿上他的皮围裙，急忙进行尸检，期待找出Tan失语的原因。他从颅骨中拿出“Tan”的大脑，那不对称的形状瞬间抓住了布洛卡的眼球，“Tan”的大脑左半球看起来受损很严重。

我们不知道是“Tan”的癫痫破坏了他的大脑，还是未能及时救治的童年创伤诱发了癫痫，最后导致他丧失了语言能力。然而，“Tan”的悲惨命运让布洛卡有机会去做一些前人没做过的事，他在大脑中的一个区域和一种特定功能之间建立了正确的联系——在这个案例中指的是“Tan”大脑的受损区域和他丧失的语言功能。布洛卡因此得到了一项荣誉：从那以后，大脑的那个区域在解剖学上被命名为“布洛卡区”。

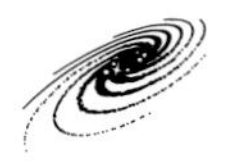

我生命中有很多愉快的日子，手里拿着保罗·布洛卡大脑的那天就是其中之一。布洛卡的大脑被储存在一个装有防腐剂的罐子里，

从1880年的夏天一直保存到了今天。如今，我和卡尔·萨根在巴黎庆祝我们承诺彼此相爱的第一个纪念日。那天是6月1日，我们在城中漫步，当时的美好深深地刻在了我的脑海里。我们临时起意，去了人类博物馆，馆长伊夫·柯本斯（Yves Coppens）接待了我们，带我们参观了这座记录了人类一切的博物馆，还向我们特别展示了几个隐蔽的好地方。

柯本斯把我们带进了一间昏暗的库房，库房里成排的货架上放的全是各种装有福尔马林液的罐子，都是些已经不再适合向公众展出的东西。这一天，我在那儿学会了一个新名词"畸形学"，"一门研究先天畸形和机能失常的科学"。我们看到了双头婴儿、萎缩的脑袋、面部畸形的婴儿、畸形的肢体，还有很多大脑。其中一个罐子的标签上写着"布洛卡"。当卡尔向我解释手持布洛卡大脑代表的重要意义时，对"科学的意义"的思考开始在我们的脑海中成形。

在我们一起生活的20年间，有很多这样令人感慨的时刻，那种感觉就像我们是同一个大脑的两个半球。这些令人兴奋的时刻，让我们觉得我们是一个整体。卡尔会把我们的想法口述一遍，用一个他总是随身携带的小录音机录下来。在巴黎博物馆收获的特殊灵感被收录在《布洛卡的脑》（*Broca's Brain*）一书中，是那本书的开篇文章。

布洛卡是一个有远见的人，他帮助我们大幅提高了对大脑的认识。但是，正如卡尔所言，他还是没能彻底摆脱那个时代的偏见。布洛卡坚信在心智上男性比女性高一等，白人比其他人种高一等。卡尔写道："他缺乏人文主义理想，这说明，即便是像布洛卡这种决心不受约束地追求知识的人，也会被时下流行的偏见蒙蔽双眼。"

4年之后，为了让尼尔·德格拉塞·泰森在第三季《宇宙》中把

保罗·布洛卡对路易斯·勒博涅（也就是“Tan”）的大脑做了防腐处理并保存了起来。“Tan”的失语症状为确认大脑皮层上的语言形成区提供了线索。

布洛卡的大脑捧在手中，我专门去找过布洛卡的大脑。但是它不见了，博物馆的工作人员说是在把藏品搬到另一家博物馆的时候弄丢了。也许是因为他们觉得确实不适合再向公众展示了才这么说的。回首往事，发现我们已经取得了这么多进步，我不免心生愉悦。可是转念一想，我们对很多东西还是一无所知，也确实挺可怕的。

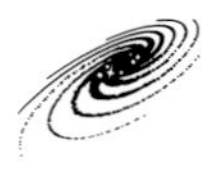

布洛卡有史以来第一次确立了大脑结构与功能之间的物理联系。那么，创造意识的能量又是从何而来？梦又是由什么构成的？你没办法把这些东西也放进一个罐子里。

古埃及人抬头仰望夜空，看到的是星夜女神努特的腹部（编注：努特是古埃及神话中的天空女神，众星辰之母，是天空拟人化的形象）。当他们闭上眼睛进入梦乡，他们坚信自己正在连通来世。因此，做梦成了一种敬神仪式，一种了解未来的途径，人们坚信在睡梦中可以与神明沟通。信徒会专程去神庙朝圣做梦。他们会为此做准备，特意去一个与世隔绝的地方禁食，净化身心。他们会用笔在雪白的亚麻布上为某一位特定的神明写一篇祈祷词，然后将这块布点燃，信徒们认为，袅袅青烟会将他们写的那些话传递到另一个世界。清醒和睡梦的界限常常使人迷惑，古埃及人坚信梦是真实存在的，不然怎么解释在一个特别逼真的梦中会出现那些令人难以置信的细节呢？

几千年之后，19 世纪的一位意大利科学家也认为有意识和无意识的思想都有现实基础，梦是可以被记录的物理现象。他在一个满是残缺思想和破碎梦境的地方，找到了一种可以证明自己猜测的方法。意大利都灵的精神病院（Manicomio di Collegno）建于 17 世纪，起初是一座庄严宏伟的修道院，1850 年改作精神病院后，便不像先前那样辉煌了。安杰洛 · 莫索（Angelo Mosso）在那里做了很多关于梦和思想的实验。

莫索是劳动阶级出身，靠自己的努力成了一名科学家，主要从事药理学和生理学研究。在那个时代，“工作至死”不是一句口号，而是现实，劳动者无法借助法律保护自己的权益。莫索希望通过科学改善劳动者的生存环境。他设计并建造了一台肌力扫记器(ergograph)，又称“疲劳记录器”，用来测量艰苦劳动的持续压力对人的身体和精神造成的影响。他认为疲惫是一种身体和精神状态，不是脆弱的标志或性格的缺陷。疲惫是你的身体在告诫你，必须停止正在做的事以免受伤。莫索认为，疲劳和恐惧类似，具有进化上的优势，他写过两本影响广泛的书籍，就叫《疲惫》(*Fatigue*)和《恐惧》(*Fear*)。

《疲惫》一书开篇讲述的，是莫索对疲惫的鹌鹑和其他迁徙鸟类从非洲飞到意大利帕洛的观察。在记录了150页关于许多不同物种过度疲劳的研究之后，他才开始描绘工厂工人的疲劳状况，揭露了工业革命的丑恶以及对家庭生活和人身安全造成的影响。

为了得到真实的、可以量化的、科学的“疲劳法则”，莫索设计了一台仪器来记录人体的血液流动情况。测试的时候，他请助手脱光衣服躺在一个平坦的桌子上。他在助手的大脚趾、手和心脏处贴上传感器，这些传感器连接着一个旋转的滚筒，上面有方格纸，可以像音乐盒一样旋转。笔尖会记录下血流情况，就像现在的心电图（EKG）一样。莫索发明的正是血压计，也就是血压测量仪。

如果心脏搏动能被记录下来，那大脑活动呢？莫索开始思考，大脑隐藏在坚固的头骨中，如何才能转录下大脑微弱的声音？在不破坏头骨的前提下，要怎么做呢？这时医院来了一位病人，帮莫索找到了这个问题的答案。

乔瓦尼·索恩（Giovanni Thron）18个月大的时候从很高的地方

安杰洛·莫索经常在自己身上做实验，他发明出一种能感知血液流动的仪器，是今天的心电图机的早期模型。

摔了下来，头骨碎裂，有些地方无法修复。这次重伤之后，他开始频繁出现剧烈的癫痫症状。他的父母出于恐惧，也可能是因为再也无法忍受这种生活，在他 5 岁的时候，把他抛弃在了都灵的精神病院。

6 年之后莫索才见到乔瓦尼，他发现那次毁掉乔瓦尼生活的重创，恰巧给自己提供了一个难得的医学机会。乔瓦尼头上戴着一块特制的皮帽，用来盖住头骨缺失的部分，莫索在那顶皮帽下面找到了一个可以直通大脑的入口。他设计并建造了一台极其灵敏的机器，可以记录下血液流经大脑的情形。但是乔瓦尼清醒的时候无法安静下来，莫索只能在他睡着的时候进行研究。乔瓦尼必须保持完全静止，莫索才能记录下他大脑活动时的微弱信号。

莫索这样写道："1877 年 2 月，我见到乔瓦尼时，他的头骨上有一块很大的缺口，上面只有头皮。他的智力发展因为那次可怕的跌落而永久受损。可悲的是，乔瓦尼的心智虽然被摧毁，但他的脑海中始终保留着一个埋藏在最深处的想法，那一定是他小时候的愿望，一句不断重复的座右铭：'我想上学。'"

男孩睡着的时候，莫索的助手会小心翼翼地在孩子的右眼上方贴上传感器。在那个地方，男孩的大脑上只覆盖着一层薄薄的疤痕组织。

"夜深人静，借着一盏小灯，我要观察的是最有趣的现象之一。"莫索记录下了他观察到的一切，"不受外部因素打扰，在神秘的睡眠过程中，他的大脑中正在发生什么呢？大脑的脉动相当规律，非常微弱，保持了 10 ～ 20 分钟……然后突然无缘无故地增强，活动非常激烈。我们几乎屏住了呼吸。"

莫索不安地等待着，想看看他这次发明的仪器，能不能像之前的血压计一样，记录下大脑的脉动。莫索在关于那一晚的描述中，展现了科学家和诗人两方面的素养："梦是不是让这个不幸的男孩在沉睡中享受到了愉悦？他的大脑跳动得如此激烈，他是不是在梦中见到了母亲的脸，回忆起了他童年早期的往事，点亮了他混沌的头脑？或者，那只是一阵无意识的骚动，就像那无知无觉、一片孤寂的大海的涨落？"

在那个冬夜，莫索发明的设备无法给出答案，但是它记录下了乔瓦尼做梦时的大脑活动。莫索发明了神经成像设备，向人们展示了大脑夜间活动的证据。即便在睡眠中，大脑还在忙着处理生活中的事务，策划、演绎着我们的梦。

3 个月之后，未满 12 岁的乔瓦尼死于贫血。

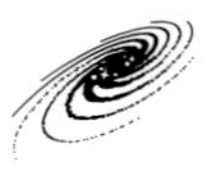

安杰洛·莫索在神经领域取得的突破鼓舞了另一个人，促使他在这个领域向前迈进了一大步。这个人想证明精神力是真实存在的，而这所有的一切全因为一场离奇的事故。

这个人就是汉斯·伯格（Hans Berger），他的梦想是成为一名宇航员，可惜他数学不好。1892 年，19 岁的汉斯·伯格参军入伍，成了一名德国军人。回营地的时候，他骑马跑过一片高地，马跑的速度太快，绊了一下，把伯格摔在了路上，一辆高速移动的重型火炮车正好经过。伯格意识到自己可能马上就要被碾死了，那一刻，他觉得时间过得特别慢。当时间恢复到正常流速时，伯格看到驾驶员在离他只有几厘米的地方停住了火炮车。与死神擦身而过，这把伯格吓得够呛，但是那天晚上后来发生的事，更让他觉得震惊。

入夜以后，伯格的战友们在畅饮欢闹，伯格还没从白天的惊吓中缓过来，静静地在自己的铺位上坐着。一开始，他根本没注意到有个男孩站在他面前。男孩手里拿了一份电报，是伯格的，伯格打开了这份电报，上面的内容改变了他的人生。这封电报是他父亲发来的，他父亲是个冷酷而疏远的人，在此之前从来没给他发过电报。电报上说，伯格的姐姐突然感到特别惶恐，觉得自己的弟弟肯定出事了。

伯格心想，难道意识到自己要死的时候，他的大脑给自己最亲近的姐姐发送了信息，就像心灵感应那样？这可能吗？伯格决心找出答案。他静下心来，开始钻研医学，后来当上了医生，还成了耶拿大学的教授。白天，他和学生、同事们一起工作，大家都觉得他是个拘谨的人，在科学方面缺乏冒险精神。但是到了晚上，他就会钻进自己那间位于巴伐利亚郊野的秘密实验室，做研究大脑活动的实验。他下决心要证明精神力是切实存在的，但他又害怕被人发现他的科研方向，从而遭到同行耻笑。

伯格做了一套和莫索的仪器差不多的实验装置。他站在镜子前面，把细细的银针插进自己的脑袋。那些银针连着线，后面接着一台机器，机器上有一个转筒。插上针之后，他拉动控制杆，电流通过针头传递到他的头上，疼痛感随之而来，他不自觉地皱了一下眉。再看转筒上包的纸，上面的笔尖纹丝不动，也没留下任何记号，就像什么都没发生一样。伯格有点泄气，但是很快他重新振作起来，努力完善自己的设备，重新监测。

这项研究，伯格秘密地进行了20年。随着时间的推移，他的设备变得越来越灵敏，他还把银针换成了橡胶吸盘。终于有一天，伯格打开仪器，听到一阵声响，他往转筒看去，笔尖正在动，画出了起伏的波形。伯格放声大笑，笔尖画出的线也随之发生了相应的变化。

这就是世界上第一台脑电图仪（EEG）的诞生过程。伯格的脑电图仪，可以让人们了解大脑释放的电化学信号，也可以帮助医生诊断包括癫痫在内的众多神经疾病。但是关于精神力和心灵感应，伯格始终没有找到确凿的证据证明其存在。他因此倍感压抑，于1941年吊死在自己的秘密实验室里。

虽然如今已经有了更精准的观察和记录大脑活动的方法，我们甚至已经开始破解思维活动的电化学信号，但是医生进行诊疗时，还是会用到脑电图仪。

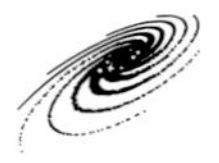

在安杰洛·莫索首次记录下乔瓦尼做梦时的脑电波之后，又过了整整100年。到了1977年，我记录下自己的脑电波，并将它送上了太空。在接下来的50亿年里，可能会有人偶然登上银河系中两艘废弃的飞船之一，接收到我的信息。这件事是怎么发生的呢？

NASA的旅行者1号和旅行者2号飞船要携带一些史无前例的复杂的星际信息，卡尔·萨根邀请了我做星际信息创意总监。旅行者号是首次将外太阳系作为勘察目标的飞行器，接下来，它们将在银河系中穿梭数十亿年。旅行者号携带的金唱片，其中一部分是代表人类文明的音乐，包括三角洲蓝调、秘鲁排箫、爪哇加麦兰、纳瓦霍人（印第安部落）的夜曲、塞内加尔的打击乐、日本的尺八、格鲁吉亚的合唱团等等；另一部分则收录了各种声音：新生儿的啼哭和母亲的柔声低语、F111战斗机的轰鸣声、蟋蟀的叫声、接吻的声音，以及59种人类语言和1种鲸鱼叫声的问候。我们不知道将来谁会听到这些声音，也不知道他们会怎么理解，但是我们知道我们所做的是一项神圣的事业。旅行者号和它们携带的唱片，是人类建造的航行距离最远、留存时间最长的东西。1977年，随着冷战的爆发，我们深深觉得自己建造的是人类文化的方舟。

卡尔和我在我们一起录制金唱片的那个春天相爱了。在此之前，我们已经相识三年，但是只把对方当一般朋友和工作伙伴，那时我们彼此都有另一半。工作的时候我问卡尔，我们想象中的外星人真的能破译金唱片上记录的脑电图、心电图和快速眼动睡眠代表的意思吗？卡尔回答说："几十亿年，是多么漫长的岁月，安妮。去做吧。"

我们在长途电话中互相倾诉了对彼此的感觉，然后决定结婚。仅仅两天之后，我在纽约医院的录制工作就结束了。我的冥想计划包含了对地球数十亿年历史的概述，在最后一个小时，我想的是自己对爱情的亲身探索，正好在几个小时前，我的探索有了成果。我找到心灵家园的那份喜悦，会在这张唱片上一直延续下去，直到地球毁灭也不会消失。

从马车到星际飞船，这中间不过短短 100 年。从手打电报，到以光速传递彼此的想法，以及跨越银河系将我们的深情传送到几十亿年后，我们是如何实现这些飞跃的？为什么是我们？地球上的物种有数十亿，为什么是人类而不是其他物种？来自非洲稀树草原的灵长类已经派出机器人使者去探索红土星球火星，人造卫星已经开始环绕那个星球运行。这一切只用了 60 年，比人的一生还要短，看

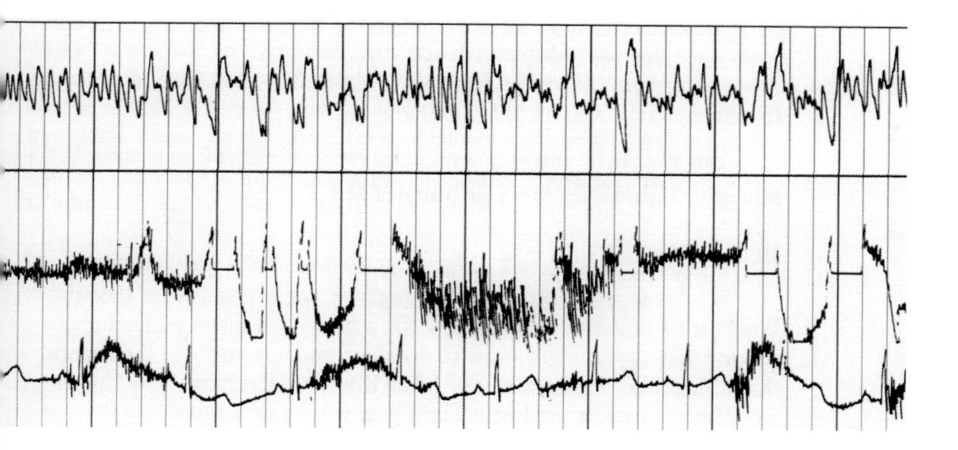

安 · 德鲁扬的脑电波，1977 年 6 月被收录在“旅行者金唱片”中。50 亿年后，银河系另一边的外星人是不是能理解其中的喜悦呢？

看我们的机器人，它们已经离我们这颗行星多么遥远了！

每一次为了发现展开的远征冒险，都是从我们的大脑开始的，这也就不难理解为什么那些神话般的成就的根基会超出我们的理解范围了。真不敢相信，构成我们头脑的物质，和构成胃、脚的物质是一样的。

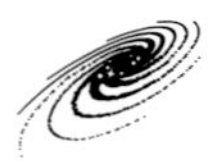

意识貌似是超自然的。个性、敬畏、怀疑、想象、爱——这些东西怎么能由周期表里的元素组成？难道是遥远的星球在爆炸中向我们的世界播下了精神的种子？

如果你想知道物质是怎么转换成意识的，那就要回归到最开始的地方，从海洋中的第一个单细胞生物说起。我知道你现在在想什么：单细胞生物怎么可能有大脑？你说的没错，它们确实没有大脑。但是意识的第一缕曙光是从这里射出的。当其他物质在海底寻求庇护的时候，微生物开始用它细小的鞭毛游向洒在海面的阳光。这些单细胞微生物可能没有太多想法，但是它们知道："去光那里……啊哦，太多光了，得找个暗点儿的地方。"我们无法确定第一条鞭毛是什么时候演化出来的，但一定是在宇宙年历的秋季。

这种来自马耳他的夜光水母（Pelagia noctiluca），没有大脑，但是有一套遍布全身的神经网络。

拥有适应生存环境的能力，是生命的重要品质。如果你没有意识到这点，就想不明白这个问题。几十亿年后，由各种细胞组成的生物数量已经远远超过单细胞生物的总和。

在智利和秘鲁外海的海底，可能生活着地球上最大的有机体。它由数百万条卷须组成，在水下优美地摇摆。这是一个巨大的微生物群，表面积和整个希腊相当。它看起来不过就像一块起伏不平的长绒地毯，但是还有比它的体积更惊人的东西。这个微生物群的祖先留下的化石，被称为叠层石，由可以进行光合作用的微生物——蓝藻组成。我们可以从它的身上看到大脑形成的早期模型。当位于庞大微生物群中心的微生物饿了的时候，它们会通过钾离子波向外围的微生物传递电信号。这条传播信号的通道被称为离子通道。中心微生物发射出的琥珀色钾离子波，通过其他微生物一层一层地传递到外围。它们传递出的信息是："嗨，同志们，不要霸占所有的食物！"随后外层居民就会减少进食。祖先们之所以会演化出被称为神经元的细胞，很可能就是为了处理这些信息。

神经元是动物界中几乎所有生命形式神经系统的基本单位，人类当然也不例外。物种与物种之间的神经元的本质差异很小，但在数量上却相差悬殊。现代医学认为，癫痫实际上可能是大脑内神经元离子通道失效导致的。

想象一下：一个微生物垫和艾萨克·牛顿，他们之间隔着数百万年的演化进程，但两者思想的基本单位却是相同的，大约 40 亿年前微生物们开创的信息传递系统依然存在于我们体内。这套系统已经铭刻在生命之书当中，写入了我们的基因。你心脏的跳动、你大脑的思考，都是缘于那些远古微生物的聚集，后来才逐渐变得更复杂，更难以预见。30 亿年前，任何见到一块巨大的微生物垫的人都不会预见到，那个单细胞有机体有朝一日会演化成你。这就是生物和环境世世代代相互作用的结果，微小的实体相互结合，不断演化。演化出的大实体拥有新的特性，超出其组成部分的总和，这种现象被称为涌现（译注：涌现性，通常是指多个要素组成系统后，出现了系统组成前单个要素所不具有的性质，英语为 Emergent properties。所以，这个性质并不存在于任何单个要素当中，而是系统在低层次构成高层次时才表现出来，所以人们形象地称其为"涌现"）。

海洋中的水母就是一个好例子。水母没有大脑，没有眼睛，也没有心脏，有点像叠层石——由非常小的蓝藻结合在一起形成的群落有机体。但是水母比微生物群花哨一点，而且更有个性——水母有约 5600 个神经元。

但是如果神经元没有突触会怎么样？突触是神经元与神经元之间传递信息的连接点，是产生更高的意识状态的关键。突触代表了演化的一次重大飞跃，有些水母就拥有神经突触，它们各个组成部分可以独立工作，被切成两半之后，可以再生成两只完整的水母。什么样的生命形式能做到这一点呢？

我恰巧知道一种。切掉它的脑袋，没问题，它还能再长出一个来。实际上，你根本无法用刀杀死它。这种生物看起来就像从一条华丽的裙子褶边上扯下来的碎布，有关它的故事倒是值得一听。

很久很久以前，大约 6 亿年前，地球上演化出了一种新的生命，这种生物有一个能感知外部环境并做出反应的中心：大脑。我们认为，拥有大脑的第一种生物是古代的扁形虫，它也是地球上的第一位猎手。猎手不仅需要依靠大脑去物色猎物，还需要大脑制订一套战略去攻击猎物。协助大脑完成这些过程的是两只眼睛，它们

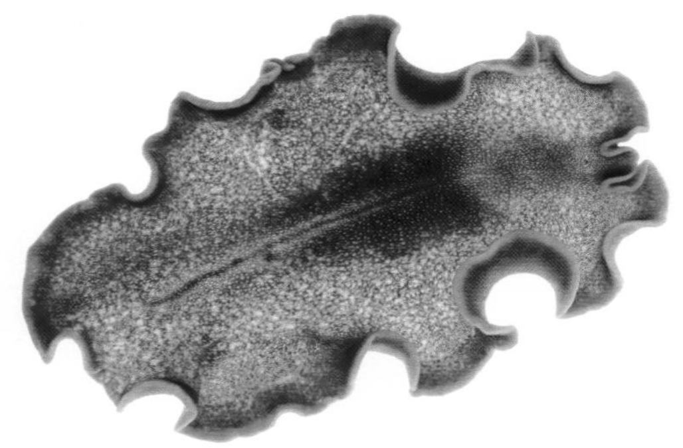

的视野相互重叠。拥有双目视觉，使这种远古生物能更敏锐地感知深浅远近，看东西更清楚，最重要的是能对猎物进行三角测量。

这种扁形虫的大脑有两团高密度的神经群，被称为神经节。从神经节延伸出来的神经束携带指令和感觉，通过 8000 个神经元传递到身体的其他部分。跟后来出现的生物相比，这种生物的神经元数量不算多，但它是一个重要的开始。

扁形虫头部两侧本该长耳朵的地方，长着一种名叫耳突（auricles）的东西，那并不是它的耳朵，而是鼻子。虽然人类和扁形虫看起来完全不同，但其实我们有很多共同点，比如：控制神经系统的化学物质（也就是神经递质）是相同的；能使我们成瘾的药物是一样的；扁形虫也会学习，它们也会处理环境信息，并据此行动。

我们认为，扁形虫是自然界中第一批有前身、后背和头部的动物，即使在 6 亿年后的今天，这样的结构依然是最先进的。它们是

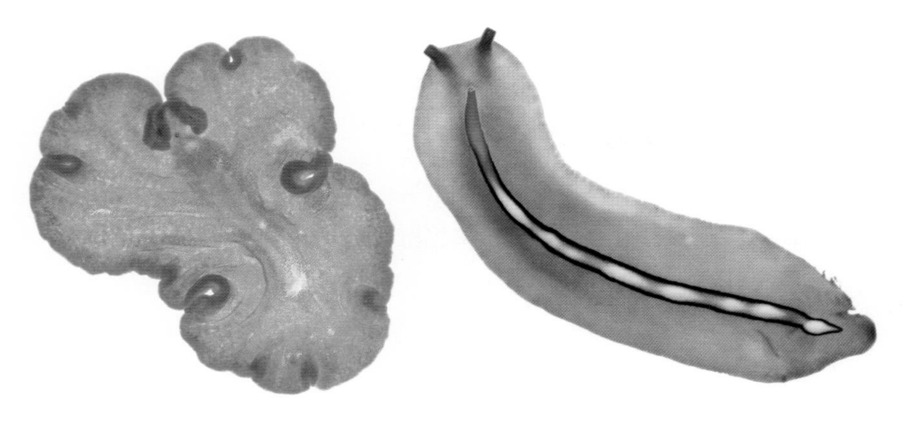

在已被鉴定的 20,000 多种扁形虫中，很大一部分是和上图一样的色彩鲜艳的海洋无脊椎动物。这些涡虫远古时期的祖先是第一批有大脑的生物。

真正意义上的“先驱”。与诞生于它们之前的其他生命形式不同，扁形虫发展出了一种特殊的习惯——它们会冒险进入未知领域寻找它们渴望的东西。

虽然有这么多相似之处，但人类大脑和扁形虫大脑之间还是存在很大差别的。那我们是怎么发展到今天这一步的呢？答案现在还不得而知，这主要是因为大脑质地湿软，无法在化石记录中留下清晰的印记。但是大脑本身就保存了自己的演化过程。

就像第一季《宇宙》中说的那样，我们可以把大脑比作纽约市。纽约从一个定居点成长为国际大都市，其间经历了一系列计划外的发展。公路、水利、能源分配和通信，各种系统不断成长，不断变化，整个城市的运作一刻也没有停歇过，这就同大脑的演化过程一样。不管是大脑还是城市，都不能为了维护或强化功能而暂停运作。在演化出较新的大脑皮层时，原本的边缘系统必须仍然不间断地完美运作。

如果把你大脑中的所有内容都转化成语言——这里指的不只是大脑中储存的知识，还包括你呼吸的能力、闻花以及记住花香的能力、大脑所有的运筹帷幄、大脑掌握的所有技能以及对技能施展对象的了解——把所有的一切全都文字化，由此编撰而成的书籍的数量会比世界上最大的图书馆中的藏书还要多。换算下来，你的大脑中至少有 40 亿本藏书。就像我们在《宇宙》开篇写的那样："大脑体积虽小，空间却很大。"

这些书都写在海底微生物垫始创的神经元中，这些微小的电化学转换元件通常只有几十微米大。我们每个人都有上千亿个神经元，差不多和银河系的恒星总量相当。神经元和组成神经元的轴突、树突、突触以及细胞体本身，在大脑中编织出了一张复杂的网，很多神经元与邻近的其他神经元之间有上千个连接点。由神经元发出的连接其他神经元的通路，也就是树突，将神经细胞延伸到突触，如此便形成了一个繁荣的意识网络。

大脑的神经化学变化非常活跃，其中的电路系统比人类发明的任何机器都要精妙。你的大脑功能是数百兆神经连接作用的结果，这些连接也造就了你。当你看见壮丽的大自然、精美的建筑，打心底里涌出的最深刻的情感、喜爱和敬畏，都是这些神经连接的产物。这就是涌现的本质：许多小实体集体行动，衍生出超越其组成的东西，从而让有序的整体（宇宙）能够了解自己。

还有一种涌现，等级更高。

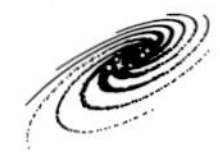

我们能了解宇宙吗？星系、恒星系、无数行星、卫星、彗星、生命和生命的梦境，所有这一切的过去、现在和未来是怎样的？卡尔·萨根在《布洛卡的脑》中沉吟道，他甚至不确定我们是否真的了解一粒盐。“以一微克食盐为例，如果没有显微镜，即便是视力敏锐的人，也几乎无法分辨出那么小的颗粒。在这一粒盐中有钠原子和氯原子，总共一亿亿个原子。”

“如果我们想了解一粒盐，我们必须至少知道这些原子的三维分布。”卡尔接着说，我们很幸运，拥有一套知识体系，可以描绘一粒盐中每个原子的分布和晶格结构。如此一来，我们只需要了解 10 个原子的分布就能了解一粒盐的结构。如果宇宙依照某些定律运行，这些定律又和我们已经开始了解的那些类似，那么宇宙就是可知的，只是可能需要人工智能来助我们一臂之力。卡尔算了一下，我们的大脑皮层中大约有上百兆个神经连接。你身体内的神经连接是整个可见宇宙总星系数量的百倍之多。

对于我们来说，一场伟大的探索旅程才刚刚开始。生物学家成功绘制出了人类基因组，神经学家也试图绘制出更复杂且对每个人来说独一无二的图谱，他们试图绘制的东西被称为神经连接组，是与所有记忆、思想、恐惧和梦境相关的因人而异的神经连接线路图。倘若我们理解了神经连接的复杂性，又该如何对待彼此？我们能治愈数不胜数的脑部疾病，让世界上所有的“乔瓦尼”重获新生吗？我们能发送一套神经连接组到未来的星际探测器上，或者有希望接收到来自其他星球的神经连接组吗？

我们能了解一粒盐吗？这张偏光显微镜下的图片，揭示了我们每天（做菜时）撒出的盐是多么复杂的晶体。

这会不会是涌现的终极——一个通过思想和梦境的连接组形成的相互关联的宇宙？

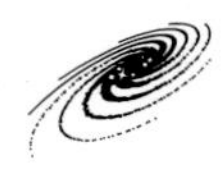

结束了萨姆的手术之后，冈萨雷斯医生来等候室找我。他走过来的时候，我无法从他的表情上得到任何信息。他坐下来，面露微笑，然后告诉我手术很成功。萨姆可能还需要些时间去康复，但是最终他还会是原来的那个萨姆，不会丧失任何知识和能力。在接下来的几周，等萨姆的大脑恢复镇静，医生们还会做几个不那么危险的手术来保证他的安全。我一辈子信奉科学，今天，冈萨雷斯医生用行动告诉我，我是正确的。

| CHAPTER 06 |

属于繁星的人

1956 年 4 月 24 日

亲爱的柯伊伯博士，

关于您在麦克唐纳开展夏季研究的盛情邀请，

我认真考虑了很久，

——考虑到欧洲和美国之间的距离会永远像现在这么遥远，

火星的距离却会变——

我乐意接受。

——21 岁的卡尔 · 萨根回信

一位跨越学科边界的科学家……

帮助人类将视野扩展到月球和其他行星。

——卡尔 · 萨根为哈罗德 · 尤里写的悼词

1981 年 9 月 17 日《伊卡洛斯》(*ICARUS*)

哈勃超深场图，由 800 张照片合成，其中包括 10,000 个星系。星系越远，它的图像所代表的时间就越久远。最小的红色星系距离最远，展示的是宇宙 8 亿岁，也就是宇宙年历一月中旬前后的图景。

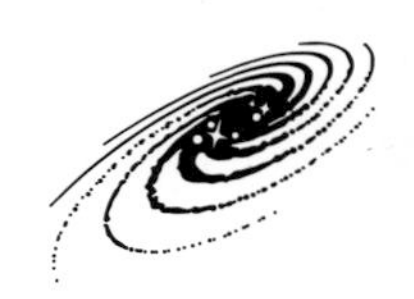

曾经有个男孩，能力超群。他仰望天空时，能看得比所有人远，他能看到只有透过望远镜才能看到的遥远的、暗淡的星星。大部分人望向昴星团时，只能看到 7 个发光的蓝宝石，也许还能看见两三颗暗淡的星体。对于我们的祖先来说，昴星团是检验猎手和侦察员能力的标杆，能看到 12 颗星星就能胜任这一重担。但是这个男孩能看到 14 颗。这个男孩就是杰拉德 · 彼得 · 柯伊伯（Gerard Peter Kuiper），他能看到比一般人能看到的星星还要暗淡 4 倍的星星。

在 100 多年前的荷兰，一个穷裁缝的儿子是不会奢望成为一位天文学家的。但是对于柯伊伯来说，什么也不能阻止他追逐自己的梦想。那个时候的天文学家认为，宇宙中只有太阳系内的这几颗行星，若说其他一两颗恒星也有行星，他们也能接受，但是我们的太阳系绝对是“兆里挑一”的。在那时的天文学家眼里，其他恒星不过是些贫瘠的光点，从未孕育出过任何星球。即便地球不是宇宙的

在约塞米蒂的酋长岩和半圆丘上空（El Capitan，Half Dome），英仙座（Perseid）流星雨划过天空。从照片上看，流星像是掠过了昴星团（Pleiades）。

中心，生活在地球上的我们仍然可以坚信地球是特别的。科学家认为，我们的太阳周围有行星和卫星陪伴，这一点非常难得，它的存在是对人类的恩赐。

柯伊伯的骨子里有一个科学家的灵魂，他渴望了解恒星和行星是如何形成的。少年时期，这位小小的观星家就深深着迷于一位哲学家的观点，那位哲学家就是生活在 17 世纪的勒内 · 笛卡尔。笛卡尔将他关于太阳系起源的理论画了出来，太阳在中间，周围是色彩绚丽的旋转的风车状的云，无特征的行星在旋转的云中形成。但是笛卡尔生活的地方以及那个时代，对待与国教观念相违背的超前观念非常不友好，提出这些观点的人，可能会面临监禁、酷刑甚至死亡的命运，所以他只能把自己的想法埋在心里，直到他死后 20 年才得以发表。笛卡尔的构想，形成于艾萨克 · 牛顿提出引力并用引力对太阳系的形成做出解释之前，虽然不够成熟，却足以激发后辈学者的灵感。

柯伊伯展现出了成为科学家的潜质，于是他的父亲和祖父筹集家资给他买了一个小望远镜。他在 1924 年考上了莱顿大学，谁也没想到一个穷裁缝的儿子能通过考试。而在莱顿大学，天文学也进入了一个小小的黄金时代：威廉 · 德西特（Willem de Sitter）和爱因斯坦在宇宙学领域展开合作；巴特 · 博克（Bart Bok）带给我们很多关于银河系演化和形成的知识；扬 · 奥尔特（Jan Oort）发现了太阳系在银河系中的位置，并预言太阳系周围存在着一大片由彗星核组成的云，后来它被命名为奥尔特云；还有提出恒星分类系统的艾希纳 · 赫茨普龙（Ejnar Hertzsprun）。这些人只是莱顿大学杰出师生中的代表。

当时，对于天文学者来说，莱顿这个地方的地位非常特别。荷

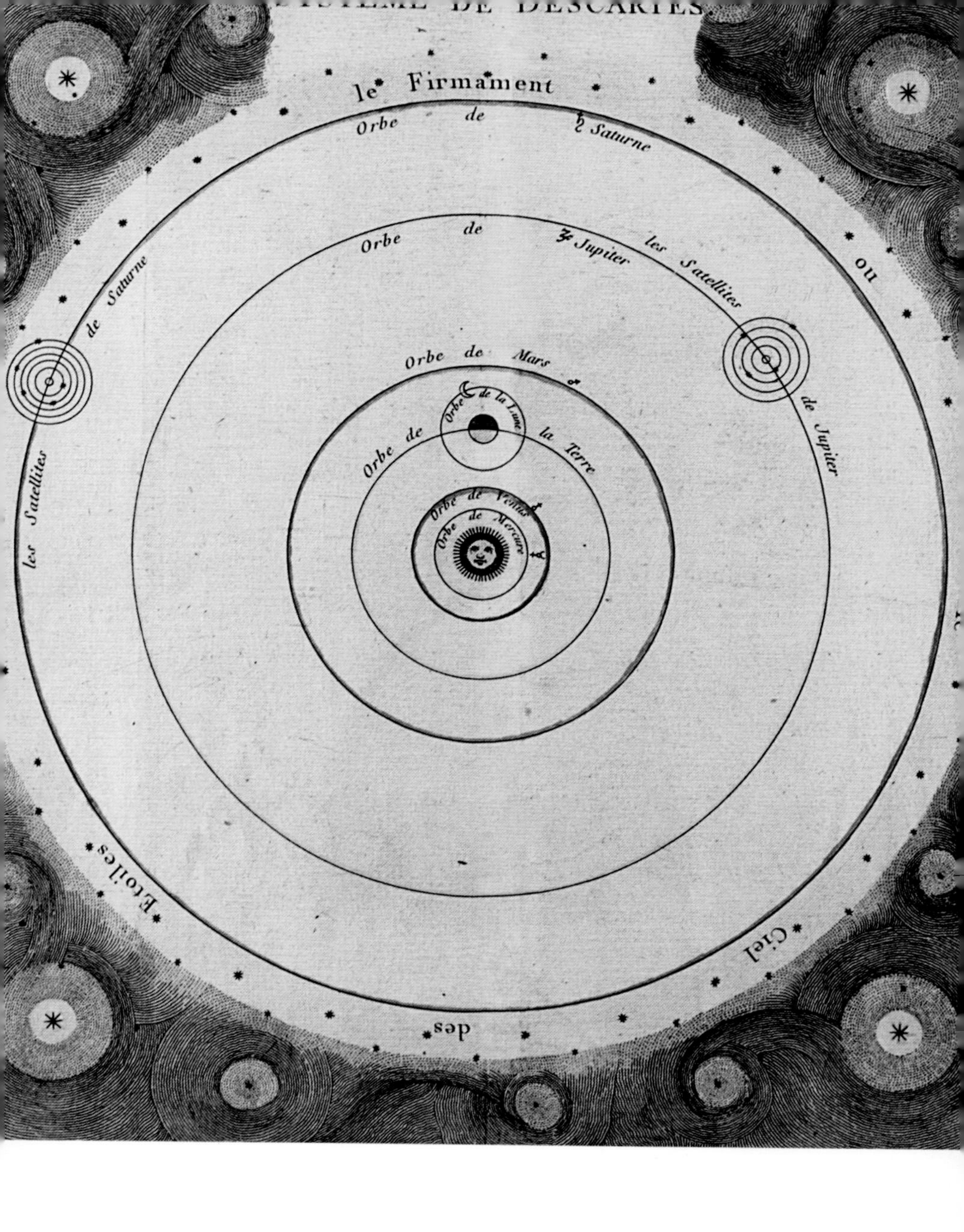

笛卡尔在 17 世纪绘制的太阳系：行星围绕着太阳运行，远处的旋涡中正在形成恒星。

兰这个人口稠密的小国家光照强烈，而且经常乌云密布，或许正是出于这个原因，才导致荷兰科学家放弃光学观测，转而深入射电天文学研究，这样一来地球上的阴云就再也起不到干扰作用了——射电望远镜收集的是天体发射出的射电波，而不是可见光。射电天文学扩宽了我们观察宇宙的视野，让我们不再局限于肉眼可见的狭窄电磁辐射带。

柯伊伯不是完人，他爱与人争辩，很容易和同事们陷入冲突，而且对别人的工作也不太会给予适当的感谢。在莱顿大学这座小庙里，他的性格缺陷给他的生活和工作带来了麻烦，因此在接到位于美国西得克萨斯的麦克唐纳天文台邀请时，柯伊伯可能松了一口气。一个远离科学文化之都的遥远天文台，对他来说肯定很有吸引力。那里远离城镇，只有旷野和黑暗，能看到比别的地方更清楚的星空。

到了20世纪，天文学家发现，有一半的恒星实际上是两两之间有引力作用的。大多数双星像双胞胎一样，形成于同一个气体和尘埃团。也有一部分双星是分别形成的，后来在发展中开始相互吸引。剩下的那一半恒星，则始终保持“单身”。柯伊伯选择专注研究双星。他想知道，能不能通过研究双星，了解太阳系中行星形成以及行星被太阳引力束缚的过程。

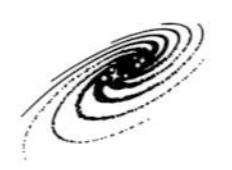

就如同科学发展史上的每一项发现一样，柯伊伯正在进行的研究，源于另一位科学家在另一个时间、另一个地点的发现。在这个例子里，双星的发现其实是一位科学家匆匆一瞥的成果。

1784 年，20 岁的英俊青年约翰 · 古德里克（John Goodricke），去他的朋友爱德华 · 皮戈特（Edward Pigott）在英国约克郡的天文台拜访。幼年时期的一场疾病让古德里克完全丧失了听力，但是，他和柯伊伯一样，能看见一般人不能看见的事物。古德里克用的望远镜只不过是一根木管加一面镜子，但是他看到的东西让他震惊不已，他在观察天琴座 β 星（Beta Lyrae）时，发现了有趣的东西。

古德里克把自己观察到的东西在本子上画了下来。他盯着天琴座 β 星和它临近的星体，一边观察一边画，这样持续了好几周。从他画的图中能清楚地发现，天琴座 β 星时明时暗，这是他第二次观察到这种奇怪的现象了，当时还没有天文学家报告过这种现象。星体的亮度在非常短的时间内——不过几天而已，呈现出有规律的明暗变化。这种变化其实很微弱，但是经过持续观察发现，证实其确实存在。古德里克发现，自己竟然能对亮度变化做出十分精准的预测，他看日志上的数字，其重复出现的模式一目了然！

古德里克开始思考一个问题：星体亮度的变化是什么原因导致的？他想到了好几种解释，但是眼前的证据都不足以支撑这些解释。后来，古德里克又想到了一种令人难以置信的可能性：假设有一个东西在围绕天琴座 β 星运行，那么它就会有规律地遮挡天琴座 β 星的光线。会是什么东西呢？古德里克在自己的日志上写下了一行字："也许是另一个星球……？"

1786 年，古德里克的这个发现引起了英国皇家学会的注意，就因为这个发现，古德里克马上成为了皇家学会成员。很可惜，他无缘得知自己获得的这项荣誉，因为仅仅 4 天之后，他就因为肺炎去世了，年仅 21 岁。

150 年后，杰拉德 · 柯伊伯再次望向曾经困扰古德里克的天琴

座 β 星，幸运的是，他使用的望远镜比当时古德里克用的望远镜大得多。柯伊伯还有一件强有力的武器，那就是古德里克时代尚未出现的光谱学。

掌握了光谱学，就可以通过分析星体发出的光，确认星体的原子和分子组成。柯伊伯分析了天琴座 β 星发出的光的光谱，发现这颗星和其他恒星一样，存在大量的氦和氢，同时，也包含铁、钠、硅和氧。

故事到目前为止，还没什么值得吃惊的。惊人的是后面的发现。光谱中的暗线来回移动，就好像有一颗隐藏的天体在那里通过引力牵引着恒星前后往返一般。同时柯伊伯还观察到，有一组明亮的谱线并没有发生移动。竟然有两组线谱？可是一颗星体不可能生成两组线谱。此中必有深意。柯伊伯意识到天琴座 β 星不是一颗恒星，而是相互环绕运行的两颗恒星。为了弄清自己那天晚上看到的现象，柯伊伯发现了宇宙中最亲密的恒星关系：相接双星系统（contact binary star system）。这个名字也是他取的。

两颗星一大一小，星际物质从小星流出，在两星之间架起一条火桥。引力使两颗星体永远相依，成为一体，一条明亮的桥将它们连在一起，这条桥长约 1287 万千米。相对较小的蓝白色恒星的体积是太阳的 6 倍，另一颗橘色恒星则是太阳的 15 倍。它们的表面粒子活动非常剧烈，大量黑子时隐时现，炙热的火舌、耀斑和弧

1956 年，杰拉德 · 皮特 · 柯伊伯在麦克唐纳天文台用红外分光光谱仪分析火星大气。

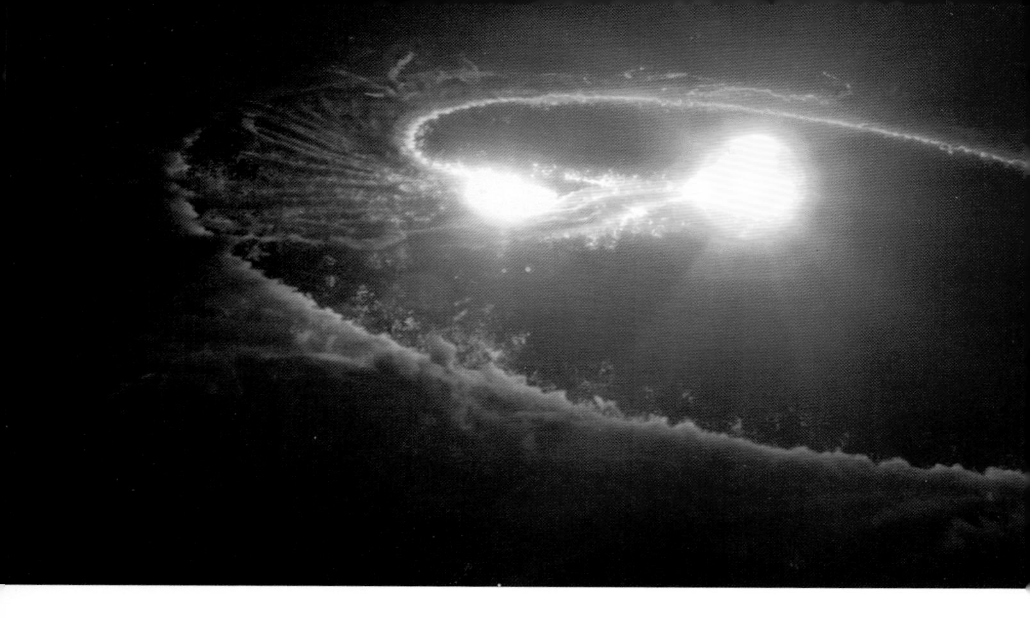

画家描绘的天琴座 β 相接双星假想图，两颗星的亲密关系靠引力维持，两星之间有一条 800 万英里（约 1287 万千米）的火桥。

状喷射令人眼花缭乱。由于彼此距离太近，这两颗星不像其他恒星那样圆，在引力潮汐的拉扯作用下，看起来就像两颗熊熊燃烧的“泪珠”。

天琴座 β 双星系统与地球相距大约 1000 光年，在 20 世纪中叶，即使是最大的望远镜也不足以将两颗恒星分别辨认出。我们需要借助一种全新的工具，也就是光谱学，去揭开真相。

柯伊伯开始设想相接双星系统是如何形成的。时光在他脑海中倒流，回到天琴座 β 的大小两颗星刚刚从广袤、多彩的气体尘埃云中形成的年代。他想象着气体尘埃云的密度越来越高，随后形成引力旋涡。可是对于双星系统是怎么形成的，柯伊伯始终找不到头绪，于是他转而开始思考这种星际“求偶”活动是否有失败的案例。

柯伊伯心中产生了一个疑问：我们的地球、太阳和月亮，以及太阳系中的其他行星，是不是一个没能成形的双星系统？气态巨行星木星是太阳系中最先诞生的，质量比太阳系内其他行星加起来还大，那么，它实际上是不是一颗没能成形的恒星呢？如果太阳系真的是这样形成的，那宇宙中的其他恒星是不是存在类似案例？

1949 年，柯伊伯发表了一番举世震惊的言论，他说我们的太阳系没什么特别的，其他恒星也有围绕其运行的行星。

也许还存在另一个世界？

也许可能有上万亿个世界？

但是，当时的科学发展水平还没有做好迎接这样一个宇宙的准备。那时的科学发展水平甚至还不如一个蹒跚学步的婴儿，连离开地球的第一步还没有迈出。既然如此，为什么不迈出一步看看呢？

当时的科学研究各自为政，各学科分割得清清楚楚，一个学科的科学家从来不和其他学科的科学家合作。如果人类想到地球之外去冒险，就必须打破这种局面。柯伊伯和另一位伟大的科学家产生的争执，让这个问题变得尖锐起来。就像相接双星系统中无法分开的两颗星，两人虽然彼此厌恶，却共创了一个新学科。

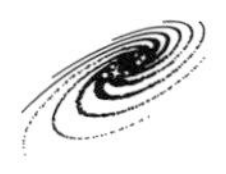

遥远的宇宙有时会远道而来，打破你家的大门，比如在那些激动人心的夜晚，无数条金光划过地球上空。为什么会这样？因为我们的地球正途经一片壮丽的彗星遗迹——一片数百万千米的废墟，

一张延迟曝光的双子座流星雨照片。每年 12 月，地球上都会迎来一场双子座流星雨。

所以看起来才像降下了流星雨一般。但是那些根本不是恒星，只不过是些在大气层中燃烧的岩石和冰。流星雨每年都会在相同的日子发生。为什么？因为地球围绕太阳运行一周需要一年，它途经相同的彗星遗迹所需的时间自然也是一年。这就是流星雨会定期出现的原因。

彗星碎片和小行星坠落地球，这样的事情时时刻刻都在发生。这些陨石来自其他星球，是太阳系形成时期留下的残余。我们该怎么理解这些陨石呢？关于这个问题，在杰拉德 · 柯伊伯生活的 20 世纪中叶，研究不同学科的科学家，给出的答案各不相同。

地质学家会带上他们的锤子，敲碎陨石，把粉尘放到显微镜下细细观察，研究它的晶体结构。这就是他们从陨石中找出地球缺失的那一块“拼图”的方法。

面对同样的问题，化学家会把陨石放到盐酸中，看它能不能从一种化合物转换成另一种。他们会对这块陨石严加“拷打”，迫使它招供出分子级别的自然奥秘。

物理学家则想看到它最原始的样子，让它把自己的质量、密度、硬度、耐热度全都展露出来。

而生物学家则根本不会捡起那块陨石，甚至从陨石边走过去时连停都不停一下，因为他们会觉得，来自太空的陨石跟他们毫无关系。他们认为，宇宙间只有一个地方有生命，那就是地球。

最可笑的是，天文学家也会径直从那块陨石旁边走过去，因为他们的目光全都放在了遥远的太空。你不能因此责怪他们，毕竟在

大约 5 万年前，一块铁陨石坠落到今天的得克萨斯州，并形成了一个陨石坑。陨石的结晶式样显示，它来自一颗位于火星和木星之间的小行星，小行星的形成时间是 45 亿年前，相当于宇宙年历的 4 月中旬。

那个时候的天文学界，大家关注的全是太阳系之外的事件和天体。爱因斯坦的相对论，幻想乘着光束穿越宇宙；埃德温·哈勃发现宇宙在膨胀，遥远的星系在互相远离——那才是让人兴奋雀跃的正事，而不是去研究一块躺在你家后院的石头。研究小小太阳系内的行星、月球、彗星、陨石，太小儿科了。

只有柯伊伯敢越界。他整晚整晚地熬夜，像一个勤奋的小提琴手，只是他手中的小提琴是质量 45 吨、直径约 208 厘米的望远镜，他在寻找太阳系起源的线索。他意识到，如果不能让科学界的所有学科通力合作，这个谜团将永远无法解开。

但是科学家们不知道他们需要彼此。

地质学家和天文学家没有共同语言，地球上任何一所大学都不存在能让化学家和生物学家分享知识和理念的科系。在得克萨斯州西部一个荒无人烟的偏僻角落，只有柯伊伯一个人在孤身探索着太阳系。

他观察土星的卫星土卫六，发现它有大气。土卫六的大气层是一层厚厚的甲烷。天空中的一个光点，突然变成了一个充满无限可能的世界。柯伊伯用分光镜探测位于木星大气层上部的有刺鼻气味的云层，并分析云层构成，研究它们的化学结构和原子结构。当他观测红色的火星时，发现大气层中有二氧化碳。那时，他不禁想：我正看的是不是地球的未来？或者是地球过去的样子？

对于某些人来说，柯伊伯的所作所为无异于擅闯他人领地。化学物质和天文学有什么关系？哈罗德·克莱顿·尤里（Harold Clayton Urey）就是抱有这种想法的人之一。

尤里是个化学家。和柯伊伯一样，他也是靠自己在科学界独闯出一片天地的。尤里于 1893 年出生在印第安纳的一个小城镇，他的家境和柯伊伯一样贫寒。尤里 6 岁的时候，父亲去世，家里的境况因此变得更糟糕。上大学是不可能了，于是他找了一份工作，在蒙大拿矿区的一所学校教文法。他的才华使他看起来与那个地方格格不入。一位学生的家长劝他想办法去大学深造，虽然那时候他已经 20 多岁了，但是还不算太迟。尤里听从了那位家长的建议，从那以后一往无前，1934 年，他因为发现化学元素氘而荣获诺贝尔奖。

1949 年，事业如日中天的尤里已经成为了芝加哥大学受人尊敬的教授，无论是当时还是现在，芝加哥都是世界上最伟大的科学之都之一。当柯伊伯的发现传到尤里耳朵里的时候，他的内心起了

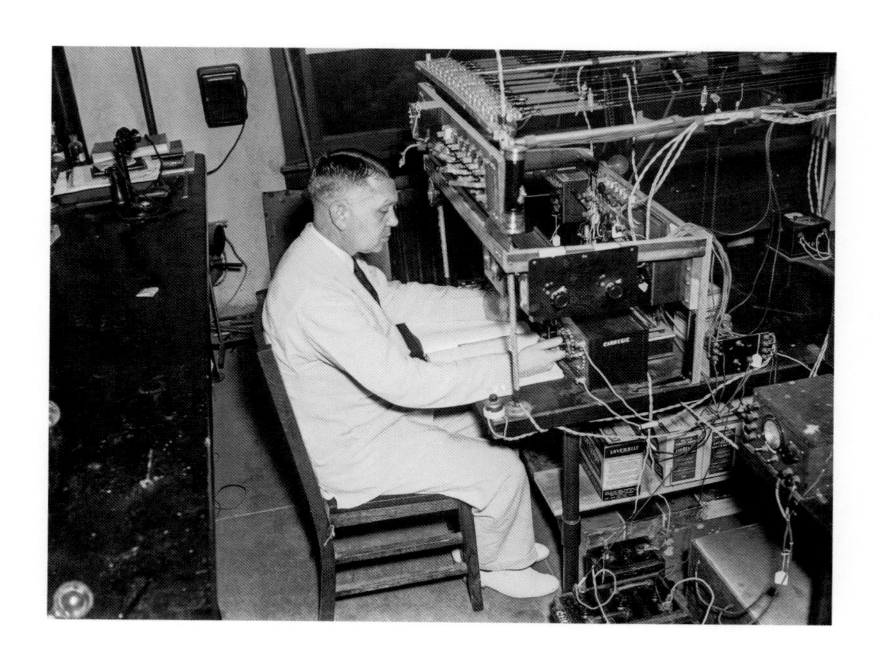

哈罗德 · 克莱顿 · 尤里，因为发现氘荣获诺贝尔奖，他在开发原子能、探索太阳系方面做出了相当重要的贡献。

变化。一开始，是因为一位科研同行突然成名，让他心里不痛快。这很正常。但是柯伊伯关于行星起源那部分的言论……一位天文学家大言不惭地谈论起太阳系的化学属性，这让他很震惊——那是他的地盘。

科学家也是人，也是灵长类动物，他们和我们一样也背负着演化的包袱。雄性古猿残存的基因，让柯伊伯和尤里选择以科学争论为武器，一较高下。这两个人劫持了一个人质，一个痴迷于了解宇宙而且大有前途的学生。

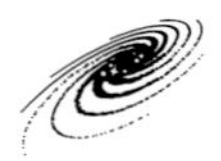

1910 年，也就是卡尔 · 萨根的父亲萨姆 5 岁的时候，萨姆和他 15 岁同父异母的哥哥乔治一起勇闯天涯。两个男孩离开了乌克兰小镇卡缅涅茨 · 波多利斯克，来到了美国的埃利斯岛（译注：埃利斯岛是位于美国纽约州及新泽西州纽约港内的一个岛屿，与自由女神像的所在地自由岛相邻。埃利斯岛在 1892 年 1 月 1 日到 1954 年 11 月 12 日期间是移民管理局的所在地，许多来自欧洲的移民在这里踏上美国的土地，进行身体检查和接受移民官的询问。文中这里指卡尔 · 萨根的父亲从欧洲移民到美国）。虽然萨姆年幼丧母，小时候过得很苦，但是他一辈子阳光向上，与人为善，胸襟开阔又很懂得变通，这些品质使他想不成功都难。萨姆靠打桌球挣来的钱，去哥伦比亚大学读了两年书。他想成为一名药剂师，但是没有足够的钱继续学习，于是他去乔治的纽约女装公司当了一名裁剪工。

他爱上了另外一个没有母亲的孩子，瑞秋 · 莫莉 · 格鲁伯（Rachel Molly Gruber）。瑞秋出生在纽约，母亲在她出生的时候就去世了。2岁的时候，父亲把她扔给了远在奥地利的祖父母。幼年的创伤，再加上其他的苦难，粉碎了瑞秋对这个世界的信任，她把自己包裹起来。瑞秋的创伤让她变成了一个暴躁、不容易接近的人。那个时候有很多这种在挫败中成长起来的女性，瑞秋只是其中之一，如果当时她们能受到尊重，必定也会有所作为。是萨姆的爱战胜了所有的创伤。他们两个走到了一起，创造了美好的生活，还生了两个孩子，卡尔以及小他6岁的妹妹卡莉。

20世纪40年代，本森赫斯特的一栋普通公寓里，住户都是布鲁克林的工人阶级。卡尔趴在那栋公寓其中一间起居室的地毯上，画了一张天马行空的星际太空战舰动员海报。

曾经有个男孩，他有特殊的能力，能看得比所有人都远：他能看到未来。海报上的文字格式模仿的是当时著名报纸的头条，那些充满想象的头条文字，描绘的都是未来几十年之后的景象。银河探索的高速发展，人们对这项事业的野心，在这里显露无遗。人类被地球束缚了40亿年，这一困局很快会被打破。那时，男孩就梦想着登陆其他行星，甚至远赴其他恒星。

一天下午，这个小男孩发布了一条惊人的消息："星际航线这一新组织，计划探索、移居位于其他恒星系的新行星。"

当时"二战"接近尾声，现实情况很糟，前景不明，小男孩的梦想却在这样的现实中生了根。他准确地推测出，纳粹发动闪电战的军用火箭在太空探索任务中将大有作为。

他在海报上写下：1944年11月3日《芝加哥新闻》："纳粹新武器，V-2，新型火箭，速度3600M.P.H，震慑英国。"

小男孩继续展望未来，在他的想象中，战胜国会集中科技力量，共同探索宇宙。1955年4月13日《丹佛星报》(*Denver Star*)

THE EVOLUTION OF INTERSTELLAR FLIGHT
Chicago News - Nov. 3, 1944
NEW NAZI WEAP
V-2. New rocket with
000 m.p.h. terrorizes Br.
San Fransisco
XS-1 BREAKS SONIC B
White Plains, N.M. - 1948 - (AP)
The Army's XS-1 rocket
passed the speed of sound. It
This generation will
see space flight, said
Glenn L. Martin today. Mr.
Martin believes this since he
Wilkes-Barre Sun-Sep
O.S.R.D. DEVELOPS ATOM
DRIVE FOR AVIATIO
NEW DISCOVERY HE
Chronicle - 1955
ATOM DRIVEN SHI
SPEED OF 5 MILES A SEC
(INS) The amazing
Denver Star - Apr. 17, 1955
SOVIET AND AMERICAN
GOVERNMENTS AGREE
ON MUTUAL COOPERATION
IN PREPARATION FOR
FIRST MOON SHIP
ANTI-
METEORITE
SPACE-ARMOR
PHILADELPHIA RECORD
SPACESHIP REACHES
MOON!!!
(UP) It was proven tod
U.S. and U.S.S.R. get
SHINGTON TRIBUNE
1959 - EXTRA! - 1959 - EXTR
FIRST MEN ON MOON - TWO
RUSSIANS, TWO AMERICA
ORLEANS POS
MARS REAC
1960 - The red pla
1961 - CLEVELAN
LIFE FOUN
ON VENUS
Prehistoric-like
reptiles are kno
NORTH AMERI
Division 74, Level
Newsletter for 1/1/63
JUPITER AND S
TURN ARE NE
NEWSLETTER for 7/4/66
RICA, Division 23, Level N
PLUTO AND PROSP
HAVE BEEN EXPLOR
WHAT NEXT?
Interstellar Spacelines - Discovery - Exploration - Colonization - Established 1967 for the advancement of transpacial and interuniversal science
Level D' Newsletter for 11/9/67
EPSILON ALTAIR VIII (M-1) SEEN FIT
FOR HUMAN HABITATION!!
(IP) A new organization, Interstel
Spacelines, plans to explore and col
new planets on other stars. An exped
RICA, Division 1, Level A
Newsletter for 4/29/68
"LITTLE STAR, how I
wonder what you are."
Have you ever said
this rhyme? If you have and are inter
ested in joining the crew of a spaceship
like M-1, contact the ISS office
nearest you. Young men and couples
from 22 to 32 years in top physical

布鲁克林的一个孩子在20世纪40年代中期想象的“星际航行发展史”：卡尔·萨根关于未来星系探索的设想。

报道：“苏联和美国政府展开紧密合作，联手打造第一艘登月飞船。”登陆月球只是星际探索的垫脚石，小男孩还设想了人类穿越银河系的过程：1960年《新奥尔良邮报》（*New Orleans Post*）报道：“成功登陆火星！”1967年11月：“D级通讯，初步判定牛郎星8号 ε 星适宜居住！”

他飞扬的思绪还没到头，却不得不把计划收起来，因为到吃饭的时间了。卡尔不满足于单纯的幻想，他想去实现它们。他想知道那些星球到底是什么样的。他知道，成为科学家，是他唯一的选择。

后来，卡尔得到了两位巨人的庇护，他们就是势不两立的柯伊伯和尤里。如果说两个人对彼此的仇视是10分，那卡尔对两个人的爱也是10分。三个人一起拆掉了学科间的高墙，同时也拆掉了科学家与普罗大众间的那堵墙。

卡尔十几岁的时候，家里的状况改善了不少，他们一家住到了郊区的一所小房子里。卡尔在新泽西拉威高中上学的时候写了一篇文章，内容是他对生命起源的思考。他希望专业人士能指点一下他写的这篇文章，但是他没有机会接触科学家，不知道该问谁。瑞秋想起了一个朋友，西摩·艾布拉姆森（Seymour Abrahamson），他的儿子是印第安纳大学生物学系的研究生，是他们认识的人中，最接近科学家的人了。

艾布拉姆森读过卡尔的文章之后大加赞赏，并交给了一位著名的教授，H.J. 穆勒（H.J.Muller）。穆勒教授曾经因为发现辐射会导致基因突变获得过诺贝尔奖。（穆勒是尼古拉 · 瓦维洛夫的同事，也是他最好的朋友。他还在斯大林统治的高压时期，公开反对过李森科学说。他恳求瓦维洛夫跟他一起离开苏联，为此差点丢掉了自己的性命。）让卡尔喜出望外的是，穆勒喜欢他的观点，还邀请他到印第安纳大学讨论这些问题。卡尔因此第一次获得了一个和科学相关的职位——穆勒实验室的暑期工。

卡尔对我说，那个夏天，他犯了很多只有新手才会犯的令人尴尬的错误，但是穆勒一直鼓励他，他敦促卡尔去了解生命是如何在地球上起源的，以及在其他地方有没有生命存在。在穆勒的帮助下，卡尔发表了两篇科学论文。卡尔被芝加哥大学录取时，穆勒带话给哈罗德 · 尤里，说：一个大有前途的新生，刚刚踏上了他的科学之路。拜托你像母鸡带小鸡一样爱护他、教导他，好吗？

但是尤里对于“导师”这一身份的理解和穆勒完全不同。穆勒是文雅鼓励型，尤里是粗暴易怒型。20 世纪 50 年代早期，卡尔刚到尤里的实验室时，这位科学家正在做的事，正是他所痛恨的柯伊伯做的事——入侵其他学科的地盘，生物学家的地盘。他和他的团队想搞清楚，无生命物质中是怎么孕育出生命的。尤里和他手下的另一位学生斯坦利 · 米勒（Stanley Miller）一起工作，尤里设计了一项实验，模拟早期地球大气的化学环境。他们想看看，这些基本化学物质能不能转化成构建生命的基本单位——氨基酸。物质变成生命的第一缕火花，是闪电点亮的吗？

卡尔心想："如果这个过程能在地球上发生，那别的地方呢？"于是他写了一篇论文深入探讨了这一可能性，但尤里的反应却特别强烈。他痛骂自己的学生背离了专业，只知道投机冒险。但是卡尔还是很尊敬尤里，因为他知道，他在这里磨炼出的意志会让他成为更出色的科学家。

卡尔于1956年硕士毕业，他决定留在芝加哥大学攻读物理学和天文学博士学位。天文学博士课程的基地在威斯康星州威廉湾的叶凯士天文台，那里的负责人正是尤里的死对头杰拉德·柯伊伯。1956年夏天，柯伊伯邀请这位21岁的青年去麦克唐纳天文台，加入为期数月的火星观测任务。那时候，柯伊伯是地球上唯一一位行星天文学家。

当时正赶上火星大冲——火星行至30年来距离地球最近的位置，柯伊伯和萨根轮班盯着天文望远镜，然而一次次值守，只换来一次次失望的摇头。天气总是不配合——不是得克萨斯州的天气，是火星的天气。火星上正在经历全球规模的大风暴，这导致柯伊伯和萨根没有任何新发现。不过也正是这个原因，整整一个夏天，他们两个人交流了很多想法。前辈告诉这位年轻的科学家什么是检验大胆的新想法最有效的方法，还告诉他估算很有用。卡尔后来每天都会用柯伊伯教他的估算方法。他们在一起想象，在别的恒星附近环绕着的可能存在的世界该是什么样子。在那个夏天，两个无拘无束的科学家，在想象中完成了一次银河系大冒险，通往神奇世界的大门向卡尔缓缓打开。

只要回想那个夏天的宇宙，就能知道我们从那时到今天走了有多远。在那个年代，没有太空飞船，人类从没离开过地球，也没有什么事物从太空中观察过我们生活的这颗星球。结果到了第二年，在短短一天之内，一切都变了。1957 年 10 月 4 日，苏联的拜科努尔航天发射场成功将东方号运载火箭（Vostok rocket）发射升空，并释放了载荷。火箭运载的是一个闪闪发光的球体，看起来颇具未来主义色彩，球的后面拖着几条银色的天线，这是斯普特尼克 1 号（Sputnik 1）——人类发射的第一颗人造卫星。斯普特尼克 1 号是一台简单的无线电发射机，每 96 分钟绕地球一周。当天晚上，全世界的人都来到户外，爬上自家屋顶，寻找那个小小的人造天体。那不只是一颗卫星，也是我们向世界的宣告：什么也无法让我们停下追求伟大梦想的步伐。你可以这样理解：人类制造的东西，成了夜空中的一缕新光，天空中出现了一颗人造的星。

这一举动把美国吓得不轻。冷战是关于财产和自由的意识形态之争，俄国人率先一步进入太空，这对西方世界来说当然是个坏消息。而且，如果他们能把东方号送入绕地轨道，送到美国头顶上，那么他们就能轻而易举地发送其他更危险的东西。美国在地理上有两大洋做天然屏障，南北邻居友好而弱小，这是美国第一次感觉受到威胁。头顶的天空失守，监控和核武器的发射突然有了新路线，这意味着地球上没有一个地方能安全躲过间谍活动和攻击。美国需要自己的太空计划。在斯普特尼克 1 号发射升空后不到一年，美国就组建了国家航空航天局，那一年是 1958 年。

斯普特尼克 1 号的成功发射还产生了一个副产品——科学界终于接纳了柯伊伯坚持多年的看法：地球是一颗行星。对于现在的我们来说，这似乎是个常识性问题，但在狂热的战争年代，你死我活的国家主义横行，这个消息就像晴天霹雳一样，震撼了人们的心智和精神。

太空时代开始 :1957 年 10 月 4 日，苏联发射了第一颗人造卫星斯普特尼克 1 号。

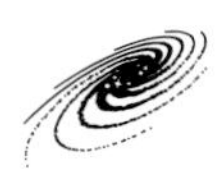

与此同时，柯伊伯和尤里之间还是水火不容，尽管两个人都在刚刚起步的太空计划中担任了领导角色。卡尔继续在两个相处极不融洽的实验室间游走。柯伊伯和尤里对彼此的敌视态度非常激烈，这在情感上给卡尔带来了巨大的销蚀，卡尔说自己当时就像个父母离异的孩子一样。作为这两个人唯一共同的研究生，卡尔成为他们之间仅存的桥梁。

地外星球上的一枚人类脚印。

尤里为了让 NASA 登陆月球，付出了很多心血。他的最终目的之一是弄清太阳系究竟是怎么形成的。柯伊伯预测了人类登上月球的情形——感觉会像走在松软的雪地上。尼尔 · 阿姆斯特朗（Neil Armstrong）后来说，他迈出第一步的时候，确实感觉像柯伊伯所说的那样，脚下仿佛是松软的雪地。

卡尔参与了这次伟大的冒险，这多亏了尤里和柯伊伯。他儿时写的第一个头条——太空飞船抵达月球——成真了，而且他还亲身参与了这个过程：在阿波罗号的宇航员出发之前，卡尔给他们做了简要说明；科学家们第一次评估这次太空探索任务获得的信息时，他也在那里。

开天辟地头一遭，生物学家、地质学家、天文学家、物理学家、化学家互相展开交流。虽然实际上，大部分时间他们都在大声争辩。

在第一次科学联合会议中，年轻的卡尔·萨根站起来，说出了一句名言："嘿，伙计们，我们是第一批收获了这么多宝贵财富的科学家。咱们应该齐心一致才对啊。"在行星科学形成时期，卡尔·萨根定下了基调，他的理念一直延续至今。他是第一份现代跨学科期刊《伊卡洛斯》的主编和共同创办人。期刊中发表的都是研究人员对宇宙中各个星球的研究，一直蓬勃发展至今。在屈指可数的几位科学家的努力下，寻找可能的世界、外星生命和外星智慧的努力变成了一种受人尊敬的科学追求，卡尔就是其中一员。他毕生致力于启迪世人。

人类在 1995 年首次观测到了系外行星，可惜杰拉德·柯伊伯和哈罗德·尤里都没能亲眼见证那天的到来，之后卡尔也没多久就去世了。他去世之后，开普勒任务（Kepler mission）和其他天文台确认了数千颗围绕其他恒星运行的系外行星。多亏了这 3 位科学家，以及其他很多为此付出努力的人们，我们现在才知道，只消花上数百万年，就能让一颗恒星完成演化，并且行星、卫星也能从气体和尘埃云聚结而出——换句话说，只需要数百万年，就能形成一个恒星系。

恒星系的孕育期很长，但是并不罕见。在银河系中，大概每个月都有新的恒星系诞生（译注：银河系的恒星形成率是 1~2 太阳质量 / 年，应该是每年有一个新的恒星系诞生）。在可见宇宙范围内，存在着万亿个星系，其中有万亿亿颗恒星，每秒钟都会诞生上千个新的太阳系。

打一个响指，啪，便多出了上千个太阳系。啪，又多了上千个……

| CHAPTER 07 |

寻找地球上的智慧生物

可以毫不夸张地说，胚根的尖端（根）因此天生（具有敏感性），并拥有指导临近部分移动的力量，表现得就像低等动物的大脑一样；位于身体前端的大脑接受来自感觉器官的影响，并指导一系列的活动。

——查尔斯·达尔文与弗朗西斯·达尔文（Francis Darwin），

《植物运动的力量》（*The Power Of Movement In Plants*），1880

而你呢？要记住蟋蟀是怎样跳出

它们的草地妈妈，就像个小亲戚

在迷蒙夜色中，当时你的最初形象

才略微得知了你与一切尘土之物的联结。

——华莱士·史蒂文斯（Wallace Stevens），

《蒙眼障的懵姨丈》（*Le Monocle De Mon Oncle*），1918

一张360°鱼眼镜头视角拍摄的在智利阿塔卡玛大型毫米波天线阵（ALMA）射电望远镜上空的银河。

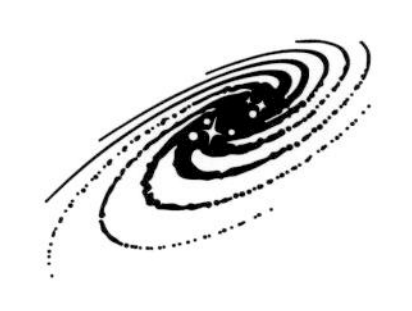

我们搜索天空寻找智慧生命的信号，但如果我们找到了它们，我们将做什么？我们准备好与它们进行第一次接触了吗？我们已经足够聪明到能够知道有人正在向我们发送信息吗？

我们在近一百多年内才能够探测无线电信号，而外星文明可能在数百万年甚至数十亿年前就在对地球发射无线电信号了，可惜地球上没人发觉。可能在你读到这本书之后的第二天，就会有人提出一种新的倾听宇宙的方法——另一种物理交流媒介，一种我们目前还没能发现的方式。

还有，假如对外星人来说，我们看起来就如蝼蚁一般，那将会怎样？我们都知道我们是怎么对待蚂蚁的。假如外星生命比我们聪明会怎样？如果它们有能使我们束手就擒的技术、武器、微生物和病毒又会怎样？地球上不同文明之间第一次接触时——东方与西方，南方与北方的人类——就已经发生了种族灭绝这样的惨案。在整个

位于中国西南部的 500 米口径球面射电望远镜，又叫 FAST，是世界上最大的望远镜。

宇宙中，技术发展水平迥然不同的文明间的第一次接触，又是否会有一个好结局？

我听说过一个这样的故事，但现在预言它的结局还为时尚早。

在中国西南部的贵州省大窝凼，有一项世界奇观——500米口径球面射电望远镜（FAST），这是地球上最大的望远镜。它坐落在一个郁郁葱葱的绿色山谷中，山谷被层层树林围绕着，树木挤在一起，密集得像西蓝花一样，周围群山的形状就像尖顶的面包。FAST在2016年9月首次接收到了星光，这是其望远镜生命的正式开始。

FAST可以观测到比世界第二大望远镜能观测到的还要暗三倍的物体，世界第二大望远镜也是射电望远镜，建成于1963年，位于波多黎各的阿雷西博天文台。FAST可以实现一些阿雷西博望远镜无法做到的工作，它可以改变自身形状，其巨大的圆盘由铝制面板组成，这些面板会在电脑的指挥下将焦点转向不同的天区。

FAST的任务是解决有关宇宙起源的未解之谜，以及宇宙的早期历史。它将搜索脉冲星以及那些高速自转的中子星，并利用它们自转的频率来搜寻时空结构中的涟漪——引力波的信号。

FAST还将搜寻来自地外文明的信号，但只能是来自那些距我们地球十分遥远的文明的信号。

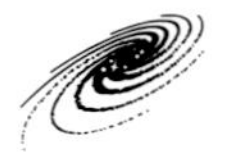

有另一种形式的智慧生命，它们离我们更近。我们直到最近才知道它的存在，其复杂程度超出了我们最狂野的想象。它由一个社群组成，其种群数量大得令人难以置信。在这里，光线透过白桦、槭树、桐树、冷杉、松树、栎树，还有白杨的树冠，而肥沃的苔藓地毯和细枝在你的脚下发出嘎吱声。我们的远祖，小小的类似尖鼠的动物，在与此处极为相似的环境中成熟，也就是森林。可能它们知道我们刚刚才发现它们这件事，这个地方的秘密生命充满了戏剧性，它们彼此之间会交流，这种交流普遍是用一种电化学的语言进行的，而且这种谈话发生在一个极小的尺度中，且过程十分缓慢，以至于像我们这样的生物根本注意不到。

还有一些更令人惊奇的事正在我们脚下发生，这是一个古老而隐秘的“万维网”，一个庞大的神经网络将森林紧密联系在一起，成为一个相互交流、相互作用、充满活力的有机体和中介，拥有影响

我们脚下的“万维网”：菌丝体，生命王国的伟大合作成果。

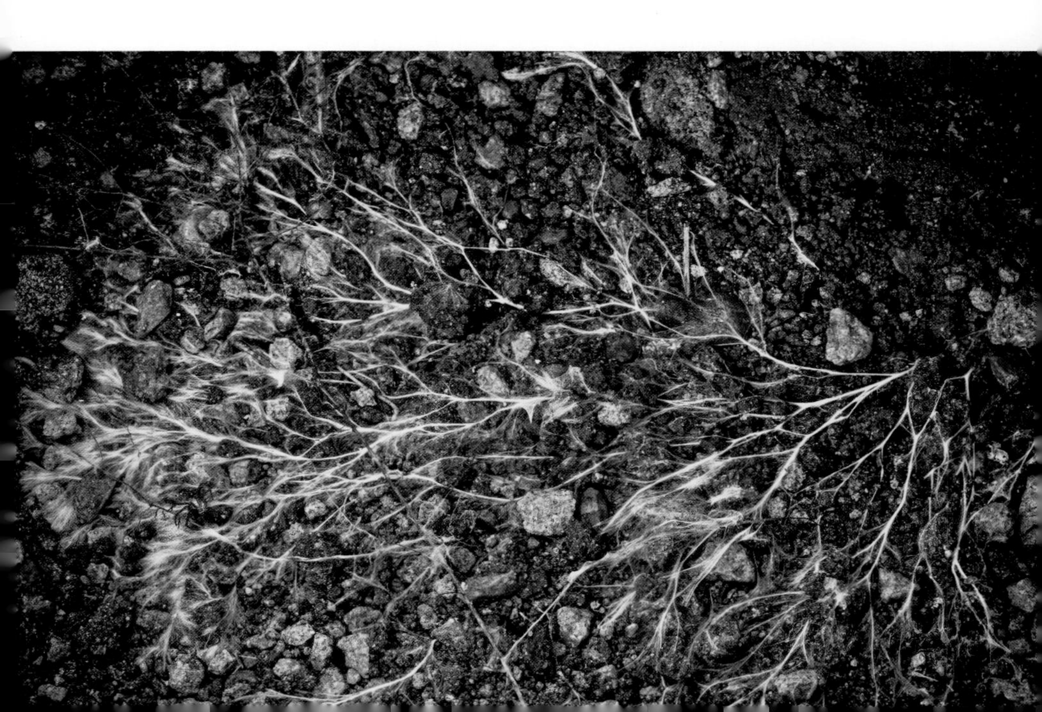

地表以上发生的事的能力。这种错综复杂的如火焰般的丝状基质，从各个方向向外辐射，其复杂程度令人震惊，它被称为菌丝体。

菌丝体是一种隐藏的通信与运输网络，是真菌、植物、细菌和动物之间的一次古老合作的产物。地球上所有的植物与树木中有90% 参与了由菌丝体促成的互利关系。它们彼此交换养料、信息，并产生共鸣，这种关系甚至跨越了物种，在生命的王国之间进行。

蘑菇是菌丝体的繁殖器官和子实体，看到一朵在森林中的野生蘑菇我们就知道伟大的自然网络已经在我们脚下上线。一些蘑菇会将数万亿个孢子散播在微风中，每个孢子都是一个携带生命信息的伞兵。一个孢子会以弧线穿过森林降落在一簇光滑柔软的苔藓上，而另一个孢子则会着陆在附近，两个孢子释放出枝状的菌丝，直到它们与菌丝体的白色絮状基质相结合，这就是蘑菇的性交。不久之后，在寻找水分的过程中，这个菌丝体的新生部分将重返地下世界，并连接到更大的网络中去。

我们在很长时间内对树木的秘密世界一无所知。对于它们来说，菌丝体是它们彼此之间的生命线，它让森林变成了一个“社会”。地下树根结构的范围甚至要比树本身还要大，树根的尖端轻柔地与菌丝体丝绵般的连接体交错在一起，树根融入菌丝体中生育，并培养其他树木，甚至“策划”延缓同伴的死亡，延缓其死于斧下的命运。在森林中，一棵树被砍倒后，其他树会将树根伸向受害者，并通过菌丝体输送救命的养料——水、糖和其他的营养物质。这种来自邻近树木持续不断的静脉输液可以使树墩存活数十年，甚至几个世纪。

而且它们不仅对自己的同类这么做，它们还会维持其他种类的树木的生命。为什么呢？它们这么做能获得什么好处？很少有树桩

新西兰，尤瑞瓦拉国家公园的马诺哈山峰顶附近的雾林。既然我们已经开始觉察到森林中的热烈谈话，那么这些树木和植物对你而言是不是看起来不一样呢？

能重新长成一棵健康的树，能够长出新的种子来传播自己的DNA，那么它们这么做是因为喜欢？还是友情？是不是因为它们的生命都依赖着整座森林的健康，甚至依赖于与自己截然不同的生物？树木是否可能执行比我们人类所能做到的更长期的行动？

我们知道树木拥有完美的育儿技巧，父母会通过其根系给孩子输送营养物质。一棵松树会不停地花很多心思在它的后代身上，即使以我们的标准看它已经差不多80岁了，不算年轻了，但是树木并不以人类的速度生长。

年轻的树木都有想要赶快长大的倾向，它们并不知道如果它们真的快速长大，它们树干的细胞里将存有过多的空气，这会导致它们很虚弱，从而极易受到暴风与天敌的伤害。为了小树自身的利益，松树妈妈会用自己的枝丫遮住小树，使它无法尽情沐浴阳光，从而避免它们生长得太快。

我在完全没有意识到周围发生了什么的情况下去了多少森林？如果我们自己都无法认识或者尊重我们周围的意识，即使是就在我们脚下的意识，那么我们又是以什么身份在寻找外星智慧生物呢？

科学家们并非直到20世纪后半叶才第一次注意到南非的金合欢树是如何在天敌面前保卫自己，并对其群落中的其他成员拉响警报的。一群长颈鹿在漫步，开始一点一点地吃金合欢树顶端的叶子。在被啃食的第一次剧痛中，金合欢树释放出让长颈鹿觉得无法接受的有毒化学物质，但并不是所有金合欢树都这么做了。它对它的金合欢树同胞发出了一声化学上的尖叫，一声由乙烯组成的“喊叫”：“911！麻烦来了！”树叶的味道突然变得难吃，这让长颈鹿知道金合欢树已经意识到了自己的存在，并积极让其他树警惕危险的到来。

长颈鹿们麻利地离开了这棵金合欢树挺立的地方，绕过附近其他的金合欢树，去找更远处的树进食。对于一头长颈鹿来说，只是移到下一棵树是不够的，因为这棵树现在也知道要制造可以毁了长颈鹿美餐的毒素了。长颈鹿们必须走更远的路去寻找还没有听到战争信号——“饥饿的长颈鹿来了！”——的金合欢树。

一棵有上千片叶子的巨大栎树，可以感觉到一只小毛虫在爬过其中的一片叶子。电化学信号在树木中传输的过程就像我们的神经系统一样，但没有神经系统传递信息那么快，因为树木生活在一种更慢的时间尺度下。对于树来说，喊一声“哎哟”发出的信号每三

在像坦桑尼亚的塔兰吉雷国家公园的地方，金合欢树通过破坏叶子的味道并提醒周围的其他金合欢树做同样的事情，来抵御发现它们的叶子很美味的长颈鹿。

分钟仅仅能传递1英寸（2.54厘米），所以树木将会花费至少一小时的时间才能产生可以驱逐这只害虫的化学物质。

当一只捕食者来袭时，一些树做的第一件事是获取一份唾液样本，以对入侵物种进行DNA测序。然后它们会针对敌人的独特弱点调整自己的化学响应。在某些情况下，它们会释放精确的信息素，这些信息素会吸引敌人的天敌来替树木战斗。我们可以认为树木们在化学、昆虫学以及其他地球科学方面拥有非常丰富的知识吗？它们的认知究竟与我们的认知有何不同？

树木也有意识吗？它们也是智慧生物吗？还是说这一切只不过是跨越万古经历环境考验的所有生命形式之间的相互作用，以及经历过自然选择后形成的演化行为？树木的这些非凡能力只是 DNA 努力使自己永远存在的副产品吗？当我们在做类似的事的时候，我们和它们有什么不同吗？

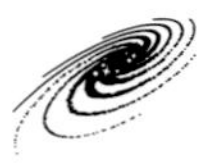

在整个自然界中，我们发现这些以电化学信号进行的交谈发生在不同物种和生命王国之间。但在两个不同世界间进行的对话究竟是怎样的呢？我们同那些成长在不同的世界、演化历史截然不同的生物又有什么共同点呢？

科学家所追寻的宇宙的自然法则是非常强大的，因为它们不可替代，不能打破。无论我们想要相信什么，它们都是正确的。这些法则不仅在我们地球适用，在整个宇宙中也永远适用。我们可以和另一个世界的智慧文明分享什么呢？科学和数学。科学家、数学家和工程师的符号语言能够避免这些东西在文明间转译时丢失，符号语言，包括那些运用在编程中的符号，比词语拥有更高的准确度，它们不容易招致曲解。

我仅知道一种非人类的符号语言，而关于这种符号语言唯一的实例发生在我们人类和一种使用这种语言的生物接触时。它们的天文学和数学知识会使我们中的大多数人感到惭愧，它们以民主的方式解决分歧，并通过广泛讨论尽可能达成最一致的意见，这是任何人类社会都比不上的。它们是探险者，使用符号语言将它们在旅途

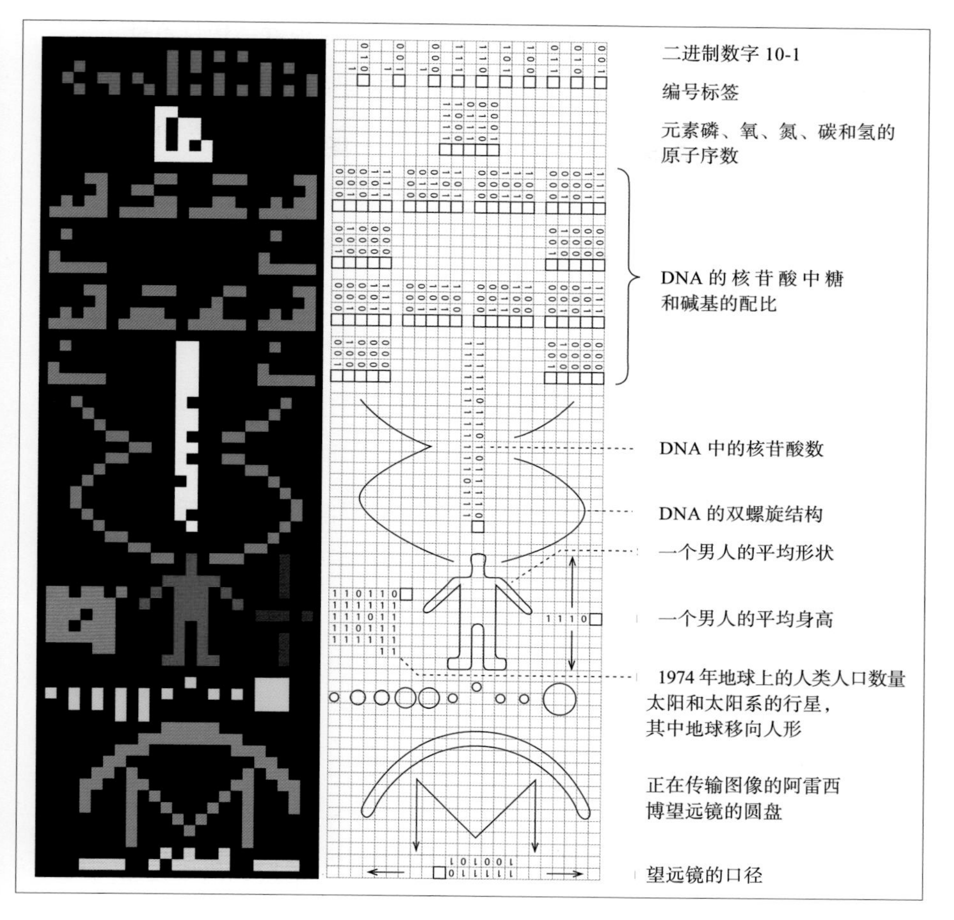

一条用符号语言书写的发往另一个星系的信息：弗兰克·德雷克在 1974 年发送的阿雷西博信号。

中的所见所闻告诉其他人。数千万年前，它们曾是食肉动物，但它们放弃了肉食习性变成了素食者。这一行为改变了这个世界，并使它们所到之处变得无与伦比的美丽。

根本不存在预测性的演化理论，至少现在还没有。如果你见到了我们4.8亿年前的祖先，你会发现丝毫没有种群相似的迹象，而这个第一次接触的故事的主角也是这样。对于“近5亿年”在宇宙演化中占到多大一部分这个问题，宇宙年历是一种很有用的衡量标准。

想象一下这是宇宙年的12月20日的早上，来自古大洋的细浪拍打着我们的脚，古大洋是一片在被称为奥陶纪的时期覆盖整个地球北半球的海洋，此时北半球仍然完全被水覆盖。冈瓦纳大陆，一个大部分是平坦地势的超大陆，横亘在南半球并一直延伸到赤道，被内部的小型水体所破坏。

这是生命开始另一次生物多样性狂欢的时候，也是突然出现令人惊奇的新物种的时期，还是眼柄、触角、装甲板、钳子、刀锋以及所有疯狂的解剖学特征的实验期——这些词汇到今天仍在使用，这段时间作为奥陶纪生物大辐射事件而被记住。这一事件发生在寒武纪大爆发的4千万年后，寒武纪大爆发是生命的首次生物多样性大飞跃。

组成生命之树结实树干的简单组织开始转变，并逐渐适应不同的环境。随着生命的传播，生命之树的树干也开始长出新的幼芽和细枝。仅仅在海洋中，新的物种数量就翻了3倍。这个时代是节肢动物的黎明，它们是将骨骼穿在外面的无脊椎动物，我们在亿万年之后有朝一日也会采取这种骨骼生长方式。奥陶纪的节肢动物开创了生命曾演化出的最成功的身体设计，即使在今天，超过80%的活体动物也都是节肢动物。

在奥陶纪时期，小型的苔藓森林覆盖着大地，其中点缀着溪流和湖泊，而溪流和湖泊中也生存很多植物，这些植物更多是水生的而非陆生的。在浅海的海岸线上，小小的长得像幽灵般的千足虫似的甲壳纲动物犹豫不决地浮出水面，在陆地上的新世界安家。

昆虫是由这种甲壳纲动物演化而来的（每当我在一家海鲜餐厅里用餐，我都要竭尽全力去抑制这一想法）。8000 万年过去了，现在是宇宙年历 12 月 22 日的早上，大约 24 英尺（约 7 米）高且有三根菌柄的巨型蘑菇主宰着大地。它们使最高的树也显得矮小，那时最高的树仅有几英尺高（如此巨大的蘑菇让你想知道支撑它们的地下网络得有多大）。

我们前进到 12 月 29 日，如幻觉一般的巨型蘑菇被越来越高的树所取代，一个新的声音首次在这个星球上响起：微风吹过树枝和树叶的唰唰声。

此时地球上的生命正在学习如何飞行，空中对生物来说是一片开阔且空无一物的生态空间，昆虫将完全占有这片空间长达 9000 万年，没有会飞的爬行动物，没有鸟类，也没有蝙蝠会将它们吃掉……只有其他虫子。动力飞行对于昆虫是一次巨大的进化飞跃，它们因此而遍布全球。昆虫让人类的自命不凡相形见绌，它们统治地球的时间比我们长了数百倍，它们在今天对我们做的事，看起来和在白垩纪晚期对恐龙做的完全一致，这些生物是时间的怪物，它们穿越了 1 亿年而毫发未损。

即使回到那时，你也不会想要惹上一只黄蜂。想象一下，1 亿年前，那时它们已经存在 1.5 亿年了。它们在当时是贪婪的猎手，寻找一只倒霉的苍蝇带回蜂巢，作为它们的“少年”——幼虫的美餐。

黄蜂生存了 1.5 亿年。那时候，还没有动物来协助植物受精，有效地将它们的花粉运到远处其他植物的生殖器官上——换句话说，在植物之间扮演红娘。但在近乎微观的领域中有些事情发生了，这件事会用一种全新的光谱色系为地球上色。也许是一只黄蜂攻击了一只正爬过一棵植物的土褐色雌性性器官的蜘蛛，黄蜂的身上在不经意间沾满了植物的花粉，棕色粉尘的微小微粒黏附在黄蜂的腿上。

此处正在上演的极具戏剧性的事件并非蜘蛛与黄蜂之间的斗争，而是那些微小的颗粒黏附在了黄蜂的腿上。没什么好看的，就是一些小颗粒，但这些有魔力的尘埃——花粉——包含着改变世界，以及使一些在这颗星球上从未出现过的最美景色成为可能的力量。即使在今天，超过 1 亿年之后，这件事仍然是正确的。

想想一粒花粉颗粒，它富有魅力的几何结构复杂得令人惊讶，呈现出埃舍尔式（编注：埃舍尔，荷兰板画家，擅长将数学概念融入绘画之中）的特点。你必须在纳米尺度下才能看清其本质，才能辨别出种子大胆的几何结构和永不停息的变化，这些种子是从雄性植物的外生殖器上排出的，每粒花粉都被进化塑造成不同的模样，它们代表着一种新奇的生存策略，并在漫长的时间里被磨砺得更加尖锐。它们中的一些看起来像地雷，一些表面上则覆盖着匕首状的突出物，所有的花粉都明显不同。这些花粉十分坚韧，它们必须这样。通常花粉长得又长又尖，而且总是被两堵厚厚的围墙封起来。它们非常结实，即使你把它从一把枪里打出去，它还是会毫发无损地出现，甚至连繁殖自己同类的能力也完全不受损伤。

把一粒花粉想象成一个点，一只停歇在植物上的黄蜂无意中将其粘染到了身上，黄蜂从植物上起飞，犹豫不决地盘旋在空中。之后我们的黄蜂靠近了一棵白垩纪植物的雌性性器官，并在它单调的

在巴西东北部发现的变成化石的黄蜂，这种黄蜂在白垩纪晚期，大约 9000 万年前，与恐龙共存。它的外形非常出色地适应了环境，我们几乎不能区分它们与现代的黄蜂。

褐绿色花状结构上着陆。随着黄蜂再次起飞，微小的花粉颗粒，如同一个大胆的荡秋千演员被发射到空气中之前一样，花粉颗粒在空气中像炮弹一样划过一道弧线，这一瞬间存在着一个悬念：它的轨迹会把它带到一个可供新生命开始的小地方吗？雄性的花粉颗粒像一个压哨三分球一样在风中飞行，正好穿过了柱头的狭窄开口，而柱头是雌性植物的发芽平台。也可能发生了一场疯狂的事故——一粒花粉搭了一只愚蠢的甲虫的便车，去了另一株植物。

这一切都发生在白垩纪时期，大约 6500 万年前。但现在想象一下你有几十万、几百万年、几千万年的时间，来使昆虫与植物之间的这次合作在一系列的特定匹配操作中脱颖而出，并成为一种正式的伙伴关系。整个新的昆虫物种进化了，它们将动物王国与植物王国之间的这项契约带到了全新的高度。

现在，另一只黄蜂飞回巢中，它的下颚紧抓着一只瘫倒的苍蝇，这是它处于幼虫状态的后代的食物。这只黄蜂的身体也携带着一些花粉，这些花粉是在它擦过一朵花时粘到它身上的。当黄蜂在巢穴中徘徊时，一些花粉颗粒从它身上掉落，而幼虫也急切地吞下了富含蛋白质的花粉。经过一段极其漫长的时期，一种新的生命形式被进化出来，这种生命不再把肉带回家当饭吃了，转而选择采食花朵产生的“魔法尘埃”：这就是蜜蜂。

蜜蜂对死掉的昆虫的残肢没有了食欲，它们只吃花粉，而且这并不是一时兴起，蜜蜂完全变成了忠诚的传粉者。而植物也慷慨地进化出了更加具有诱惑力的雌性性器官来报答它们，这些性器官拥有艳丽的颜色和诱人的形状，它们还烹制出美味的分泌物——甜蜜的花蜜，这些都诱惑着蜜蜂一次又一次地回来，循环往复。花的时代就这样开始了。

对于我们人类来说，蜜蜂是“没有思想的工厂”的标志。我们倾向于认为它们是一些生物机器人，注定单调乏味地度过一生，被束缚在自然分配给它们的刚性角色中。但这种想法更多地源于我们以自我为中心的习惯性观念。

接下来我要讲的就是我们与蜜蜂第一次接触的故事。这个故事

卡尔·冯·弗里施，蜜蜂符号语言的密码破译专家。

发生在20世纪初，在一片如明信片一样美丽的风景中，一个被郁郁葱葱的绿色群山和树木包围的湖，位于奥地利乡下一个叫布伦温克尔的地方。

从孩童时期起，卡尔·冯·弗里施（Karl von Frisch）就很渴望了解其他动物知道的事，渴望理解它们是如何感知这个世界的。他想知道鱼是不是也能看到颜色或者拥有嗅觉，他设计实验来探测动物的感受，并把这些实验拍成电影，他是使用电影的新技术来进行通俗科普的第一人。

数千年来，人类已经注意到蜜蜂间歇性的激烈动作，但始终没有人带着尊重去看待它们，也没有人认为它们的舞蹈是有原因的。在弗里施之前，没有人曾经想过这样的问题，例如为什么它们以这种方式移动？为什么它们会反复地以复杂的数字 8 的轨迹来飞行？

从 20 世纪 20 年代起，弗里施开始研究小小的蜜蜂的每一个姿势，并开始着迷于一个他无法解释的谜。他给一只来自他的实验蜂巢的蜜蜂摆了一碟糖水，并在她（除了雄蜂外所有的蜜蜂都是雌性）落在那上面时将一点油漆轻轻涂在她的背上。这只被标记的蜜蜂尽情地享用着糖水，随后她飞回家，暂停在蜂巢的入口处，并在阳光中表演了一段舞蹈。

被标记的蜜蜂后来还会回来吃美味的糖水，弗里施注意到，在仅仅几小时内，大量蜜蜂也加入了，同她一起享用糖水，她们都是她同蜂巢的伙伴。但有件非常令人惊讶的事：弗里施发现其他蜜蜂并不是跟随被标记的蜜蜂到喂食点的。他会注意到这一点，是因为他始终在监视着蜂巢。他很小心地使用了糖水而非蜂蜜，所以蜜蜂的嗅觉无法引导她们到达这里。他继续把装着糖水的碟子移得更远，直到离蜂巢有几千米远，但来自同个蜂巢的伙伴们仍然能找到前往糖水的路。那么，被标记的蜜蜂是怎么如此精确地透露糖水的具体位置，以至于她的同个蜂巢的伙伴能准确无误地找到那儿去的呢？

弗里施在蜂巢的入口处研究被涂了油漆的蜜蜂，她在阳光下起舞，看似毫无意义地左转和右转。弗里施在他的笔记本上给这只蜜蜂看似毫无规律的舞蹈画了个速写，并仔细记录了太阳的位置。

他追踪蜜蜂的舞步，细致到每一次转向，直到对舞步没有任何疑问。在她的舞蹈设计中有一条隐藏的信息，在德语中，弗里施将这条消息叫作舞蹈语言（tanzsprache），而且这个信息可以通过一个数学方程式来表达，弗里施发现，摆动每持续 1 秒钟等于距离目标 1 千米。把太阳的位置和摇摆行为的方向联系起来，这便是一条万无一失的编码信息，其中包含一片丛林中每株树木的位置。如果来自银河系其他地方的类似方程式偶然经过了 FAST 的监听器，我们便得到了一条来自外星的情报。

被无数代观测者认为不过是一种愚蠢动物的没有意义的间歇性动作，实际上却是一条复杂的信息——一个综合了数学、天文学和敏锐测量细微的时间增量的能力的方程式，用以传输她希望和她的姐妹们分享的宝藏的位置。舞者利用我们的恒星——太阳——的照射角度，来指出食物位置的大概方向。弗里施注意到，当一只蜜蜂竖直向上飞舞时，她的意思是“向着太阳飞行”；而当她向下飞舞时，她的意思是“远离它”。

她向左和向右旋转是为了传达食物在空间中的具体坐标，有时食物会在数千米外。她的舞蹈的持续时间——短至几分之一秒——指出了她的蜜蜂同伴飞到那所需的时间长度。她甚至将风速和海拔的差异也考虑在内，以更细微的动作调整她跳出的信息。而这条信息在任何时候都是不变的，从一个蜂巢到另一个蜂巢，从一个大洲到另一个大洲。所有群居的蜜蜂都知道如何计算和传达这条导航方程式。在世界上的不同地区，她们可能会以不同的“方言”跳舞，但翻译起来似乎很容易。

为什么我把这件事叫作第一次接触呢？两个在你能想象得到的任何方面都不同的物种——人类和蜜蜂，沿着在数亿年前就已经分叉的进化道路演化。然而，这两个物种——而且据我们所知，在这颗行星上只有它们和我们，设法创造了一种用数学书写、以物理定律为依据的符号语言。科学家推测，这可能是唯一一种我们能够和外星文明共享的语言。

长久以来，我们和蜜蜂肩并肩地生存在一起，从未想过它们彼此之间会有复杂的交流。自弗里施以来，我们在几十年内学到的关于蜜蜂社会的东西，使最崇高的人类感到羞愧，并改变了我们对地球上其他智慧生命的看法。

当我写下这些文字时，世界上的民主政体似乎比任何时候都要脆弱。但地球上也存在与众不同的地方，在那里，每个个体都能发声，那里没有腐败，群落通过讨论达成一致意见。蜜蜂聚集的地方就是其中之一。

与普遍的看法相反，蜂巢中不存在君主制。蜂后不是控制其他蜜蜂的绝对统治者，蜂后的任务几乎完全是繁殖，只要给予正确的食物和空间让她们去生长，任何雌性蜜蜂都可以加冕为王。

每当天气变暖、树木繁茂之时，她就将权杖交给新一代蜂后。这是蜂巢中的重要时刻——在春季末或者夏季初，此时几乎半个蜂巢的蜜蜂，大约有1万只，将会变得焦躁不安。它们决定离开母巢，去寻找一个新的殖民地，但它们也不知道新殖民地在哪里。一旦它们离开，就没有回头路可走。

离开家不再回来，去挑战一切的未知，这需要勇气。这一重要决定调动了所有工种的活动：新的蜂后开始在她们特别的育婴杯中成长；在位的蜂后被工蜂围绕着，工蜂不断地刺激她，推推搡搡。这并不意味着敌意，工蜂在帮蜂后执行一项严格的减肥计划，使她恢复到飞行形态。当每只蜜蜂都准备好时，它们奇幻历险的第一步——离巢的时刻也就到了。

突然，一片乌云——全体出动的上千只蜜蜂——从蜂巢中飞出。在原来的蜂巢中，新的蜂后登上王位，而老蜂后则被工蜂促拥在中央的位置上，这些冒险家们重新组合成为一个密集的泪珠状的蜂群，生机勃勃地行动着，沉重地悬挂在附近的树枝上，这是一个由众多个体组成的独立生物体。

数百只它们的最高级成员——侦察兵们——被派往不同的方向去执行以 5 千米为半径的侦察任务，侦察兵们为了寻找可能最好的安家之所，逐一侦察当地的树木，她们极其挑剔，不是什么地方都可以的。蜂巢的前门是树上的一个空洞，它必须足够高，这样熊和其他抢劫者才无法轻松够到并掠夺珍贵的蜂蜜。蜂巢内部的特征也一样重要，蜜蜂侦察兵会细心地测量这个空洞，沿着其墙壁爬行，在树的内树皮之间来回飞行，树洞的面积是它们最关切的，蜜蜂不会冬眠，所以它们为了度过漫长的冬天不得不加热居所，并确保制造足够的食物——蜂蜜——来帮助它们顺利过冬。每个侦察兵必须测量出树洞内部的确切尺寸——高度、宽度和深度。这个凹陷处太小或者太大，都会导致整个蜂群在下个春天来临前灭绝。一旦所有测量都完成了，侦察兵会回到蜂群报告她们的发现。

当所有侦察兵都返回蜂群，蜜蜂们就开始举办它们的年度大会了。每个侦察兵都找到了一个安顿蜂群的地方，她会为她所找到的最佳地点进行辩论，这场辩论通过它们科学的、数学的符号语言来进行，上百只侦察兵蜜蜂都在使用摇摆舞来为她们找到的家园做广告。

一开始，每一只蜜蜂都吸引了一个观众，虽然每个观点的提倡

蜂巢中的一次政治会议：蜂群的侦察兵正在汇报她们关于下一个前哨站潜在位置的发现。一场大辩论随即发生。

者都吸引到了她的信徒，但每个观点之间差别很大。在我们的政治会议上，人们经常撒谎。他们打开潘多拉魔盒——将对手妖魔化，找寻替罪羊，制造恐惧，利用我们的弱点。但蜜蜂不会冒险这样做。在这两种会议中（我们的和它们的），有关未来的决策都依赖于事实，但出于某些原因，我们很容易被操纵和欺骗。不知为何，蜜蜂明确知道它们必须实事求是，必须正确无误，不能吹嘘，它们表现得好像它们理解什么是真正重要的事，大自然是不会被愚弄的。

一些侦察兵吸引了更多的追随者，而其他侦察兵则被剩下来跳着没人欣赏的舞蹈，直到她们放弃并加入到其他侦察兵的支持者中。找到蜂群新家最适宜地点的侦察兵是最富激情的摇摆舞者，数十年的近距离科学观察证实了这一事实：每只蜜蜂在心里都有一个柏拉图式的理想家园。正如我们的党内初选，随着程序展开，一些摇摆舞者会半途放弃，到最后只有几个竞争者仍在坚持。

蜂群的成员不会无条件地相信最受欢迎的舞者的证词，它们中的许多蜜蜂会去亲眼看看。怀疑是一种生存机制。调查员们飞往这个地点去进行独立的评估——如此一想，摇摆舞传送的信息得有多清晰！这个信息是整个森林中所有树木里一棵特定的树的坐标，侦察兵们每次都走直线前往这棵树，如果这个树洞被证明和“广告”所说的一样好，它们会回到蜂群，并跳舞称赞这个地方。

随着更多的侦察兵从她们的鉴定任务中归来，她们跳起了与原来的舞者一致的摇摆舞。相互竞争的舞者中最后的一些坚持者开始倾向大多数，没有欺诈，或者暴力，也没有幕后交易，侦察兵们首先达成共识，但更多的居民还有待说服。一旦她们都认同了同一支舞，一旦她们对“新家”的最佳地点达成实质上的一致意见，伟大的迁移就可以开始了。

现在，蜂群的情绪转变为一种狂热的行为情绪，嗡嗡声变得越来越大。这一切都从一声咆哮开始，嗡嗡叫的蜜蜂们在出发前加快它们的引擎转速以达到 95 ℉（约 35℃）这一最佳飞行温度。现在，侦察兵蜜蜂们开始测量其他蜜蜂的温度，确保它们也做好了飞行准备。在第一次起飞后的 60 秒内，1 万只蜜蜂排成一队前往它们的新家，它们的蜂后处在它们编队的心脏地带。如果她在前往目的地的路上死去，那么蜂群将无法继续前进，所有一切都失去了意义。以太阳作为它们的指南针，这个飞行殖民地完全依赖于它们的蜂后与她的领导权。

当它们抵达目的地后，整个蜂群会消失在树洞里，空气仍在奇怪地嗡嗡作响。蜂群是一种思想，一种每个个体都会为其做贡献的集体意识。

现在迁移已经结束，是时候打开行李了，它们开始装饰育婴室，填满蜂巢里的食品储藏室——这是一堂完美的几何课程，它们要让这个地方完全属于自己……直到天气转暖，万物复苏。千百万年来，它们一贯如此。

对蜜蜂生活的深刻了解是卡尔 · 冯 · 弗里施留给我们的遗产，他是第一个破译出蜜蜂的符号语言、接触一种完全不同的思想的人。

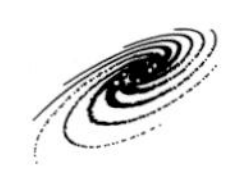

在此后的几十年里，其他科学家通过研究蜜蜂的大脑来延续弗里施的探索，我们现在已经知道蜜蜂也会睡觉，而且一些科学家还怀疑它们也会做梦。我们正在分隔了5亿年的物种裂谷上搭建桥梁，并且在那之后，我们人类与它们在农业、建筑学、语言和政治等方面开始互相融合。我们已经和蜜蜂一起生活了很久，它们提供蜂蜜，为庄稼授粉，但在这些事情之外，我们从来没有正眼看过它们。我们的人类中心主义使我们对它们复杂的文化熟视无睹。是什么让我们摆脱恍惚，从而认识到另一种智慧生物其实一直都在那里的呢？

我认为是一个人，他为开辟这条道路做的比其他任何人都多。对于我来说，他是过去一千年中最好的心灵导师。是他指出了生命之宫是如何从一个朴素的单室结构，演化为一座由高耸的塔楼组成的直达群星的伊甸园的，也是他第一个窥见了我们的地球同胞们的秘密生活。

在某处，有一个叫作灭绝大厅的地方，那是一个纪念生命之树上所有断裂的枝干的圣地。不过这棵树仍然活着——甚至科学家还在不断修正对它的结构的看法。从它首次扎根以来，它已经见证了40亿个春天，它的花朵会迸发出人们预料不到的能力。一个小小的单细胞的生物，演化成了你以及地球上的其他任何一种生命。根本没有办法预测——至少现在还做不到——生命会通往何方，也没有办法预言简单生命体会在浩瀚的时间长河中演变出怎样的形式和能力。生命本身可以被看作是一种新兴的化学性质，科学则是一种新兴的生命性质——一种生命重新认识自己的方式。

生命不是故意沿某个方向前进的，进化是没有目的性的。生命踉踉跄跄地走过了亿万年，随机地检查每一扇门，找到通往未来的途径，然后快速穿过它，并进一步及时地发送关于它的信息。

没人知道这座宫殿的存在，它被笼罩在时间的迷雾中，被隐藏在神话里。但有一个人掀开了这片幕布，他研究了大量的物种，航向位于地球另一端的一群岛屿去寻找外来物种。他研究蜜蜂、花、鸟雀、软体动物和蚯蚓——研究了 30 年。一种激进的模式浮现出来，这个模式将震惊世界。

达尔文的研究表明，人类并非是被特殊创造出来管理众生的生命之王——而是高贵的古代家族中的“暴发户”。在他能毫无疑问地证明他的研究成果的真实性之前，达尔文一直等待着告诉世界他发现的东西。然而他实现了另一个伟大的飞跃：达尔文是第一批认识到，如果所有生命都是相关的，那么其中一定存在某些哲学意蕴的人之一。如果我们不是区别于其他动物而被单独创造出来的，难道我们不应该和它们分享更多关于“我们是谁”的信息吗？我们的意识、我们和其他人的关系，甚至是我们的感觉？

达尔文意识到，拥有感知能力的人类并非宇宙中的孤岛，我们还被其他有生命、有意识的形式包围着。对达尔文来说，科学是一条通往更深层次的同理心与谦逊的道路。每次有当地农夫虐待羊的消息传到达尔文的耳朵里时，他就会放下自己的研究去自行逮捕这个农夫。他揭露了被卡在钢制陷阱双夹之间，以及被用于无麻醉外科手术实验的野生动物所遭受的可怕痛苦。他一生都无法忘怀一个画面，一条无助的狗在被一位科学家解剖时舔着折磨它的人的手。而且他甚至将这种同情心扩展到我们人类内部，他认识到与他同处19 世纪时代的人的无知。在他的自传中，他讲述了一个非洲女人的故事，她宁可跳下悬崖，也不屈服于在巴西受到的奴役。达尔文评

查尔斯 · 达尔文走遍地球去研究地球的生命。在他回到英国后，他出版了一本有大量插图的他观察过的动物的记录，包括这些来自 1839 年和 1841 年版的图片：从左到右，达尔文的狐狸、叶耳鼠、潘帕斯猫和安第斯鹅。

科学最骄傲的成就之一：我们已经将我们的血统一直往回追溯到这个我们认为是整个动物王国最早的共同祖先的生物——冠状皱囊动物。最近在中国发现了一块它的微化石，它的直径只有 1 毫米，生存在 5.4 亿年前。

论道：如果她是一位来自古典时代的罗马妇女，她将被另眼相看，人们会以她的名字为女儿取名。

是达尔文开启了对森林地下隐秘世界的科学研究，他意识到树根的尖端表现得像大脑一样，感知并指挥树木的行动，虽然这个过程很慢。他解读其他动物的面部表情，试图弄清楚它们是否也会以同我们一样的方式感受压力、疼痛和恐惧。达尔文是一个向大自然恳求的人，他所拥有的科学知识使他的同情心达到了新高度。

当我凝视一幅冠状皱囊动物的图片时，我会想起达尔文。在5.4亿年前，它十分微小，但现在对于我们来说，它却十分特别，因为这种生物是我们目前已经找到的，我们和其他动物最早的共同祖先。

如果我们能把这种联系放在心上；如果有一天我们能综合所有的生命知识，并用它去建造一座经验之门，一个我们站在下面就能切身感受到其他物种生活的地方；如果我们能体会到一只巨型秃鹰乘着比安第斯山还高的上升的暖气流的快乐，或者一只座头鲸穿越广阔的太平洋对着它的爱侣唱歌的痛苦，又或者我们最痛恨的敌人心中的痛苦，那么会怎么样？这个世界又会怎么样？

所有的生物，包括我们每个人，都从同一个原料盒中被创造出来，使用相同的基因材料，但走上了不同的进化之旅。

在宇宙中是否存在其他汇集了生命的世界？我想到了水熊虫，那些死而复生，在没有其他生物能生存的极端环境中茁壮成长的微小生物。它们从所有的物种大灭绝中幸存下来，甚至能在没有保护的真空中生存。这些小到无法用肉眼识别的生物，它们会花一个小时的时间疑似取悦彼此，这一幕在德国森肯堡研究中心和自然历史博物馆中被拍到，你可以去亲眼看看，很难不去相信它们之间表现出的就是爱与柔情。

如果蜜蜂会做梦，水熊虫懂得依偎在一起，那么是否说明宇宙中存在着数不清的方式可以让生命通往奇迹和爱？

只要我们能站在经验之门下面，或者在自己内心建造一个经验之门。

卡西尼的牺牲

地球即使不是宇宙的中心，也会是唯一的“世界”，这种说法在17世纪还有人愿意相信。但伽利略的望远镜揭示了“月球并非拥有光滑锃亮的表面”，而其他行星可能看起来“就像地球的表面一样”。月球和其他行星毫无疑问地在展示它们拥有和地球一样能够成为“世界”的权利——拥有山、撞击坑、大气层、极区冰盖，以及如土星那样，拥有一道耀眼的、闻所未闻的光圈。

旅行者2号利用了一种罕见的借助行星引力进行加速的方法：先是通过对木星的近距离飞越使其加速前往土星，再从土星到天王星，从天王星到海王星，最后从海王星飞向群星。但并不是任何时候都可以使用这种打台球一样的方式的，上一次出现可以这样玩的机会还是在托马斯·杰斐逊的总统任期内。我们那时候还处于骑在马背上、划着独木舟、驶着帆船的探索阶段。(汽船那时是即将到来的变革新技术。)

——卡尔．萨根，

《暗淡蓝点》

土卫二正在落入土星的后面，NASA的卡西尼号探测器在其最后冲入土星大气层前返回的最后的影像之一。

NASA
Jet Propulsion Laboratory
California Institute of Technology

这是一间位于加利福尼亚帕萨迪娜的房间，在这里，男男女女们坐在控制台前，不断通过机器指挥着航行在一望无际的星际空间里的飞船。喷气推进实验室（JPL）中的深空网络如电影片场一样阴冷、昏暗，调暗的灯光让整间屋子陷入黑暗，这使得每个工作台上的自发光磨砂玻璃标牌都像冰雕一般闪亮。跟以往不同的是，今天，这里更添了一抹神秘的色彩。一个控制台标牌上写着“旅行者王牌”，这是他们对这些操控着飞船的人的称呼，就好像他们是战斗机飞行员一样。宽大的倾斜平板屏幕在墙面上排成一排，这些屏幕告诉我们哪一个全球跟踪站目前正在和位于哪个遥远行星的哪个特定的航天器联系。房间里的温度是被设定好的，阴冷得如同太平间一样，使你仿佛置身于政府的某个地下秘密基地——这种温度有助于烘托出一种正在做大事的英勇气氛。

NASA 卡西尼任务原来的一些团队领导人，从左到右依次为：托伦斯·约翰逊（Torrence Johnson）、乔纳森·兰尼尔（Jonathan Lunine）、杰夫·库齐（Jeff Cuzzi）、卡洛琳·波尔科（Carolyn Porco）和达雷尔·斯特罗贝尔（Darrell Strobel）。他们在 2017 年 9 月齐聚贵宾观察区，俯瞰喷气推进实验室深空网络中的空间飞行操作设施。他们构思并执行了雄心勃勃的卡西尼号奇幻冒险，今天他们来到这里和卡西尼号告别。

但其实这只是先驱者号和旅行者号日常更换里程表而已，在距离发射日超过 40 年的今天，这些人以光时为单位记录它们的里程，这是人类的雄心壮志最深刻的体现。

2017 年 9 月 15 日的晚上，8 位科学家站在眺台上俯视着深空网络。他们每个人都即将面对一场无法挽回的终结，这段关系主宰了他们整个职业生涯——他们将亲自命令 NASA 的卡西尼号探测器，这个长久以来已经成为他们化身的飞行器，在一个遥远的星球里完成自毁。这对他们来说实在有些残忍。

最初任务刚被设想出来时，他们都还很年轻。那是在 20 世纪 80 年代初，他们站在讲台上，作为任务团队的领导者，面对镜头阐述他们的具体目标——一次雄心勃勃的木星和土星之旅。如今几十年过去了，他们围绕着贵宾陈列室的玻璃，凝视前方，或许他们会被自己映在玻璃上的影子吓一跳，感叹时间都对他们做了什么；或许他们正透过玻璃看向下面的“卡西尼王牌”，那个被指定的刽子手，他将在键盘上——一个如同航空公司地勤人员办理登机手续时所使用的一样普通的键盘——敲击出那份致命指令。

引力有各种各样的表现方式，其中最美丽的要数那些围绕着行星的环状带。太阳系内有一半的行星都拥有环状带，但自 1995 年以来我们发现的上千颗系外行星中，始终没有发现一颗带有环带系统的行星，直到 2012 年我们发现了 J1407b，它拥有一个相当壮观的环带系统。

艺术家绘制的系外行星 J1407b 概念图，它是一颗至少是木星 20 倍大的行星，巨大的环带系统使其显得很渺小，这个环带在各方向上延伸了约 6400 万千米。

想象一下，一颗比木星大 20 倍的星球，它的环状带几乎可以充满地球到太阳之间长达 1.5 亿千米的距离。它在距离地球 420 光年的地方等待着我们，围绕在一颗早期黄矮星的轨道上，它的环状带非常广阔，相比之下，它巨大的星体都显得很渺小。

除了 J1407b，为什么我们没有在太阳系外找到更多带有环状带的行星呢？是环状带太少见，还是我们用于寻找系外行星的方法无法看到可能围绕着它们的环带系统？

我们搜索系外行星的方法之一是用分光镜查看一颗恒星，分光镜能显现出隐藏在星光中的信号。观察 J1407（系外行星 J1407b 的恒星）

时，我们能看到，在光谱中偶尔会有一条细细的、深色的垂直线在不停地以较小的幅度来回移动，这是系外行星对恒星的引力所致。

还有一种方法是凌日法，类似星际心电图（EKG）。通过一张以黑色为背景的图表展示出一系列光点，同时也展示出黄矮星。随着行星穿过星盘，行星的光环挡住了恒星的光，光点就会停止出现。

光变曲线是一种研究遥远物体亮度变化的方法，从 J1407 获取的光变曲线中，最有趣的就是那片黑暗的部分。这部分告诉我们，某种神秘的物体正在从我们和系外恒星之间穿过，而且体积非常庞大。J1407 的环带系统十分广阔，以至于它能遮住恒星的光芒长达几天，这些环横跨 1.8 亿千米，实在大得令人震撼。尽管它们十分巨大，却薄得惊人。如果把 J1407 的环带系统比作一个餐盘直径的尺寸，那么它的厚度将是餐盘直径的一百分之一，就如同人类的头发丝一样细。

这种惊人的反差在我们的太阳系中同样存在。海王星最外层的环状带非常小巧，以至于一开始被认为是一条环带的碎片，而非完整的环。直到 NASA 的旅行者 2 号飞船揭示了，这些所谓的弧形其实是聚集在一起的，我们观测到的弧形，事实上是一条完整的、光芒极其微弱的环状带中较厚的部分。

天王星也有环状带。作为仅有的两颗围绕太阳公转的冰态巨行星之一，为什么这颗太阳系内最特别的行星却鲜少引起关注？迄今为止，旅行者 2 号是唯一被发送到天王星执行勘察任务的探测器。

这是一幅由哈勃望远镜拍摄的红外图像，图中是倾斜的天王星和它短小的环状带，以及 27 颗已知卫星中的 6 颗。

天王星围绕太阳旋转的样子就像一个人侧着身子踩在刀锋上滑冰，在它13条暗淡的环状带中，有27颗体积较小的卫星绕其旋转。天王星上的夏天长达20年，在这期间太阳永远不会落下。它的冬天和夏天一样漫长，而且都是连续的夜晚。

与太阳系其他气态行星伙伴们不同，天王星是典型的外表火热、内心冷酷。它的大气层外部边缘温度很高，可以高达500摄氏度以上。但如果我们能钻进大气层中，就会发现那里的云层又厚又蓝又冷。天王星拥有太阳系内最冷的云层，那里的温度接近零下400摄氏度。科学家们猜测，其内部辽阔的海洋可能由氨、水或者液态钻石组成。这样看来，世界上还真的会下“钻石雨”，不过是在天王星上。

天王星以一个相对其他行星轨道平面接近90°的角度绕太阳公转。究竟发生过什么使它这样倾斜着运转？对此，现有的最合理的猜想是：天王星一定遭受过一次强大的连环撞击，撞击分别来自两个巨大的物体。第一次撞击发生后，还没等天王星完全稳定下来，紧接着就遭受了第二次撞击，从此以后天王星便开始“侧身”旋转。

木星的4条主要环状带与我们刚刚看到的其他行星的环带系统完全不同。除了最里面的一环是亮蓝色的，而且比太阳系内其他任何行星的环状带都要厚得多，其余的环状带几乎都是红色的，处在最外层的一圈环状带轻薄得宛如一层薄纱。木星的环状带又轻又薄，以至于没有任何一架地基望远镜能够看到它们。它们是在旅行者1号飞掠过时才被发现的。

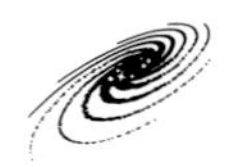

土星因其美丽的环带系统而备受关注，它也是太阳系内最大、最亮的环带系统。作为一颗能被肉眼看到的最遥远的行星，土星曾给我们的祖先留下了深刻的印象。人类对星空的探索可以一路追溯到古巴比伦人时期，甚至更久远，这是人类伟大进程中的一部分。过去的人们通过想象力将意义、征兆以及恐惧投射到那些人类无法理解的事物上，千年以后，我们终于找到了破解这些事物的方法。而就在此刻，NASA 喷气推进实验室的深空网络室中，正挤满了被同一颗行星所吸引的人。

从古代天文学时期我们在地球上的无助到我们出现在土星的天空上方，这条路是漫长而平静的，并以一场短暂的狂欢而告终。曾经的我们对宇宙一无所知，直到 1609 年，伽利略通过他的第一台望远镜开始探索宇宙。接下来的一年，他又将他的新望远镜转向土星。伽利略是第一个真正看到土星的人，从那以后，土星终于不再仅仅是我们肉眼所见的一个光点。

可惜伽利略对土星做出的猜想是错的。他认为土星的两边各有一颗相互对称的卫星，后来在 1612 年，当他再次看向土星时，那两颗“卫星”消失了。这是因为两颗行星——地球和土星，都在运动中，两颗行星已经改变了对彼此的相对位置。伽利略不知道的是，在他看向望远镜时，土星环就在他的视线内，只可惜它们太薄了（土星的环带系统直径有 282,000 千米，但平均厚度只有十几米），以至于伽利略的望远镜无法看到。两年后，也就是 1614 年，伽利略第三次观测土星，这一次他看到土星似乎有两只把手状的附属物，彼时，伽利略认为那是土星的手臂。

又过了 40 年，荷兰天文学家克里斯蒂安 · 惠更斯终于用他那经过极大改进后的望远镜观测到了土星影像，虽然影像仍然是模糊的，但已经展现了一颗有环带系统的行星。他是第一个知道行星可以被环状带围绕的人，而土星正是众多拥有环状带的行星之一。他还发现了土星最大的卫星，这颗卫星在200年后被称为泰坦。欧洲航天局以惠更斯的名字命名了人类造访土星的第一艘飞船。

科学界还存在着另外一类伟大的科学家，他们不像伽利略、牛顿、达尔文、爱因斯坦这些伟大的科学家一样绘出了一整幅全新的画卷，但他们同样做出了伟大贡献——在自然的画卷上填补了一两块空白，就像克里斯蒂安·惠更斯。像这样的科学家还有一位，他叫作乔瓦尼·多梅尼克·卡西尼（Giovanni Domenico Cassini）。卡西尼出生于17世纪初的佩里纳尔多的山丘小镇，那里现在属于意大利境内。

实际上，卡西尼一开始并不是一个科学家，他是以一名伪科学家的身份开始他的职业生涯的——占星师。占星术指基于“行星拥有某些人格特质”的概念而形成的一系列观点，这些观点认为，在你出生的时候，哪颗行星升起，哪颗行星落下，这些都将决定你是什么样的人以及将拥有怎样的命运。这是偏见的另一种形式：仅仅凭借一个人的某一方面，比如他皮肤中黑色素的量、鼻子的形状，或者行星和星座（也是人类对宇宙毫无根据的影射）在他出生的时候碰巧在什么位置等，这些无足轻重的方面，就对这个人做出毫无根据的假设，而不是去了解这个人，这实在很荒谬。

天文学和占星术曾经是同一回事，直到某一天，我们猛然觉醒。

1543年，尼古拉斯·哥白尼（Nicolaus Copernicus），一个波兰神职人员，证明了我们并非处于宇宙的中心——地球和其他行星都是绕着太阳运动的，这与人们普遍相信的世界观相反。将地球从太阳系的中心地位降级，是对人类自尊心的沉重打击，然而这只是一场长期的科学研究课题的开始。一个多世纪以后，一些人仍然无法接受这件事，乔瓦尼·卡西尼就是其中之一，他接受了一份来自法国传奇太阳王路易十四的任命。路易十四坚信自己是绝对的统治者，他的统治是神的意志，但他也是欧洲第一个认识到科学力量之强大以及科学对国家安全的重要性的君主。

路易十四建立了第一座现代的由政府成立的科学研究所——科学院。当时，卡西尼刚一上任就告诉路易十四，他不会在巴黎久留，最多一两年。但是当国王许诺新天文台可以供卡西尼任意使用时，卡西尼改变了主意。在科学界，世袭制这种事情并不常见，但在那之后的125年里，巴黎天文台始终由姓卡西尼的人领导。卡西尼用一张月球的观测图回报了他的赞助人，这张图在接下来的一个世纪内始终保持前沿地位。除此之外，路易国王还曾资助过一次前往南美洲的考察，那次考察的目的是获取更精确的经度观测结果——对于法国那些渴望贸易和领土的远航舰队的船长们来说，这份数据是意义重大的航海情报。

1672年，当卡西尼开始计算太阳系的大小时，人们已经知道了行星之间距离的比值，但还不知道行星之间的实际距离。当时路易国王的远征队已经对地球上不同地方之间的距离进行了更精确的测量，于是卡西尼利用他的知识，通过使用地球上两个点间的精确距离进行几何计算，从而得到了地球到火星的距离。

知道了其中一颗行星的距离，再利用行星之间距离的比率进行计算，你就可以得出它们中任意二者之间的距离。通过这种方法，卡西尼发现了哥白尼描述的太阳系的真正规模，尽管他曾经反对过太阳系理论。此外，卡西尼还与罗伯特·胡克（Robert Hooke）同时发现了木星的大红斑，直至今日，他们二人仍共享着这一发现成果。

乔瓦尼·卡西尼绘制的月球观测图，于 1679 年出版。在之后的一个世纪里，这幅图始终处于前沿地位。

通过越来越强大的望远镜，卡西尼得出了木星上一天的时长，并记录了在木星上发现的特别的细带和这颗气态巨行星表面的斑点。随后，卡西尼又确认了火星一天的长度，结果证明，一个火星日比一个地球日长将近一个小时。他的测量结果与今天的精确值仅有 3 分钟的偏差。

当再次回过头观测木星时，卡西尼曾极其接近那个最重要的发现，但性格决定命运，卡西尼保守的天性阻止了他继续追随那些本该指引他继续走下去的证据。

他被一个反复出现的问题难住了：由木星的卫星造成的掩食现象并没有在他预计的时间出现，事实上，每次观测到木星掩食的发生时间都不相同。难道是因为地球和木星分别按照它们各自独立的轨道绕太阳运转，从而引起了两颗行星之间距离的变化吗？当时的科学家们假定光速是无限的，但是，如果这是正确的，那么两个行星之间距离的变化就不会影响木星掩食的时间。难道光的速度是有限的？不可能。所有的科学家都认为光是以无限大的速度传播的，他们不可能是错的。这个想法对于卡西尼来说太过疯狂，太过革命性了，他立即否决了这个想法。如果他当时相信了这些证据，而不是遵从普遍的科学观点，他将给予我们衡量宇宙的尺度，而这个尺度，在350年后的今天，我们仍在使用。可惜卡西尼因为这一想法太过古怪而放弃了。

在这之后的数年，丹麦的一位天文学家，奥勒·罗默（Ole Rømer），成了卡西尼在巴黎天文台的助手。罗默对木星卫星的掩食现象进行了观测，同当年的卡西尼一样，他发现了那些数据上的差异，不同的是，罗默意识到了那些数据的本质——他证明了光速是有限的。

不过，曾有一次，卡西尼倒是对数据表现出了堪称典范的忠诚，他甚至愿意冒着得罪那个拥有惩罚或者处决任何人的绝对权力的太阳王路易十四的风险。那一次，国王要求卡西尼计算他的王国的确切面积。在当时，连一张精确的地图都没人绘制过，更不用说一幅需要标明法国所有的山脉、河流和山谷等地理特征的地形图了。

其他国家也没有这样的地图。对此，卡西尼依旧担负起了这一任务，最后他发现，这个结果可能会引起国王的不悦。

尽管如此，卡西尼还是出现在了宫廷中，并告诉路易十四他的研究结果，他是这么说的："我有一些相当令人失望的消息要告诉您，殿下。我们都认为法国远远大于这个研究结果。但是殿下，恐怕您的王国远远小于之前您所认为的面积。"国王的脸色变得严肃起来，大臣们都在颤抖。但路易十四的幽默感令所有人惊讶，他大笑，并斥责卡西尼，说卡西尼从他这儿抢走的土地比他所有敌人的军队侵占的土地加起来还多。

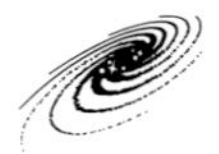

为什么 21 世纪的一个航天器要以乔瓦尼 · 卡西尼命名呢？因为他是第一个知道土星环到底长什么样子的人，是他提出，这些行星环不是固体，而是由无数环绕着这颗行星的卫星组成的。他还观测到环状带之间有一条缝隙，这条缝隙同样是以他的名字命名的。

但是，我们怎么才能抵达那里呢？

宇宙飞船前往地外行星执行探测任务的过程历经了无数人的质疑和研究，其中一些人很有名，但大多数人并不出名。然而，事实上，对太阳系的探索做出最大贡献的人正是这些无名英雄。

卡西尼号飞船的发射重量超过了 5400 千克，体积有一辆公交车那么大，是 NASA 发射过的最大的航天器。这个重量数字中还包含着约 32 千克的钚 –238 燃料，这些燃料足以维持卡西尼号运行超过 20 年。但钚燃料其实并不是为卡西尼号的艰辛旅程提供动力的，卡西尼号是借助行星引力一路前往太阳系外的。人类这一成就的根源可以追溯到比我们以为的更久远的时代，其中的一些人已经带着遗憾离开了，但无论如何，承载梦想的热气球总算升起了。空间探索的第一个黄金时代（可能还有下一个黄金时代）史诗级的任务，是由一个人促成的，他有两个名字——一个真名，一个假名，不过都已经被人们遗忘了。

亚历山大·夏吉（Aleksandr Shargei），于1897年出生于乌克兰的波尔塔瓦，那时乌克兰还是俄罗斯帝国的一部分。他的母亲参加了反对沙皇政治游行示威的活动。亚历山大5岁的时候，他的母亲因参与政治活动被沙皇的警察带走了，并被关押在一个精神病院中。当沙皇当局把他的母亲拖走时，这个小男孩被单独留在他们破旧的小屋里，他只能从他父亲的物理和数学课本中寻求慰藉。直到13岁时，亚历山大的父亲也过世了，他开始和他的祖母一起生活。

尽管生活很拮据，亚历山大仍设法考进了一所声望很高的中学。在他毕业时，他被乌克兰最好的工业学院录取了。然而，1914年，仅仅入学两个月后，亚历山大就被征召入伍，加入了沙皇的军队，参与到了第一次世界大战中。正是在1914年的高加索前线，在无尽的炮火中，在充满污水、尸体和老鼠的战壕里，17岁的夏吉仰望着月亮并想出了一个去往月球的方法。

梦想就像指路的地图。在前线如同地狱般的战场上，夏吉构思出了一套如何到达并探测月球的可行性策略——不是当作一本小说去构思，而是作为一个真正的蓝图。夏吉设想着一枚火箭如何从地球发射到绕月轨道上，到达后，一名探险者将留在轨道器内，与此同时，轨道飞行器将部署一个模块化的飞行器——载有两名人类探险者的着陆器。轨道飞行器会继续绕月飞行，而着陆器上的探险者则着陆在月球表面。侦察完成后，着陆器将从月球起飞，与轨道飞行器会合，然后返回地球。

这一切听起来是不是很熟悉？

第一次世界大战结束了，但夏吉的磨难还在继续，他被裹挟在俄罗斯变幻莫测的政治革命中。像夏吉这样加入过反革命白军的人，通常被认为是“人民的敌人”。他四处奔波只不过想要寻找一份正式的工作，但只要他一掏出证件就会被拒绝。1918 年，夏吉在苏俄的日子实在过不下去了，他试图逃往波兰。那时候的他已经骨瘦如柴，还染上了伤寒，逮捕他的边防人员认定他活不了多久了，没必要再抓他，因此瘦弱的夏吉被允许离开。

不管怎样，夏吉最终回到了他在波尔塔瓦的简朴小屋，他曾在那里度过童年时光。后来大家普遍认为，是那位带着一个小女儿的邻居一直在照顾夏吉，直到夏吉恢复健康。之后夏吉消失了，没有人知道接下来的三年他是在哪里度过的，当他再次出现时，他已经成了另一个人——尤里 · 康德拉图克（Yuri Kondratyuk）。他占用了一个死人的身份和名字，一个没有反革命背景的人。他现在是尤里 · 康德拉图克，是一本名为《征服星际空间》（*The Conquest of Interplanetary Space*）的书的作者，这是几年前他参加第一次世界大战时写的。可惜没有出版人对他的书感兴趣，他只好自费印刷。这本书是康德拉图克写给那个他预见到的未来的一封信，他是为了那些“为了制造一枚星际火箭而读这篇文章的人”而写的。

读这本书时，你能够感受到康德拉图克对未来的信心，他在书中表达的是一种对科学的信仰，联想到康德拉图克悲惨的经历，这份信仰便显得尤其令人印象深刻。用他的话说，他仿佛伸出一只手，握住了一个幸运的陌生人的手，这位陌生人生活在一个更好的时代，他们因为一份世代相连的共同愿望被紧紧联系在了一起；这份愿望，就是他们对了解宇宙的渴望。

《征服星际空间》的卷首语是一段让人们摆脱沮丧的呼吁：

“首先，不要被工作中出现的问题吓倒……”康德拉图克写道，“对于实现飞行的可能性，你只需记住，将火箭送入太空这件事，在理论方面没有任何问题。”

康德拉图克用一种切实可行的方法来支持这些大胆的保证，这种方法具有重大意义。他在手稿中概括了进行行星际旅行和恒星际旅行的方法：引力辅助。即飞船可以在它飞过一颗行星或者卫星的时候，利用它们的引力获取一次动力推进。

早在 1959 年月球 3 号首次进行测试的 40 年前，康德拉图克就写下了这些语句。

尤里·康德拉图克，1897 年出生，原名亚历山大·夏吉。他在“一战”期间构思出一个科学的往返月球计划，这个计划在 50 年后由 NASA 的阿波罗计划成功实施。同时他也是第一个设想将引力辅助用作深空旅行的人，直至生命的最后一刻他都不知道，他的贡献将对太空时代起到决定性的作用。

月球 3 号是苏联的一艘宇宙飞船，用来拍摄月球的背面。自从 1973 年水手 10 号发射以来，NASA 所有的星际飞船都应用了康德拉图克的引力辅助理论。旅行者 1 号和旅行者 2 号就是搭上了木星巨大引力的便车，被弹出太阳系，射入了浩瀚的星际海洋。

在 20 世纪 20 年代末，康德拉图克曾被苏联招募去设计一台谷物升降机。那时苏联正处在金属短缺时期，康德拉图克需要挑战不用一颗钉子就建造一台尽可能大的谷物升降机。他完美地完成了这一任务，最后建成的谷物升降机体型巨大，人们把它命名为“乳齿象”（Mastodon）。然而“乳齿象”刚一完成，康德拉图克就被警察秘密逮捕了，指控他的理由是:“恶意谋划，故意建造一个随时都会倒塌的谷物升降机。”那些人强调，除了全民公敌，谁会做仅用一颗钉子就建造一台巨大的谷物升降机这么鲁莽的事！这就是斯大林领导下的苏联的可怕逻辑。尽管在被烧毁前，这台谷物升降机运转了 60 年，但这依旧没能免去康德拉图克被囚禁的命运。

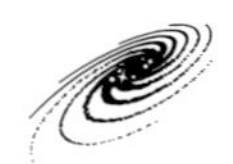

数十年后，1961 年，一个出生于艾奥瓦州、留着平头的名叫约翰 · 科尼利厄斯 · 霍博尔特（John Cornelius Houbolt）的英俊工程师正在弗吉尼亚的兰利研究中心挑灯夜战，他被一项看似不可能完成的任务难住了。在阿波罗计划的早期阶段，科学家和工程师们努力想要找到让火箭离开地球并直接着陆在月球上的方法，他们需要一枚巨大又强力的火箭用来逃脱地球引力进而抵达月球。怎样才能使这么一个庞然大物降落在月球表面而不至于撞毁？更别提还要让它能再次升空并带着宇航员安全返航了。这种直接进入轨道的方法，被霍博尔特和他的同事认为是不切实际的。

后续的发展就像这个故事的其中一个版本说的那样：用过的咖啡杯被扔得到处都是，纸篓里的废纸已经满了出来，这时，两个欧洲科学家敲响了霍博尔特办公室的门。他们其中一人拿着一份破旧的、打印的手稿——那是康德拉图克 40 年前写的那本书的英文翻译版。正是这两个人，让康德拉图克梦想的星星之火得以继续燃烧。

这个故事还有另一个版本，也是 NASA 的官方说法。他们声称直到 1964 年才获得一份康德拉图克作品的复印本并翻译了此书。我对 NASA 抱有极大的尊重，但还是忍不住对这种说法持怀疑态度。1961 年我 12 岁，我还能回忆起冷战时期人们的那种狂热以及为了赢得太空竞赛宁愿摧毁一切的斗志。基于此因，我相信 NASA 或者美国及苏联的其他任何一个机构，都不会将他们最大的成就归功于一个对方的公民，即使是一个已经过世很久的人。

不知是计划还是巧合，阿波罗 11 号还是按照康德拉图克的计划取得了人类历史上最具神话色彩的成就。不仅仅是登月和成功返回地球。没人能质疑康德拉图克发现了引力辅助这一事实，他是第一个梦想着我们能从一颗行星荡向另一颗行星的人，就像我们的祖先从一棵树荡到另一棵树上一样。所以，从某种程度上来说，从 1973 年开始的太空时代所有的发现都应归功于他。卡西尼号任务也不例外——这艘飞船利用三颗行星（金星、地球和木星）的引力最终到达了土星。

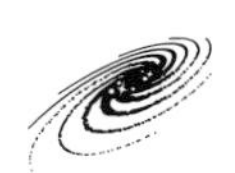

NASA 工程师约翰 · 霍博尔特基于康德拉图克的想法，在黑板上制订出一套月球轨道交会计划，这对于执行月球旅行计划至关重要。

除了地球之外，土星这颗具有装饰艺术的行星，是太阳系中最受喜爱的行星。它壮观的环状带，即使在地球上用最业余的望远镜都可以看到，这使得这颗行星在人们的心中几乎等同于太空旅行和未来。有时在一个满月的夏夜，当我抬头望着天空，会幻想，如果我们的地球也拥有行星环那会是什么样？那些行星环会在坐在公园长椅上的恋人身上投下怎样的阴影？我们又能否辨认出翻滚在其中的一个个冰砾？

为什么一些行星有环状带，而另一些没有呢？为什么我们的地球和火星没有？如果没有那些环状带，土星看起来就会是赤裸裸的，而我们也不会将其辨认出来。那么，起初土星又是如何获得这些环状带的呢？这也是法国天文学家爱德华·洛希（Édouard Roche）在1848年通过望远镜观察土星时问自己的问题。洛希怀疑土星环是一颗卫星，或者多颗卫星的残骸，这些卫星因为靠得太近而被巨大的行星撕开。随着这颗莽撞的卫星的轨道开始衰减，卫星本身也被拉长和扭曲，直到它被延展成一条围绕着行星的弧形曲线，并被彻底分裂。

洛希设计出了一个适用于所有行星的方程，它能够告诉你，在被恒星的潮汐引力撕裂并变成光环之前，小行星、彗星或小卫星可以靠近这颗行星的最近距离，这就是洛希极限。但是，直到NASA的卡西尼号飞船在土星系统中进行了一系列大胆的操作后，科学家们才针对土星环的形成时间展开激烈的争论。一些天文学家认为土星环形成的时间几乎和土星本身一样久，他们推测是在40多亿年前，当时的土星是由围绕新生太阳的气体和尘埃积聚而成；一颗卫星，或者几颗卫星，入侵了土星的洛希极限，所以有了土星环。另外一些天文学家则认为，土星环的形成时间应该相对更近一些，大约在1亿年前。最终卡西尼号证明，后者是对的。

那么，地球自身的洛希极限又是多少呢？如果月球曾经靠近到距离地球19,312千米以内的距离——当然，这个距离对于地球而言绝对没有危险——月球也会受到侵犯洛希极限带来的惩罚。但如果真的发生这种情况的话，不仅仅是失去月球，还会有更多更可怕的事情发生。其实像现在这样就很好了，因为我喜欢我们现在的月球。

在太阳系中，只有一颗卫星能像我们的地球一样感动我，也许

土卫六表面的甲烷湖，来自 NASA 卡西尼号飞船于 2006 年获取的一幅雷达影像。

是因为它是唯一一个同地球一样拥有厚厚的大气层的星球吧。泰坦的表面呈现出湖泊、山脉和雨水的特征，这些让我想起了家乡。但其实，所有我提到的这些，都被一层厚厚的橘黄色烟雾遮挡住了，直到欧洲航天局与 NASA 合作，将惠更斯号探测器连同卡西尼号飞船一起送往土星，我们才真正揭开了泰坦的神秘面纱。

2004 年 7 月 1 日，在经历了 7 年的行星际旅行后，卡西尼－惠更斯号飞船抵达了土星系统，这是我们第四艘涉足土星的飞船，却是第一艘在土星的卫星——泰坦的表面释放一个探测器的飞船。惠更斯号与它的母舰告别后，勇敢地驶进了泰坦的大气层中，变成一面燃烧的火焰盾牌。它的减速系统运行完美，伴随着迅猛的一拉，着陆降落伞顺利展开。随着它的下降速度减慢，探测器穿透厚厚的、朦胧的橙色云层，向我们展示出泰坦那由山脉和甲烷湖组成的复杂得惊人的表面。正如卡尔 · 萨根等人在 20 多年前预测的那样，那里存在甲烷和乙烷的海洋，还有水冰，这是一颗远比我们的月球更加复杂、辉煌的卫星。

卡西尼号刚到达土星的北半球时，那里正处在隆冬时节，太阳直到 5 年后才升起，彼时土星北半球才终于迎来春天。

阳光为我们展现了一幅惊人的景象：一个明亮的、粉色和紫色相间的六边形，使人联想到人工智能、地形改造以及为了某种目的

特意而为的加工。事实上，这是大量的氨上升到两极附近，导致风速突然改变造成的。这种现象是所有飓风和雷电现象的起源，这个惊艳的六边形中裹挟着无数的飓风。

地球上的春天也是一个暴风雨多发的季节。不过卡西尼号最终接收到自毁命令，是在土星长达 7 年后的夏天。在 1997 年卡西尼号发射升空前往土星的整段旅程中，引力辅助尽管只是对火箭燃料起到一种补充作用，但不可否认，是引力辅助使地面控制人员将卡西尼号驶入新的探索轨道这件事成为可能。

卡西尼号正飞越土星北极。在卡西尼号为期 7 年的探测任务接近尾声时，一位艺术家描绘的场景。

2017 年 4 月，卡西尼号的燃料即将耗尽，是时候进行其在受命实施死亡俯冲前最大胆的操作了。参与卡西尼号项目的科学家们中的一些人从 20 世纪 80 年代就开始从事这项工作，当时这项任务还仅仅只是一个梦想。他们明白卡西尼号必须被完全摧毁，否则它很有可能会撞毁在土星系统中的某颗卫星上，如果那颗卫星上有生命存在，就太危险了。尽管已经在太空中飞行了 20 年了，但卡西尼号上仍然可能潜藏来自地球的生命。如果抱着侥幸心理任由它自生自灭的话，卡西尼号很有可能会改变泰坦或者土卫二的命运，这将违反 NASA 在《太空法》（*Space laws*）中有关检疫的行星保护公约。

必须下达这一可怕的指令，即使它将违背被编入飞船程序的所有其他指令。指令会以光速在宇宙中传播，由于距离太远，卡西尼号将在一个小时后接收到这条信息。回想当初设计这艘太空船时，工程师们绞尽脑汁只为了使它在任何情况下都能保护好自己，然而现在，他们却要亲手将它推进死亡的深渊——这实在有些残忍。

这艘“小小的飞船”英勇地振作起来，做冲向土星前的最后一次爬升。它最后一次努力使自己恢复平稳，来抵抗巨大的引力。它的推进器以百分之一百的功率推进，在整个过程中，卡西尼号始终在忠诚地回传更多的数据，比它的设计者们所期望的还多。卡西尼号对抗着严酷的大气阻力，直到它的燃料告罄，无法继续抗争下去。这时飞船开始解体，卡西尼号在那颗遥远的行星上化为一场流星雨，结束了它非同寻常、硕果累累的一生。

2017 年 9 月 17 日，在地球上的喷气推进实验室里，科学家和工程师们互相拥抱，眼噙泪水地标记下了卡西尼号的官方死亡时间：格林尼治时间 11 时 55 分。

卡西尼号的成就包括：发现了许多颗之前未被发现的土星卫星，发现了土卫二上存在液态水的证据，以及对土星磁场和重力场的测绘。像卡西尼 – 惠更斯号这样的任务深深地提升了我们作为人类的自豪感——我们居然如此迅速地掌握并完善了一套新的技能！

回想从斯普特尼克 1 号的发射到卡西尼号的自杀，在这短短的 60 年间，我们在太空方面取得的所有成就，让我对我们探索宇宙的未来充满希望。

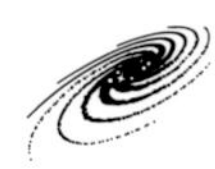

有时，你的梦想会随着你一起消逝；但有时，另一个时代的科学家们会将它们捡起，并带着它们前往月球，甚至更远的地方。尤里 · 康德拉图克这个名字可能已经被忘记了，而他对于太空探索的贡献也成了一个具有争议的问题。但至少有一个人记得他的贡献，并尽自己的所能去保证康德拉图克得到他应得的荣誉。这个人就是尼尔 · 阿姆斯特朗。

在月球之旅返回后的第二年，阿姆斯特朗来到了康德拉图克在乌克兰的简陋小屋进行祭拜。他跪下，并铲取了一些那里贫瘠的土壤，将其带走。回到莫斯科后，他呼吁当时的苏联领导人对康德拉图克进行纪念，因为是他，使得阿姆斯特朗神话般的旅程成为可能。

| CHAPTER 09 |

没有谎言的魔术

我之所以称我们的世界为平面国，不是因为我们就是这么称呼它的，而是为了更清晰地向你们描述它的本质。我的朋友们，你们多么幸福，可以生活在三维空间。

——埃德温 · 艾伯特（Edwin A. Abbott），

《平面国》（*Flatland*）

我想我可以肯定地说，没人能理解量子力学。

——理查德 · 费曼（Richard Feynman），

《物理定律的本性》（*The Character of Physical Law*）

这张微妙的电子可视化二维风景画是化学家、物理学家埃里克 · 海勒（Eric Heller）独特艺术的经典之作。正如他所说，他用电子流画画，电子从几个点进入，然后遍布整张图画，形成随机的不规则运动以及令人震惊的图像。

OPTICKS:

OR, A

TREATISE

OF THE

Reflections, *Refractions*, *Inflections* and *Colours*

OF

LIGHT.

The FOURTH EDITION, *corrected*.

By Sir *ISAAC NEWTON*, Knt.

LONDON:

Printed for WILLIAM INNYS at the West-End of St. *Paul's*. MDCCXXX.

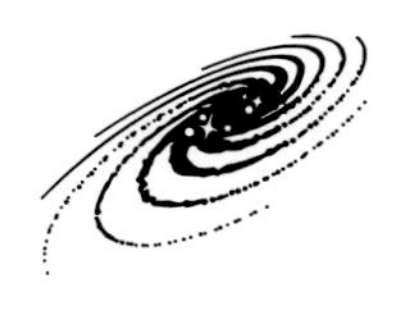

大自然用光写下她最深的秘密。来自太阳的光，为地球上所有的生命提供能量。植物通过摄取光来制造糖；光是衡量宇宙的标准，是空间和时间结构中的浮标；被囚禁的光定义了黑洞，因为没有光，我们无法知道暗物质和暗能量是什么。“见光”常常指的是一种宗教上的顿悟。但没有人会比天文学家更痴迷于光，在对光的研究过程中，即使是天文学家中的佼佼者，也常常感到困惑难解。

以艾萨克·牛顿为例。1665 到 1666 年的冬天，年轻的牛顿正在他位于伍尔索普村的卧室里不知疲倦地工作着。伍尔索普村位于英国的林肯郡，是牛顿的祖籍。当时的牛顿正试图理解光和颜色的物理特性。他是那么渴望理解它们的性质，甚至愿意把针扎进自己的眼睛里——这不是一句夸张的比喻。牛顿二十几岁的时候已经为微积分奠定了基础，那是一门新的数学分支学科。他进行了一系列

伊萨克·牛顿爵士的《光学》(*Opticks: or, A Treatise of the Reflexions, Refractions, Inflexions and Colours of Light*)，其中包括了 30 年来所做的关于光、视力和颜色的实验。这本书在 1704 年被首次匿名出版。

实验，最后得出结论——颜色是光的一部分。他想要分辨我们看到的东西中，哪些是光的特性，哪些是由我们的神经引起的。他想弄清楚，色彩是藏在光中的，还是在我们的眼睛里。

怀着强烈的求知欲，牛顿鼓起勇气，捡起一根针，这种针被称为大眼粗针，他带着坚定的决心，把这根针压进他自己左眼的中下部。牛顿坚强地记录了这次“向眼睛施压的实验”，他的光学笔记本上画满了插图。他注意到，如果他在一间光照充足的房间中进行这个实验，即使他的眼睛是闭着的，一些光仍会透过他的眼皮，使他看到一个大而宽的“蓝色光圈”。考虑到他所经历的痛苦，这么说或许不太合适，但正是凭借着如此简单的自制实验，牛顿成为了第一个解释彩虹以及白光是如何将一个色彩盘隐藏在其内部的人。

大多数人认为牛顿所研究的现象就是“事物本身的样子”，就像一个苹果的下落方式，一束光穿过一扇窗户的途径。牛顿的伟大在于，他总是像一个普通的4岁小孩一样，喜欢对平常事物追问“为什么”和“怎么样”。

牛顿还问过这样的问题，比如，光是由什么组成的？如果将光分解成最小的组成成分，我们又会看到什么？牛顿知道光是沿直线传播的，但是，是否还有什么别的办法可以解释阴影的形成呢？或者说，那些穿过云层的充满活力的光线是如何沿直线传播的？一次日全食又是如何造成黑暗的？通过观察，牛顿推测出，光应该是由一连串的粒子组成的，牛顿管这些粒子叫作“微粒”，他认为，一道光线中的“微粒”，就像一连串的子弹一样撞击着我们的视网膜。

但在荷兰，有一个人强烈反对牛顿的粒子理论，此人不是别人，正是克里斯蒂安·惠更斯，那个首位弄清楚了土星环的本质并发现了土星最大的卫星泰坦的荷兰天文学家。他和牛顿一样，对所

1659 年，克里斯蒂安 · 惠更斯发明了一台电影放映机，并为它的第一部影片——“死神跳舞”绘制了动画。直到几百年后，其他人才意识到这种艺术形式的潜在魅力。

有事物都保持着强烈的好奇心，尽管他终生都在与严重的抑郁症做斗争，但对于改变世界这件事，他从来不曾懈怠。惠更斯推算出了一个数学公式，并依据此公式发明了钟摆。这种弧形单摆运动能精确且不间断地测算出时间的均匀增量，这一公式为精确计时建立了一个标准，这个标准在之后的三个世纪都保持着领先地位。

惠更斯还信心满满地设计了一种新型机器的模型，并命名为“幻灯”（magic lantern），也就是几百年后的活动电影放映机的雏形。早在17世纪的时候，惠更斯就已经有了电影的想法。或许是受到他悲观性格的影响，惠更斯用钢笔创作了一系列“死神跳舞”（Death does a little dance）的连环画：死神摘下自己的头骨，像对待圆顶高帽一样把它夹在自己的手臂下面，冲着观众顽皮地微微鞠躬。虽然没有了头颅，但死神走起路来依旧昂首阔步，神气十足。随后，死神再一次鞠躬，将手臂下的头颅放回到原本的位置，然后站在那里，对着我们咧嘴笑，看起来相当怪异。

同牛顿一样，惠更斯也开创了一门新的数学分支学科——一个专门针对那些靠运气取胜的游戏结果的预测理论，我们现在叫它“概率论”。惠更斯同样也有自己的光学理论，但他的理论与牛顿的有很大不同，惠更斯并不认为光是由像沿着同一条轨迹开火的子弹一样的粒子组成的，而是把光看作一种向所有方向传播的波。

在惠更斯的时代，声音以波的形式传播是已知的。当你靠近一扇虚掩着的门时，会很轻易地听到一种声音，那声音就像水一样环绕在其周围；用金属敲击一个音叉，并把音叉举起来观察它的振动，伴随着嗡嗡声，你仿佛能看到声波向所有方向发射。惠更斯认为，光如同声音，也是以波的形式传播的。

所以，哪位天才的观点才是对的呢？光究竟是一种粒子还是一种波？这个问题的答案证明起来十分复杂。

现在，让我们来认识托马斯·杨（Thomas Young）——一个能解决任何问题的人。正是他解答了这个难题。

托马斯·杨于1773年出生在英国萨默赛特郡，得益于叔叔留给他的丰厚遗产，他可以自由地做任何想做的事，并且在各个领域都做出了重大的贡献。

几个世纪来，许多人都在试图破译来自另一种文明的信息，这种文明与他们自己的风俗习惯和信仰都有很大区别。在19世纪初期，欧洲人更是着迷于解读古埃及象形文字的竞赛。最后，杨在1819年找到了突破口，破解了六种象形文字的读法。作为一个热衷于语言学的学生，杨是第一个完整地归纳、整理了“印欧语系”（Indo-European languages）的人；“印欧语系”这个词，也是他在参考了印度语以及欧洲的几种我们现在仍在使用的语言后创造出来的。

杨还为物理学开辟了一片新天地——他是第一个把“能量”这个词使用于现代语境中的人，也是第一个估算了分子（两个或者两个以上共享一个化学键的原子）尺寸的人。在19世纪初那样一个技术贫乏的年代就能得出如此精确的结果，真的很让人惊讶。

作为一名物理学家，托马斯·杨还发现了眼睛的一种病变形态，他将这种视力缺陷命名为散光……关于杨的成就我可以就这样一直说下去，但现在我必须说，正是杨在19世纪初设计的一个简单的实验，使得物理学研究达到了今天这样的高度，而这个实验他仅仅用几张薄薄的纸板就完成了。

杨把一张带有一条狭缝的纸板垂直地立在桌面上，隔一段距离又放置了另一张有两条平行狭缝的纸板，并将第三张完整的纸板立在最后，作为光穿过狭缝后投射的屏障。杨调暗实验室的灯，使一台阿尔冈灯（Argand lamp）成为唯一的光源。这种灯代表了19世纪初技术发展的最高水平，它能仅凭一根灯芯就发出最强的光源。为了过滤掉其他颜色，杨用一个绿色的玻璃灯罩罩住了阿尔冈灯，确保只有一种颜色（或者频率）的光会穿过狭缝。这个操作说很重要，因为杨认为重叠的颜色会掩盖他希望观察到的细致的干涉图案。

现在，杨把这盏绿色的灯放在有一条狭缝的纸板前，这样它发出的光就会穿过两张纸板上的狭缝最终到达作为屏障的第三张纸板上。他想要观察这束单色光在穿过两条平行的狭缝后，将在最后一

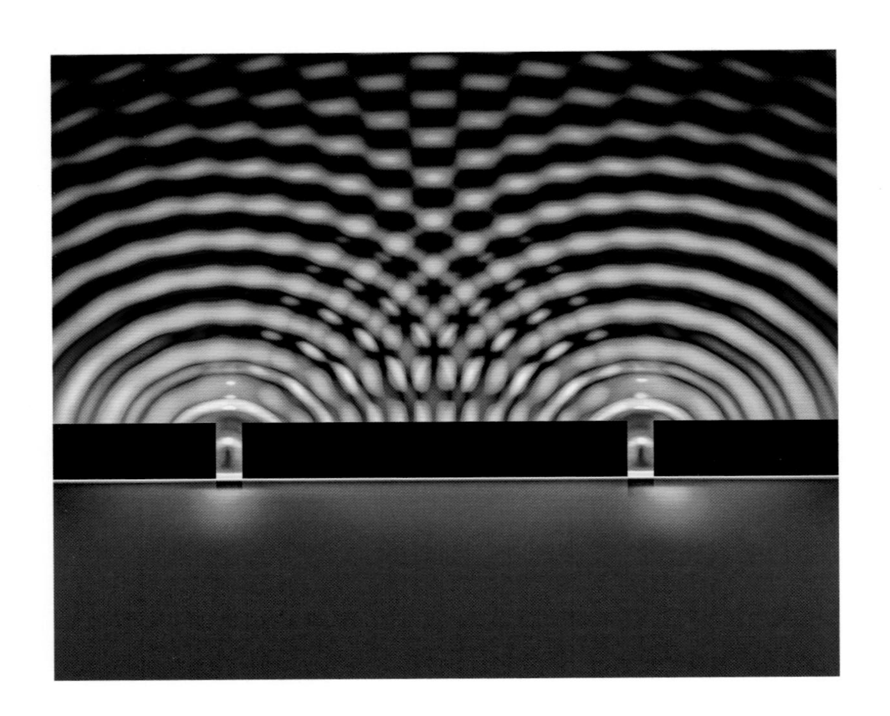

托马斯·杨在 1801 年进行的一次令人难忘的双缝实验：他把一种混合的干涉图样投射到远处的墙上。

张纸板上呈现怎样的图案。倘若光是以粒子的形式传播的，那么单个光微粒穿过狭缝后，将在最后的纸板上照出两片清晰的光斑。

然而事实并非如此，实验结果最终呈现出了一幅出乎所有人意料的图案：一条明暗交替的光带。这是一种两条波一起向外传播后发生重叠，或者说是两条波相互干涉所形成的图案。杨已经证明了，光实际上是以波的形式传播的。这种传播方式就像池塘里相互碰撞的水波一样，波峰相互交叉，形成了一种干涉图样。

科学界对杨的这个实验结果的反响并不好，因为他们希望最伟大的天才——艾萨克·牛顿——是完美无缺的，就像一个圣人那样。然而现在，托马斯·杨这个新晋者居然证明了牛顿的理论错了一半——光并非总是粒子，这让他们很难接受。事实上，这正好说明了，在科学面前，即使是权威人士也并非永远是对的。科学的争端只能经由事实验证。大自然永远是千奇百怪的，只有白痴才会认为我们对自然的认识是完整的。从某种程度上来说，牛顿也可能出错，杨有时也会是对的。然而，这还不是整件事情最让人头疼的地方。

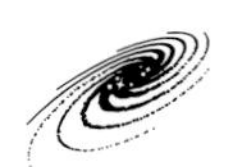

杨留下了一条长长的导火索，直至100年后，与这条导火索相连的炸弹才终于被引爆。杨没有想到的是，在关于光的一系列事件中，最惊人的发现其实隐藏在黑夜里，只是没有人能观测到它，因为它实在太小了，甚至远远小于当时最好的显微镜所能观测到的尺度。直到19世纪末，科学才发展出能够打开那个隐藏世界大门的工具，那个世界有着比埃及古墓更深奥的秘密。

这一创举发生在1897年的剑桥大学，一位名叫J.J. 汤姆森（J. J. Thomson）的物理学家打开了一扇通往粒子和波的未知世界的大门。在某种程度上，他的研究可以追溯到2500年前古希腊哲学家德谟克利特的一个观点——他凭直觉认为物质世界是由原子组成的。但这么多世纪来，没有人真正见过原子，原子的存在似乎更像是一种科学信仰。如今，汤姆森发现了一些比原子更小的东西，更重要的是，他把它展示给了所有人。

汤姆森用一个真空玻璃管代替有孔的纸板，让电流从玻璃管中穿过。他加热了一条金属电极，随后便观测到一串粒子从导管中穿过，他甚至可以通过控制导管周围的磁场来改变那些粒子的运动轨迹。汤姆森把这些粒子叫作电子。

美国物理学会曾将汤姆森在1934年录制的一段备注录音传到了网上："乍一看，还能有任何其他东西比这么小的东西还不切实际吗？即使相比于一个氢原子，它的质量也是微不足道的。然而氢原子本身已经够小了，即便相当于全世界人口数量的氢原子聚集到一起，它们的体积依旧小到科学技术水平根本无法观测到的地步。"

纵然过了这么多年，我们还是能从这段来自一百年前的声音中感受到他的惊讶。那是第一次，人们看到了原子的基本组成粒子；也是第一次，人类的科学正式闯入了隐藏在大自然最深处的秘密世界，并且从此一发不可收拾。

如果连物质的最小单位——原子，都有更小的组成单位，那么光是不是也一样？科学家们对光的痴迷永无止境，他们开始寻找能够更加精细地分解光的方法，这些方法为科学家们指出了一条通往另一个奇幻世界的通道，在那里，目前已经确立的物理法则根本无法适用。

20 世纪末的科学家们在一个全新的层面重新进行了托马斯·杨的双缝实验，现在的他们已经能够隔离光的最小单位——光子。实验中，他们一次只发射一个光子，并观察到这些光子会依次随机地穿过那两条平行的狭缝。如果实验一直进行下去，那么光子穿过每条狭缝的概率就会维持在二分之一。

光子不断地穿过纸板上的狭缝，最终打在远处的墙壁上。如果我们越过纸板去看那面墙壁，依照杨的实验结果，我们将会看到相互碰撞的波的干涉图样。然而事实并非如此，映在墙壁上的，不是波的干涉图样，而是两组相同大小的光斑……波呢？波在哪里？托马斯·杨的干涉图样不见了，这就是一系列怪事的开始。

我无法向你解释为什么会发生这种现象，因为地球上还没有人能理解它。如果你不能接受这件事，那么接下来的事也不会令你满意——在那个我们已发现的最小尺度的世界，也就是量子宇宙里，仅仅是我们对其进行的观测行为，都有可能改变它所呈现的结果。

接下来，让我们重新做一次这个实验，光子继续随机地穿过两条狭缝打在墙面上，这一次，我们不再去观察它们，等到实验结束了，我们睁开眼睛——我们终于再次看到了那条明暗交替的光带，那就是我们记忆中的托马斯·杨的干涉图样！你可能无法轻易相信这个结果，但我们的确改变了光子射在墙上的图样，仅仅因为在实验过程中我们没有去观察光子穿过的是哪条狭缝。我知道这听起来很疯狂，但每一次进行这个实验，其结果都取决于实验过程中是否存在观测者。也就是说，这个实验得不到干涉图样的原因，并不是科学家们将光分割成了单个光子，而是他们在这个过程中对光子进行了观测。

光子是怎么知道是否有人在观察它们的呢？它们没有眼睛，更没有大脑，这一切究竟是为什么？

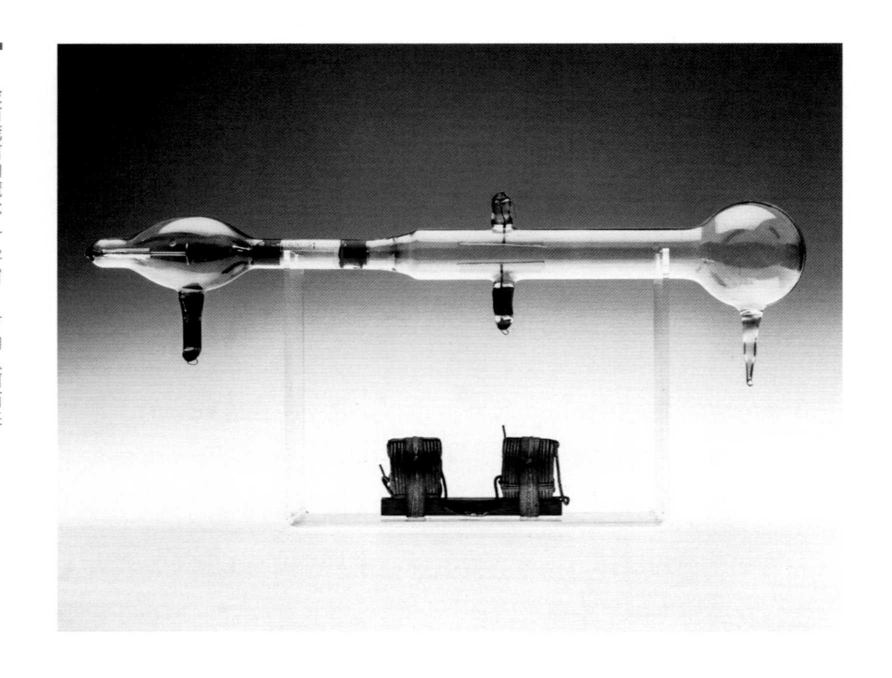

你可能会说，或许是由于光子太过微小，我们必须使用复杂的仪器才能观测到它们。其实正是这种复杂的仪器歪曲了柔弱的光子，是它改变了光子。这听上去合理，但也并不能解释，为什么光子在我们观察它们的时候就表现得像粒子，而在我们没有观察它们的时候就表现得像波。如果光本质上是一种粒子，那么无论我们观察与否，它都不应该产生波的图样。况且，单个的光子又怎么会知道它们应该出现在哪里，才能形成波的干涉图样呢？这就是量子力学中最核心、最令人恼火的谜题。

对于光的构成，伊萨克·牛顿和克里斯蒂安·惠更斯都只对了一半——光既是一种波，也是一种粒子，而非只是两者中的任何一种。不仅仅是光子，所有的亚原子粒子都展现出了这一特性。在我

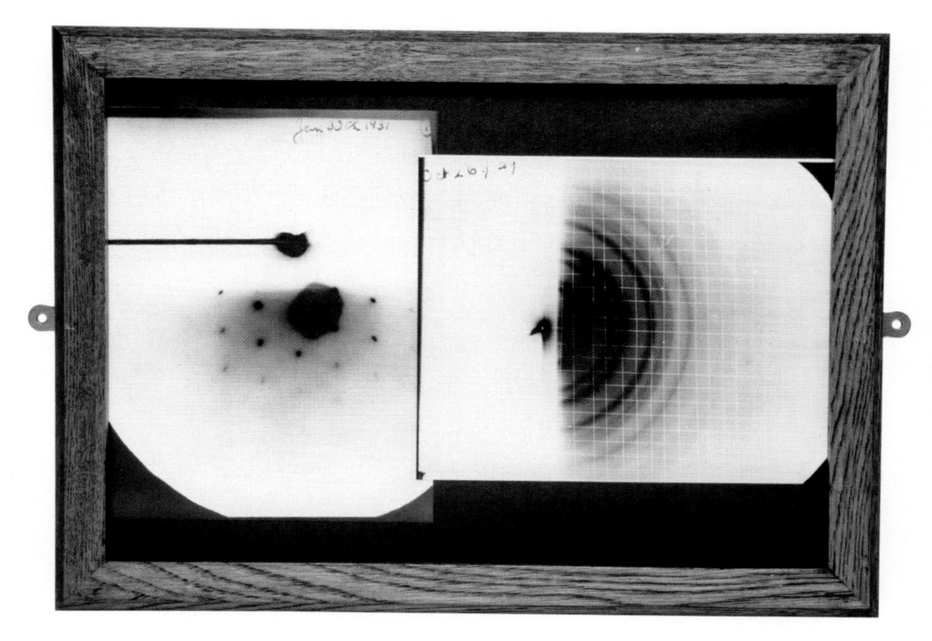

J. J 汤姆森使用的设备。（左图）他向我们展示了原子所包含的极小的带负电粒子——电子。他的儿子，乔治 · 佩吉特 · 汤姆森（George Paget Thomson）继续了这项实验，他发射电子使其穿过晶质玻璃打在金盘上（右图），说明了粒子是以波的形式传播的。这种亚原子颗粒不明确的性质持续困扰着我们。

们对它们进行观测之前，光子、电子或者任何其他基本粒子，都处在一种不确定的状态下，这种状态符合概率论的理论。而当我们对其进行观测时，情况则完全不同。

倘若没有惠更斯，我们将迷失在量子的宇宙中。直到今天，他的概率论依旧是我们掌握量子定律的唯一钥匙，每一个粒子都受随机因素和移动概率的支配。对这件事情的研究，就如同我们想要捕捉视觉上一闪而过的错觉一样，在它消失之前，你只有一刹那抓住它的机会。

那是一个未被发掘过的前沿领域，我们已知的法则无法适用于那个微观的世界，它们偏离了我们的日常经验。如何才能理解一个维度和规则与我们生活的世界完全不同的另一个世界，这实在不是件易事。

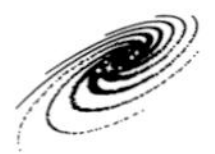

埃德温·艾伯特撰写于1884年的代表作《平面国》，是我已知的关于量子宇宙最好的介绍，我们在《宇宙》一书和纪录片中详细叙述了这本书，里面谈及宇宙大尺度结构和空间曲率的概念，这有助于你理解科学和数学中那些反直觉的经验。《平面国》讲述了一个关于生活在二维空间人们的故事，我们可以跟随这个故事，去想象另一个维度的样子。

现在，想象我们正在从布满平面几何形状的屋顶的都市上空飞过，平面长方形的车辆沿着网状的道路移动，乍一看，这个世界相当普通，除了它碰巧丢失了一个垂直的维度——第三维度。每一件东西、每一个人以及他们所认识和热爱的一切，都是平面的。他们的房子大多是正方形的，有一些是三角形的，还有一些是更复杂的形状，例如八边形。所有的这些东西都是平面的。

现在，我们已经足够接近，近到可以看见平面国的所有居民——一些微小的形似细菌的生物，他们或者坐在小小的多边形里，或者在街上闲逛。在他们的二维世界中，他们可以向左转、向右转，也可以前进或者后退，但他们无法向上或向下运动。

想象你是一个平面国的参观者，你大声地向他们问好：“喂！你好吗？我是来自三维空间的游客！”你的声音会以一种缥缈、虚无的方式回荡在那个世界，没有回应。但你听到了脚步声，一个平面国的人跑出房子，四处寻找这声音的来源，然而一无所获。弱小、扁平、犹如一个长方形的他到处乱跑，他怀疑自己是不是疯了，因为在他听来，你的声音似乎来自他自己的身体内部。这是因为，在这个世界里，任何东西都不可能来自上方，这里没有“上”这个方向。

在平面国里，一个像你一样的生物只能存在于你脚下的平面。那个居民大吃一惊，猛地停下，因为你脚底的横截面在他看来就像一个幻影。

你可能会跪下来，极其小心地拎起那个小小的长方形的居民。“抱歉了，小家伙，”你对他说道，“我能想象这对你来说有多古怪，但是别担心，我会带你看看三维的世界。这个过程绝对安全，没有任何东西会伤害你，这是一次可以让你从一个全新的角度观察你所生存的世界的机会。”

那个平面国的人震惊了，但随后他理解了这一切。第一次，他凝视着他平面的房子，仔细地看着他的同胞们，“所以，这就是上？”他对自己说。在他的二维世界中，这一史无前例的三维视角将改变他们的生活。

这个小家伙已经快要崩溃了，你轻轻地把他放回二维世界中。他最好的朋友冲出来迎接他，对于他的朋友来说，他刚刚无缘无故地消失了，现在又凭空出现了。

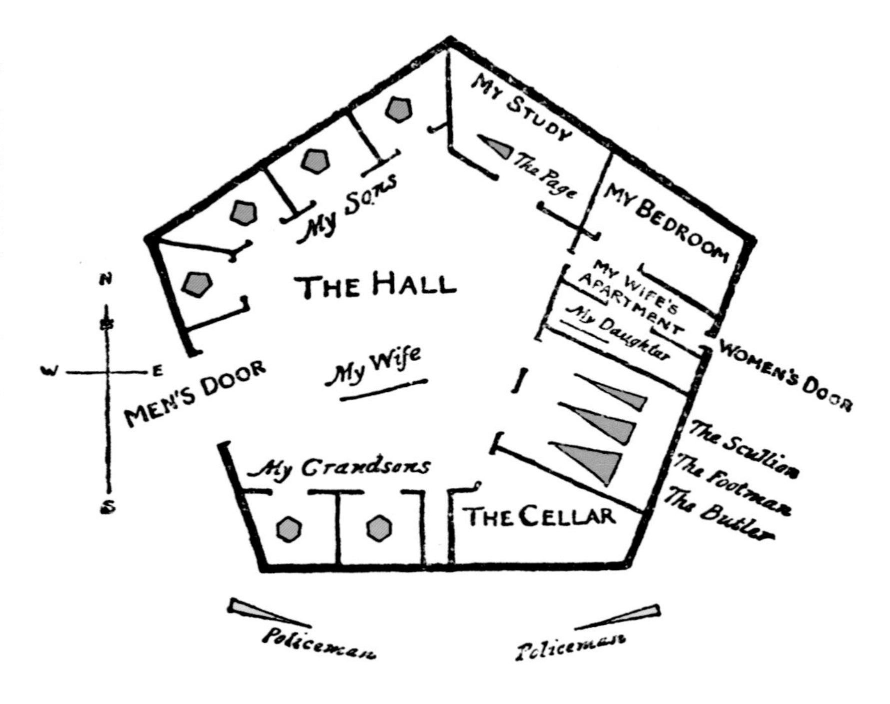

埃德温·艾伯特在 1884 年写的小说《平面国》中想象出的一种二维世界，那里的房子像这张图所展示的一样，一个二维生物的家庭住在这里。

我们生活在一个三维的舒适地带，很容易想象一个二维甚至维度更少的世界是什么样子：零维世界不过是一个点；一维世界是一条线；二维世界是平面；而三维世界，就是我们现在正生活着的空间。但是，我们很难想象一个拥有更多维度的世界。

我们可以嘲笑二维生物的无知，因为他们无法想象三维世界。但一谈到量子宇宙，我们自己就变得同他们一样无知。我们生活在我们自己的平面国中。

我们居住在一个充满未知维度和悖论的宇宙中，生活在我们所认知的一个层面，但其实还有更多未知的层面。在我们中间，偶尔会有一两个探索者碰巧来到了那些未知空间的门口，牛顿、惠更斯、托马斯 · 杨、迈克尔 · 法拉第、詹姆斯 · 克拉克 · 麦克斯韦（James Clerk Maxwell）以及爱因斯坦，都是其中的佼佼者。还有一个没那么有名的探索者，他因为无法忍受宇宙中存在矛盾，踢开了一扇别人认为不会通向任何地方的门。

关于光的波粒二象性的悖论已经难倒了很多人，科学界似乎宁愿忘记这个问题，也不愿再提起。在20世纪上半叶，这个问题被认为是科学生涯的死胡同，但是，约翰 · 斯图尔特 · 贝尔（John Stewart Bell）却对这个问题无法释怀。可能你从未听过他的名字，但他的确以一种不易察觉的方式影响了你的生活以及未来，由他所引起的重大变革甚至在今天仍在继续。要讲述他的故事，就不得不从那些吸引了他的谜团开始说起。

把一束光分解成光子，就像双缝实验那样。随后，锁定一个光子，把它一分为二，如此一来，这些新的光子便以一种深刻的物理意义结合在一起——或者如量子物理学家所说，“纠缠”在一起。无论它们在时间和空间上相距多远，它们之间的纽带将永远存在。这有点像古希腊哲学家柏拉图对爱的阐述：一个独立的生命被一分为二，分开后的两个个体仍旧是对方唯一的灵魂伴侣，即使相隔了整个宇宙，他们也能敏锐地感知对方的内心世界。

观测一个光子的自旋，它的灵魂伴侣也会立即改变自身的自旋。并非这些光子有什么特别，实际上，这就是它们的规则。这种远程关系在整个宇宙的历史中一直存在。大约在140亿年前，诞生于宇宙早期的两个光子相互分离，朝着相反的方向运动。它们可能相距数百亿光年，然而，它们之间的纽带跨越了时空，依然存在。

对于纠缠态的光子、电子以及任何其他基本粒子，是什么使它们能够保持如此忠贞的关系？更奇怪的是，只要有人在观察它们其中的一方，就会切断它们之间那令人敬畏的关系。即使你所做的，不过是简单的观测行为——测量其中一个粒子的自旋：选一个光子，也就是那对“宇宙夫妻”中的一方，进行观测，此时，它那远在数十亿光年外的灵魂伴侣突然感受到了一种异样，于是纽带断裂了，它们之间的那种神秘关系消失了。仅仅是我们这样的一个简单的行为，就这样摧毁了一段跨越时空的“婚姻”。

我们这种看似无害的行为为何会永久性地割断如此深远、持久的联系？相隔了一个宇宙的它们，又是如何如此迅速地将“分手”信息传达给对方的呢？两个光子是如何做到以超越光速的速度传递这样一条信息的？这不过是科学上众多未解之谜中的冰山一角。如果你觉得它使你心烦，不要担心，因为即使伟大如爱因斯坦，也同样被这个问题困扰了一生。

对于一个科学家来说，没有什么比逻辑上的不可能更有趣了。如果说光速是宇宙速度的极限，那么一个光子就不可能在如此辽阔

量子纠缠：一种神秘的关系，除了观测，任何事情都不能对其产生影响。

的宇宙中立即与另一个光子进行沟通。爱因斯坦将这种现象称为“鬼魅般的超距作用”，他认为，在一个存在这种现象的宇宙中，我们是无法生存的。

双缝实验中的那些粒子是选左边还是选右边，这些选择不过是随机的。但是，即使是随机因素也必须遵守某些规则——这就是惠更斯的概率论，也是计算掷骰子的概率的基础。

当爱因斯坦将概率论应用在纠缠光子对上时，他开始感到害怕。如果这些光子真的能厚颜无耻地超越光速，那么宇宙，还有所有的造物，就不过是一个可以随意打破规则的赌场！爱因斯坦坚持认为，概率是以某种我们不能理解的方式被增大了，他以这种观点来逃避此事给他带来的痛苦。他发明了一种被称为“隐变量”的东西，认为是这种机制在某种程度上告诉粒子，它们在数十亿年后应该如何运动。这样，就没有必要进行比光速还快的通信了，而这个令人不安的谜团也就可以被解释清楚了。

人类曾用过同样的方式应对未知的事物。大约 100 万年前，我们的祖先学会了如何使用火，当时的他们并不懂得火是什么东西，但他们还是使用火建立了文明。量子力学也是一样，我们没必要一定理解它，但依旧可以开发出无数种它在实际应用中的意义，包括科学应用和其他方面的应用。就好像我们的祖先在不能理解火的原理的情况下也能使用火一样，我们已经用这种特殊的方式在复杂的量子力学谜团中生活了数十年了。

让一切变得不同的是，一个男孩出现了。1928 年，他出生于爱尔兰贝尔法斯特的一个工薪阶层住宅区，他对量子力学这团“火”产生了极大的兴趣。约翰 · 斯图尔特 · 贝尔下决心要弄清楚爱因斯坦的隐变量是不是真的存在，他提出了一个基于简单算术概念和概率论的假设实验来检验爱因斯坦的猜想。他想象让一对纠缠光子对分别穿过两个偏振（或者说极化。编注：极化是指事物在一定条件下发生两极分化，使其性质相对于原来状态有所偏离的现象）的“围栏”，一些光子会在穿过之后向上运行，另一些则会向下，他设想了一种计数机制来记录这些随机结果。

假设每个光子都在测量前就知道了我们使用哪种方式进行极化。贝尔提出，我们可以进行一项实验，通过将滤光片旋转不同角度的方式来检验这一想法。首先，他先测算出有多少纠缠光子对会分别穿过两个平行的滤光片，然后他将其中一个滤光片旋转 45 度，再次测算有多少纠缠光子对能穿过滤光片，这次的数量应该会少一些。如果纠缠态的光子受到隐变量影响，那么每次测算到的数据将会呈线性变化。

就是这么一个简单的实验猜想，科学家们用了 6 年时间才设计出能实际操作的实验。从那时起直到现在，这个实验已经被反复进行了很多次，而每一次实验的结果都表明，不可能存在隐变量。爱因斯坦最害怕的事发生了，我们已经进入了一个经典物理范畴之外的领域，在那里，一个光子会同时存在于两个地方；在那里，构成一切的基本粒子，包括我们，会对他们不可能知道的事件做出反应。在量子宇宙这个没有规则的赌场中，根本不存在客观真理。

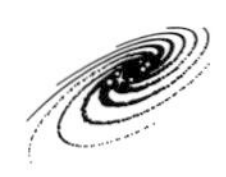

神奇的量子力学不只存在于那个被未被发现的卫星所牵引的量子宇宙中，同时也存在于我们之间，在我们的生活和经验的每一个层面表演着它不可思议的魔术。

约翰·斯图尔特·贝尔，他在爱因斯坦跌倒的地方取得了成功。因为无法接受“自然之书”上留有一页空白，贝尔引发了一次量子技术革命。

凝视周围的一切——这页书、一条狗或者是月亮，无论哪个物品，都是通过光送入你的眼睛，抵达你的视网膜的，随后光子刺激你的部分视网膜细胞并使它们发生化学变化。这些变化只会在你的视网膜上保留大约 4/5 秒，之后这些细胞将擦掉这些变化以备接受下一轮光子撞击。你的视网膜不能探测到所有的光子，它只会捕获出现在你眼前的光子中的很小一部分。我们无法预测视网膜上的哪一个细胞捕获到光子，尽管这涉及视力——对人类来说如此重要的东西，我们所拥有的也只有概率。但是，概率真的存在吗？如果所有的一切，甚至是我们看到的东西，都是由概率决定的，那么还存在绝对的事实吗？

在量子宇宙中，是否还有可能挽救我们对现实的经典观点？科学家们提出了一种能维持我们对因果关系的传统理解的哲学，称之为“多重宇宙论”（the many worlds philosophy）。我们不能称之为一个假设，因为它（目前）无法得到科学的检验，但它大概是说：每一种可能发生的可能性都确实在一些平行宇宙中发生了，那些宇宙将我们排除在外。在每一个特定的时刻，都有无数种现实在发生。

亦或说，概率本身只是一种幻觉，是由我们的无知造成的一个幻影，我们生活在一个每件事在时间开始流淌之前就已经设定好了的宇宙中，这就是所谓的超决定论。在超决定论的宇宙中，每件事，无论大小，比如一份协议的失败，一个喷嚏，一只特定的蜜蜂给一朵特定的花授粉，或者是你现在正在阅读的这本书……所有的事情在宇宙开始的瞬间就已经步步紧扣地设定好了，那时的宇宙还只有一颗弹珠的大小。试想一下，所有的这一切都在宇宙存在的第一个瞬间就设定好了，我们和宇宙中的其他所有东西一样，都由这些基本粒子组成，我们也同样受量子宇宙中的规则支配。

超决定论有一个优点，它能解释量子纠缠之谜——在量子纠缠现象中，纠缠态的粒子明显违背了光速的限制，拥有跨越广阔宇宙进行沟通的能力。在超决定论的宇宙中，即使相隔整个宇宙，相互纠缠的光子对并不需要接收到来自对方的信息才去改变它们的自旋，它们本来就注定会在这个时刻精确地这么做，它们的伙伴也是如此。而通过观察它们其中一个从而切断了它们之间的纽带的干扰者，他

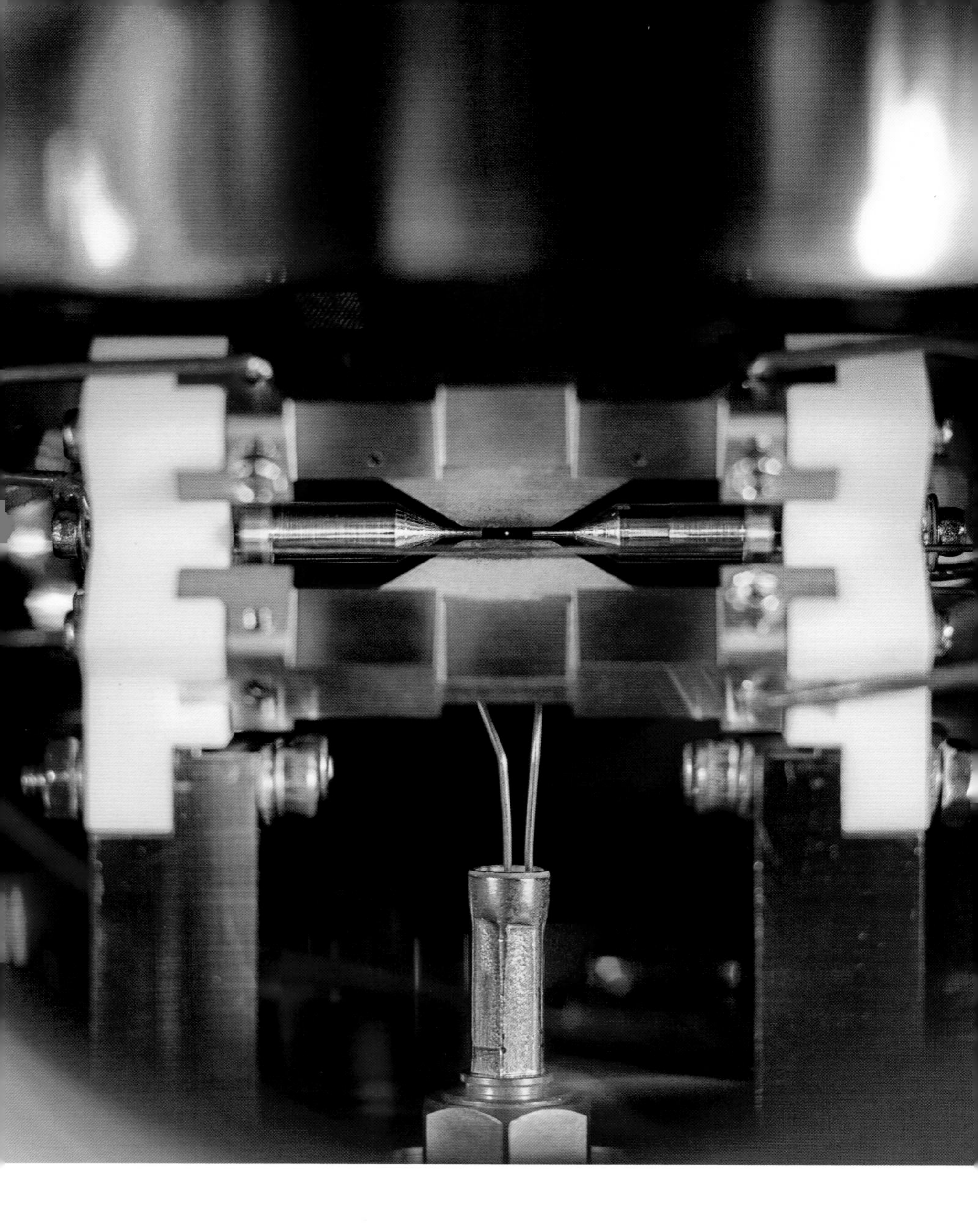

另一个暗淡的蓝点：一个在两个电极之间被捕获的带正电的锶原子，其测量直径只有 0.215 纳米，但因为它吸收并重新发射出激光，所以这个原子是可见的。

会这么做，也是一开始就注定好的。

嘀嗒，时钟还在转动……

接下来会发生的事也是如此……

嘀嗒，随着时间的推移……

以后的事情也将这样继续……

值得一提的是，超决定论给予我们一种解决量子纠缠谜团的方式，但另一方面，它似乎将剥夺我们自己做主的能力。如果我们真的住在一个超决定论的宇宙中，那么现在的我们不过是在走过场，将一本在近140亿年前就已经为我们写好的剧本演绎出来而已。同时，在这一观点中，我们不断地告诉自己，我们是多么地聪明、多么地自私、多么地勇敢，如果你能改变自己，哪怕一件小事……在一个没有自由意志的宇宙中，我们只不过是被命运安排的机器。

但是，至少我们是比较聪明的物种，我们找到了使这种不确定因素为我们所用的办法，即使我们没能完全理解，但还是利用其发展出了新技术。我们已经制造出了一个量子时钟，这是一种永远不需要上发条的钟，它在150亿年里的误差只有一秒，而150亿年已经超过了从宇宙诞生到现在的长度了。

正如我们所知，在决定论宇宙中，我们可能是被预编程的粒子的单纯组合体。但是，我们不要真的就如机器一般生活，毕竟我们无从得知这是否是真的。从某种意义上来说，我们能够自由地探索量子领域是从托马斯·杨开始的，他是第一个认识到象形文字

罗塞塔石碑，该石碑用包括象形文字在内的三种语言刻写，被用于破译古埃及文字。

代表声音，而不仅仅是思想的人。并且，也是他通过研究罗塞塔石碑——一份用三种文字刻写的公元前2世纪的圣旨（其中一种文字是古希腊文，他懂得这种语言），破译了失传已久的古埃及文字。

杨的研究引领我们走向量子加密技术——一种创造编码的方法，这种编码能够阻止外界入侵。编码是通过纠缠光子进行传输的，其中的“观察者效应”为我们保证了信息的绝对安全。在这种效应下，任何试图破译信息的行为都会导致纠缠光子被分离、破坏，从而使对方无法获得信息内容。

我们仍然不知道光子是如何做到既是粒子又是一种波的，但我之所以喜欢科学，正在于它要求我们容忍这种未知。因为无知，我们才要抱着谦逊的态度生活，才会懂得，在没有确切证据前，不要对任何事进行评判。不过这并不会妨碍我们利用我们所知道的那一点点东西，去探索和解密真理的奥义。

在这个广阔的宇宙中，我们都是平面国的人，科学就是那个我们想象并努力去发现的向上的方向。

CHAPTER 10

两个原子的故事

“当我们快到圣皮埃尔时，我们看到一大团红色火焰从山上喷出，它们直冲云霄，翻滚跳跃……在我们进入城市后不久，7:45 左右，巨大的爆炸发生了，整个山被炸得粉碎……就像一场烈焰风暴。”

——罗赖马号船员，

1902 年培雷火山喷发期间，此船停泊在马提尼克岛的圣皮埃尔

“物理学家是原子了解原子的方式。”

——乔治·沃尔德（George Wald），

出自他为 L. J. 亨德森的著作《环境的适应性》

（*The Fitness of the Environment*，1958 年版）所写的导言

（译注：原文中此句上文为：“没有物理学家的话，成为宇宙中的一个原子会是一件可怜的事，而物理学家是由原子组成的。”）

1958 年，美国陆军返回太平洋环礁进行大气层核试验时，军事观察员在观察产生的爆炸。

物质世界在许多维度都蕴藏着宝藏。到现在为止，我们还以为只有一个层次，尚不知道其他维度的存在。

当我们划火柴时，分子中储存的能量通过化学反应释放出来。旧的化学键断裂，新的化学键形成。相邻分子的运动速度开始增加，温度也随之升高。很快，这个过程就变成了一种自蔓延的连锁反应。火焰背后的能量可能在原子间的化学键中储存很久了，绕核旋转的电子在其中发挥作用。火被点着后，我们就释放出了隐藏的化学能。但是，在物质的更深层次，即原子内部和原子核内部，仍存在着其他形式的能量。

这些潜藏的宝藏是数十亿年前在遥远的恒星熔炉中锻造出来的，比地球的形成还要早得多。正是那些微观世界让我们得以发现生命的奥秘。而人类的未来呢？它也将被原子和原子核尺度上的事情所决定。不管怎样，科学将是关键一环。

创造与破坏，灿烂与恐怖：火在人类文明演化中发挥了重要作用。

何为原子？它们由什么组成？它们怎样结合？像原子那么小的东西何以包含如此巨大的能量？原子从哪里来？答案是，和我们来自同一个地方。当我们追寻原子的起源时，我们也在探索自己的起源。这一问题将我们带到了时间和空间的深处。我想给你讲一个有关两个原子的故事。

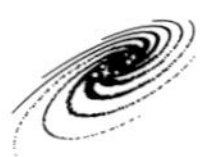

很久以前，地球还未出现，有的只是一缕冷而稀薄的气体。它由氢和氦这两种最简单的原子组成。引力使它们互相吸引，所以它们聚集成星云，随着时间的推移，云气不停旋转、平静和收缩。

引力把它们拉得更近，导致星云内部的原子运动得越来越快，直到整个星云靠自身引力向内坍缩。这种坍缩让温度升高，使星云变成了天然的核聚变反应堆。根据物理定律的计算结果，原子在无边黑暗中相遇、融合，然后有了光。换言之，恒星诞生了。

在这一基本粒子的泡沫中，氦原子的核形成了。数十亿年后，进入暮年的恒星已将其可用的氢燃料都转化成了氦。在它即将死亡时，其内部又出现了类似诞生时的转变。三个氦原子结合起来，变成了我们的主人公之一：碳原子。

银河系的其他地方也不乏恒星的诞生与死亡，类似的过程同时在那里进行着。我们故事里的另一个原子也形成于濒临死亡的恒星内部。在变成超新星的壮烈历程中，226 个质子和中子与碳原子结合，形成了铀原子。两种原子在银河系到处游荡。

碳原子游荡至远方，成为一颗小型行星的一部分。数十亿年后，它融入了一种极其复杂的分子之中，这种分子具有几乎能完全复制自己的特殊性质，它就是构成生命必不可少的分子——脱氧核糖核酸，即DNA。如此一来，碳原子就扮演起了生命起源中的小角色，成为海底单细胞生物的一部分。随着时间推移，碳原子又出现在一种古代鱼类的彩虹鳞片的微小组分中，出现在帮助两栖动物离开海洋、登上陆地的爪中。无论在哪里，碳原子都没有自我意识，没有自由意志。如果说辽阔的宇宙是一台按照自然法则运转的机器，那么碳原子仅是里面极其微小的齿轮。

那么另一个主人公，在超新星中产生的铀原子，又有怎样的故事呢？我们的地球在火中诞生，不知何故，这种小原子也融入地球。

在极小的尺度下观察划火柴所呈现的景象：分子水平的火焰——快速而剧烈的化学反应。随着旧原子键的断裂和新原子键的生成，大量能量以光和热的形式放出。

或许它趁着超新星爆发产生的冲击波来到地球，又或许它是被太阳引力吸引过来的。它降落在早期地球的火山表面，而后被拉到内部更深的地方。

随着时间的流逝，地球表面冷却了，但内部仍是熔融的岩石和金属。岩浆缓慢流动着，久而久之，铀原子从地球内部深处一直延伸到地表。尽管地球内部深处温度高、压力大，但原子结构从未遭到破坏。原子个头小、年龄老、牢固而持久，数百万年前，铀原子成为地表岩石的一部分。多年之后，岩石沉积到地下，上面长出一片高大的松树林。包括我们人类在内，一切都是由原子构成的。但直到 19 世纪末，还没有人知道原子内部有着多么激烈的活动。

终于，来自银河系两端的两种原子就要相遇了。

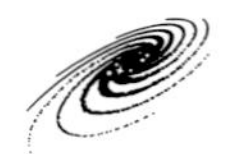

故事发生在巴黎。1898 年的一天清晨，一辆马车从现在属于捷克共和国的东欧某地出发，前往巴黎的洛蒙德路，车里拉的是用帆布袋装好的岩石（里面含有铀原子以及无数个其他原子）。马车停在了一个破败的小屋前，这间小屋曾是附近医学院的停尸房。

一位改变我们对物质的理解的科学家——玛丽 · 居里（Marie Curie）正等待在屋中，那时她 31 岁。（碳原子早已成为她视网膜的一部分）看到那些破破烂烂的袋子后，她变得异常高兴。几年前，人们发现了 X 射线。玛丽和她的同事兼丈夫皮埃尔（Pierre）都想知道一块材料怎样能够透视皮肤甚至墙壁。他们知道这些岩石中含有沥青铀矿，正是铀矿赋予了材料透视的超能力。玛丽割开粗布袋

玛丽·居里曾与她的丈夫皮埃尔·居里一起在巴黎的实验室进行研究。丈夫去世后，玛丽便独自探索铀和放射性的本质。

的绳索，看到了混杂着松针和清香的暗褐色岩石。现在他们面临的是从大量岩石中提取沥青铀矿的任务，这一工作劳动强度极高。事实证明，这项工作非常耗费精力，她后来写道："我们做着单调的工作，就像活在梦里。"他们在艰苦的条件下从矿石中提炼出沥青铀矿，里面有 50% ～ 80% 的铀。他们将沥青铀矿储存在实验室的容器里，放在小屋的墙上。这已是一项伟大的成就，但玛丽和皮埃尔寻找的是更加罕见的东西。他们用三年时间处理了成吨的矿石，最终仅分离出 0.1 克的新物质，居里夫人将其命名为镭。

他们对这珍贵的镭进行研究，惊讶地发现镭完全不受极端温度影响。这很奇怪，毕竟大多数东西在这种高温下都会产生剧烈变化。不仅如此，镭还能自发地放出能量，这些能量不是来自化学反应，而是来自某种未知机制。玛丽 · 居里将这种新现象称为放射性。她和皮埃尔计算出一块镭自发放出的能量远大于燃烧相同数量的煤所释放的能量。出乎他们意料的是，放射性的能量比化学能强出百万倍。当时他们还未完全理解这种现象，但两者之间的差别就在于此，一个释放的是储存在分子间的能量，一个释放的是更深层次储存的更大能量。

小屋中的架子上摆放着烧杯和小瓶，里面装满了沥青。玛丽记录了某天晚上他们饭后去小屋看到的场景：每个容器都闪着磷光。当他们走进门后，玛丽把手放在皮埃尔的胳膊上，示意他不要点燃煤气灯。架子仿佛被施了魔法：每个瓶子、每个烧瓶、每根管子都闪烁着蓝色的磷光。就像玛丽多年后写的那样，“在那简陋、粗糙的小屋内，发光的管子就像地球上的星星”。

玛丽认为，放射性原子内部的某些作用导致了瓶中物质发光，这一结论是正确的。几千年来，人们一直认为原子是不可分割的——从词源上讲，古希腊语中“原子”的意思就是“不可分割”。原子被认为是构成物质的最小单元。居里所说的“地球上的星星”证明，原子核里也别有一番天地，这个层次还无人察觉，里面发生的物质活动还无人知晓。居里的研究表明，这些原子不会受到化学反应的影响。若想了解它们，人们还需要全新的策略、全新的自然规律和全新的技术。

玛丽·居里的笔记本和实验记录承载着她所发现的放射性，在一个多世纪后仍然熠熠生辉。1906 年，46 岁的皮埃尔被一辆马车碾过，不幸离世。此后的 28 年里，玛丽继续生活、继续工作，可能由于长期接触放射性物质，她最终罹患再生障碍性贫血去世，享年 66 岁。

玛丽坚信镭在医药和工业上有重要价值，但她从未想过她送给世界的礼物会带来危险。没过多久，具有远见卓识的 H.G. 韦尔斯（H. G. Wells）就意识到了镭的阴暗面。他天才地用科学上的新发现讲出引人入胜的故事，想象出时间机器、外星人入侵以及把原子当武器的未来世界。

1914 年，韦尔斯推出小说《解放全世界》（*The World Set Free*），在书中他创造了“原子弹”这个词语，设想了向无辜平民投放原子弹的场景。他把场景放在了 20 世纪 50 年代，这是个对他来说无比遥远的未来。韦尔斯写作的时候，距莱特兄弟首次飞行不过 10 年，他却已经想象出一架原子能飞机飞越英吉利海峡的场景。戴着头盔和护目镜的飞行员直视前方那座若隐若现的城市，他表情严峻地在座舱中俯身抬起重型炸弹，用牙齿拉开炸弹撞针，然后从一侧释放。当炸弹与目标接触时，爆炸产生的巨大冲击力把他的飞机推向了一边。昔日的柏林中心现在仿佛成了沸腾的火山口。

仅仅 20 年，科学就追上了幻想。

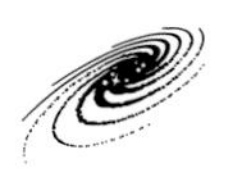

一位名叫莱奥·齐拉特（Leo Szilard）的青年物理学家是 H.G. 韦尔斯小说的读者。1933 年 9 月 12 日，来自匈牙利的流亡者齐

拉特正住在伦敦的斯特兰德宫酒店。他恰巧在《泰晤士报》(*Times*)上读到了卢瑟福勋爵的一篇演讲，演讲内容让他大为光火。欧内斯特·卢瑟福（Ernest Rutherford）被视为原子核物理学之父，因为他发现辐射是一种化学元素转变成另一种化学元素时产生的。卢瑟福认为，关于原子结构的新知识永远不能用于产生能量，而齐拉特并不认同这种说法。他决定出去散步，这是他最喜欢的思考方式。

齐拉特一边散步，一边思考原子是怎样由核内的质子、中子和核外的电子构成的。在南安普敦路和拉塞尔广场交叉口的一盏红绿灯前，他停下脚步，他突然想到：如果他能找到某种元素，让它们每吸收一个中子就释放出两个中子，那么整个核链式反应将维持下去。两个中子变四个中子，四个中子变八个中子，以此类推，最终原子核内部的大量能量都可以被释放出来。这不是化学反应，而是核反应。

当时齐拉特一定是站在一群等候红绿灯的行人之中。也许他想到了 H.G. 韦尔斯对原子弹的设想。可能他会呆立不动，任由身后的人从他身旁挤过。我想知道齐拉特是否了解国际象棋发明的传说。这个传说是很久以前卡尔讲给我的，自那以后我再没有找到更好的方法展现指数的力量，因而我将复述这一故事。关于国际象棋的起源有多种说法，有人说源于印度，有人说源于波斯。国际象棋中最重要的棋子是王，游戏的目标就是吃掉王。在波斯语中，这种游戏名叫“shahmat”，“shah”表示王，“mat”表示死亡，这也是英语单词“checkmate”（将死）的来源。

在诸多传说里有这样一种版本，故事发生在 7 世纪的布拉格，那里的国王第一次玩国际象棋，感到非常高兴，于是他承诺满足象棋发明者一个心愿。发明者是国王的首相，他提出了一个看似并不

公元 1000 年左右的波斯棋子，从左到右依次是两个王，一个车和一个象。它们由象牙制成，其中一个棋子被染成绿色以区别于白色棋子。

过分的愿望：“陛下，您只要在棋盘的第一格放一粒米，第二格放的米是第一格的两倍，第三格是第二格的两倍，以此类推，直到每格都放上相应数量的米，然后将这些米赐予我就好。”你可以想象一下，国王听后有多诧异。

“米粒？”国王不敢相信他的耳朵。“我要赐予你广袤沃土、宝马良驹、高级马厩、各色宝石。”但首相坚持自己的请求，他想要的只是米粒。国王说“好吧”，心想这个要求他很容易就能满足。

国王示意他的侍臣搬一些米到王宫，然后一名官员开始数米粒。棋盘上的前几格很快就填好了，但之后就需要更多的袋子了。而且每向后一格，计数难度就增加一层，对计数的人来说，米的数量太多了。

随着米粒数量的增加，更多的人加入到计数行列中，而且每格对应的米粒越堆越高，甚至把宫中的人和设施，乃至整个王宫都淹没了！成倍增长（即所谓的指数增长）的力量是如此令人敬畏，如果国王履行诺言，那么只到棋盘第四行中间的格子处就需要五亿粒米了。用不了多久，无数的米就会从王宫的各个窗户中涌出，直到埋住整个城市！米粒如浪一般，将淹没巴格达及周边地区。

要是等到国王的手下算到最后一个格，即棋盘上的第 64 格，首相将得到 1850 亿亿粒米粒，大约是 700 亿吨米！这足够当今地球上所有人吃 150 年了。国王因为兑现诺言而很快破产了。有传说称，这位首相唯一的能力就是他的数学知识，现在他登上宝座，把国王将死了。

莱奥 · 齐拉特非常了解指数的力量，如果在原子核中可以引发中子链式反应，那么韦尔斯设想的原子弹就可能成真。想到原子弹的破坏力，齐拉特不寒而栗。导致多年前一系列惨烈事件的科技，这时才刚刚起步。

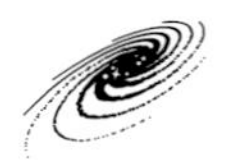

你如何评判一个文明，又如何了解它呢？是通过它的经济体系，还是依据它与外界交流与传播的能力？是它的财富有多少被用来发动战争，它所拥有的武器的杀伤半径（即武器能杀死多大范围内的敌人），一件武器能夺走多少生命；抑或是它的社会认同边界（即多大范围内的群体被认为是值得关注的）、未来的愿景（即愿意对未来多少年进行规划，愿意做什么来守护这一文明）？

可悲的是，人类的历史，在某种程度上，也是我们自相残杀的能力不断提升的历史。五万年前，所有人都过着群居和迁徙的生活，靠狩猎和采集为生。在有限的区域内，人们用彼此呼唤的方式进行交流，这意味着信息以声速传播，速度大约是每小时 1200 千米。但对于更远的距离，人们就只能以尽可能快的速度进行通信了。大概在这个时候，人类发展出了远程伤害的技能，他们的杀伤半径扩大到了弓箭的射程。此时的杀伤率为 1:1，即一支箭只能射杀一个人。我们的祖先并不十分好战，因为当时人很少，空间很多，迁徙比武力冲突更划得来。他们的武器几乎全部用于狩猎。他们的认同边界也非常小，只能关注到部落中那 50 ～ 100 人。

但随着农业的发展，我们祖先的时间边界取得了重大突破。此时他们过上了定居生活，早出晚归，辛勤耕作，等待数月之后丰收。为了将来的收获，他们会延迟当下的满足，他们开始为未来做规划。

如果把宇宙的历史压缩到一张年历上，那么在 12 月 31 日差 6 秒到子夜的时候，即大约 2500 年前，人类有了新的发动战争的形式。亚历山大大帝所征服的领土从马其顿一直延伸到印度河流域。此时地球上的许多国家都臣服于这个由数百万人组成的民族。在较长的距离内，通信和运输的最大速度就是帆船和马的速度。但武器技术的发展使杀伤半径扩大，杀伤率呈指数增长，达到了 10 倍，即原来能击杀 1 人，现在能击杀 10 人了。而且操纵攻城车控制杆的士兵甚至从未见过被他击杀的人的脸——他与城墙另一侧的伤亡者相距甚远。

公元前 4 世纪的斯巴达国王阿希达穆斯三世（Archidamus III）以其无所畏惧的勇气而著称，他喜欢与敌人展开肉搏战。据说当他第一次看到投射机抛出物体时，他悲痛地喊道：“哦，赫拉克勒斯，人类丧失了勇气！”

如今，人们的运输工具所能达到的最大速度是地球的逃逸速度，即每小时 40,224 千米。人们进行信息传递的最大速度是光速。这样，认同边界也大大扩展了。在一些人眼中，这一边界内是十多亿的人口；在另一些人的眼中，边界内是我们整个物种；还有少数人眼中的边界之内，是全体生物。而在最坏的情况下，现在的杀伤半径是我们的整个地球文明。

我们是如何走到今天的？这是科学与权力紧密结合的结果。一名手无缚鸡之力的科学家足以带来巨大破坏。我们难以准确判断第一次核战争何时打响。有些人可能会把它看成是连续的，能一直上溯至那些飞过树梢的箭。另一些人则根据以下三个故事判断，那是过了很久之后才发生的。

1939 年 4 月 24 日，阿道夫 · 希特勒生日刚过没几天，一位名叫保罗 · 哈特克（Paul Harteck）的德国年轻科学家向他的元首献上了一份特殊的思想礼物。他怀揣一封信，大步穿过汉堡的街道，来到纳粹战争办公室。他激动地告诉办公室里的人，核物理学的最新进展可能带来新式炸弹，其威力将比最具破坏力的常规武器更加强大。他尝试将原子弹献给阿道夫 · 希特勒，但希特勒永远不会拥有核武器。希特勒在他的领土上屠杀、监禁、驱逐了许多欧洲伟大的物理学家——他们有些是犹太人，有些是自由主义者，还有的人同时具备两种身份。

同年 8 月 2 日，两位科学家驱车前往长岛的卡奇格拜访阿尔伯特 · 爱因斯坦。车上的这两名男子虽然都是匈牙利移民，都是物理学家，但他们的生活方式截然不同。不过这一天，他们因任务而结盟了。

二人中的一位便是莱奥·齐拉特。和大多数人一样，他也看到战争即将来临。1939 年 8 月的那天，往常开车送莱奥·齐拉特离开曼哈顿的物理学家不在，所以齐拉特招了一位名叫爱德华·特勒（Edward Teller）的年轻科学家开车。特勒的故乡布达佩斯被严重迫害，因此他和他的家庭到慕尼黑避难，在那里他遭遇了一次交通事故，失去了右脚。20 世纪 30 年代早期，特勒和他的家庭再次被迫逃离，最终来到了美国。特勒载着齐拉特前往卡奇格，爱因斯坦正在那里避暑。这位伟大的科学家与齐拉特坐在餐厅桌旁，桌上摆满了书和报纸。特勒则局促不安地待在隔壁厨房，这说明当时他的地位还不高。

就像哈特克觉得上书希特勒是他的责任一样，齐拉特也希望富兰克林·罗斯福（Franklin Roosevelt）总统了解这一潜在的武器。地球上没有哪位科学家的声望和影响力能与爱因斯坦相当，齐拉特知道，关于潜在武器的信中若有爱因斯坦的签名，那它一定会引起总统的注意。

爱因斯坦研究了这封信，内心充满矛盾。一想到希特勒手握核武器，爱因斯坦就觉得是一场噩梦。这种危险的知识一旦被释放就永远无法收回，这会产生怎样的长远后果？爱因斯坦并未参与美国研制原子弹的“曼哈顿计划”，但他确实让总统注意到了原子核在战争中的潜在用途。爱因斯坦的手颤抖了一会儿，最终他不情愿地签下了自己的名字。

战争结束后，爱因斯坦向记者透露，如果当时知道德国人研制不出原子弹，那么他绝不会在信上签名。爱德华·特勒则没有这种矛盾的心理。他迫不及待地开始将原子武器化。俄国物理学家 G.N. 弗廖罗夫（G. N. Flerov）也曾多次提醒他的领导人约瑟夫·斯大林注意核链式反应可能的军事应用。但 1942 年 2 月苏联遭到德

国人围攻，而“原子弹”项目可能需要数年才能完成。背水一战的情况下，连出现这种想法都很反常。

弗廖罗夫曾在俄罗斯西北部城市沃罗涅日担任苏联空军的中尉，在访问沃罗涅日的学术图书馆时，他意识到了研制原子弹的问题。那时他发表了一篇关于核物理的学术论文，很期待看到欧洲和美国的杰出物理学家对此有何评论。他焦急地翻阅期刊，却没找到一条对他论文的引用。国际科学界的物理学家都认为他的论文不值得评论，弗廖罗夫为此感到困惑。开始他很伤心，但之后他意识到究竟发生了什么。由于美国和德国都在秘密研制原子弹，所以两国科学期刊上关于核物理的论文都被删除了。正是这次像“犬不再吠”一样反常的资料短缺事件，让弗廖罗夫加倍努力地去说服斯大林开始自己的核武器项目。

以上三个案例都是由科学家告知他们的领导人能够大幅提高杀伤率的可能性的，而非将军或军火商。

武器的演变：从左页图中描绘的弓箭到这幅图中装备精良的军队。左页图是大约 1 万年前的阿尔及利亚岩画。本页图是在庞贝遗址发现的镶嵌画，上面描绘了公元前 4 世纪亚历山大大帝与波斯国王大流士三世（Darius III）率军作战的场面，亚历山大大帝正从画面左边杀来。

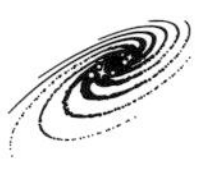

美国战争部将新墨西哥州洛斯阿拉莫斯的偏远地区选为原子弹研究计划的总部。这个地方是项目主任、物理学家 J. 罗伯特·奥本海默（J. Robert Oppenheimer）推荐的，青年时期他曾在这里养病。但对爱德华·特勒来说，原子弹的威力还不够大。他想研制出杀伤率更大的武器，对于这种武器来说，原子弹不过是点燃核反应的引信，这便是被特勒亲切称为“超级”的热核武器。

如果说科学界有一个人和特勒正相反，那他便是约瑟夫 · 罗特布拉特（Joseph Rotblat）。罗特布拉特出生于华沙一个富裕家庭，和特勒一样，后来他变得一无所有。1939 年夏天，就在纳粹入侵波兰前，罗特布拉特受邀去英国利物浦大学担任研究职位。在他出发前的最后一刻，他心爱的妻子托拉（Tola）做了急性阑尾切除术。托拉不得不留下，等身体恢复好了再动身，但她坚持让约瑟夫先去准备他们的新家。托拉跟罗特布拉特说，这只是几个星期的事而已。

参与曼哈顿计划的科学家面临的挑战是寻找一种化学引信，使之能够点燃核链式反应，我们前面讲过，它是莱奥 · 齐拉特在伦敦散步时率先想到的。每一个参与计划的科学家和工程师都告诉自己，他们制造破坏力空前的炸弹是为了避免重大危险发生。与其他政府不同，他们的政府是可以信任的。他们绝不会在侵略中使用这种武器。

在这些科学家眼中，制造原子弹是起威慑作用的。他们这样做的理由是担心希特勒拥有原子弹。然而德国投降，希特勒死亡后，数千名研究原子弹的盟军科学家中，仅有一人辞职。

此人就是约瑟夫 · 罗特布拉特。接下来的几年里，每当被问及这一决定时，他总是拒绝接受他这样做是因为道德高尚的说法。他只会微笑着说，实际情况是他特别想念他的妻子，当年她未能离开华沙，在混乱中与他失散。欧洲战事的结束使他有机会回去寻找她。但他再没有见到她，只见到她的名字出现在死者名单上。托拉在贝尔赛克集中营的大屠杀中丧生。罗特布拉特在接下来的 60 年人生中没有再婚，也没有停止为核裁军事业而奋斗。

战争期间研制原子弹的三个国家里，只有美国在战争结束前取得了成功。历史学家认为，取得成功的一个原因是美国接纳了许多移民。在曼哈顿计划的领军人物中，只有两位是土生土长的美国人，

Albert Einstein
Old Grove Rd.
Nassau Point
Peconic, Long Island

August 2nd, 1939

F.D. Roosevelt,
President of the United States,
White House
Washington, D.C.

Sir:

Some recent work by E.Fermi and L. Szilard, which has been communicated to me in manuscript, leads me to expect that the element uranium may be turned into a new and important source of energy in the immediate future. Certain aspects of the situation which has arisen seem to call for watchfulness and, if necessary, quick action on the part of the Administration. I believe therefore that it is my duty to bring to your attention the following facts and recommendations:

In the course of the last four months it has been made probable - through the work of Joliot in France as well as Fermi and Szilard in America - that it may become possible to set up a nuclear chain reaction in a large mass of uranium,by which vast amounts of power and large quantities of new radium-like elements would be generated. Now it appears almost certain that this could be achieved in the immediate future.

This new phenomenon would also lead to the construction of bombs, and it is conceivable - though much less certain - that extremely powerful bombs of a new type may thus be constructed. A single bomb of this type, carried by boat and exploded in a port, might very well destroy the whole port together with some of the surrounding territory. However, such bombs might very well prove to be too heavy for transportation by air.

Yours very truly,
A. Einstein
(Albert Einstein)

939 年，莱奥 · 齐拉特将这封信带给阿尔伯特 · 爱因斯坦，希望这位世界上最著其中只有一位在美国获得了博士学位。

科学家对“原子弹只用于威慑”的预测是错误的。美国战机在日本的广岛和长崎投下原子弹，结束了第二次世界大战。两个月后，杜鲁门总统（Truman）邀请奥本海默到总统办公室并表示祝贺。而让杜鲁门惊愕的是，奥本海默根本没心情庆祝。一见到杜鲁门，奥本海默就脱口而出：“总统先生，我觉得我的双手沾满鲜血。”

杜鲁门脸上闪过一丝厌恶，他不屑地说：“别傻了。如果有人手上沾满血，那这个人就是我。而我对此一点也不在乎。”

但奥本海默坚持己见。他问：“您认为俄国研制出原子弹还需要多久？”

杜鲁门答道：“永远不会！”

奥本海默离开后，杜鲁门转向他的助手，怒气冲冲地说：“你再也不要让那悲天悯人的科学家接近我了！听到了吗？”

不到四年，俄国自己的原子弹爆炸成功。科学家在那三封信中设想的核军备竞赛已进入更加可怕的第二阶段。

战争结束后，特勒梦想的更大杀伤率也成真了。20世纪50年代早期，美国迫害共产主义者期间，特勒无比高兴地指证他的前上司奥本海默应被剥夺安全许可，在曼哈顿计划中功勋卓著的罗伯特·奥本海默，职业生涯就此被毁。奥本海默一直反对研制特勒心心念念的“超级武器”。现在特勒成了阻止订立全面禁止核武器条约的重要力量。他错误地认为，大气层核试验对“维护和改进核武库”至关重要。

尽管核武器已大幅减少，但核战争的阴云仍笼罩着我们。世界上还是有相当多足以摧毁我们文明的核武器。我们能在火山浓烟的阴影下安稳入睡吗？在另一时代，另一些人正面临着这种巨大危险，仿佛挥之不去的噩梦。

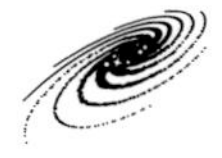

波多黎各与委内瑞拉之间的加勒比海上有一座马提尼克岛，岛上有一座圣皮埃尔城。1902 年 4 月 23 日夜晚，接到报警的两名警察走进圣皮埃尔的一家酒吧，阻止一场恶性斗殴。酒吧的顾客已经为斗殴的两人让出空间。其中一人叫卢德格尔 · 西尔巴里（Ludger Sylbaris），27 岁，非洲裔，高大魁梧，外号“参孙”（译注：参孙为《圣经》中的力士）。他挥舞着一把短刀，以前在打斗中留下的疤痕依然可见。而他的对手面无惧色，抄起酒吧的一个瓶子，打破之后就向西尔巴里冲去。西尔巴里也没有退缩，拿着短刀也冲了过来。警察赶到时，西尔巴里已经重创了他的对手。警察铐上西尔巴里，把他押送到了圣皮埃尔监狱。他被押着走下石阶，来到简陋的地牢。那里又小又臭，甚至都没有床。尽管他害怕被囚禁在这坟墓一般的地方，但他依旧很轻蔑。警察关闭铁门时，西尔巴里就坐在地上，轻蔑地看着他们。门上只留了一个小气孔，他孤身一人处在黑暗之中。

这个城市是法国殖民地，里面有众多粉刷成白色的房屋。在 3 万居民中，费尔南 · 克莱尔（Fernand Clerc）是最富有的一个。站在家里的阳台上，他能清楚地看到他的朗姆酒酿酒厂、家具厂、甘蔗地和咖啡地。它们是整个岛的经济支柱。地势上突出的地方是雄伟的培雷火山，那是一座沉睡多年的火山，是岛上众多山峰之一。

但很快，克莱尔就看到了一些奇怪的现象：仿佛所有东西表面都上了一层霜。在这样一个晴朗温暖的清晨，怎么会出现这种现象呢？他把手指伸出阳台栏杆，发现那不是霜，而是一种灰尘。

物理学家 J. 罗伯特 · 奥本海默（戴浅色檐帽者）与其他人查看第一次原子弹试验的遗迹。这次试验是 1945 年 7 月 16 日在新墨西哥州阿拉莫戈多进行的。

教堂的钟声响起了，克莱尔拿过他的望远镜，仔细查看着这座小城。所有人都还在睡觉，街上空无一人。就在他把目标转向山顶时，巨大的爆炸发生了，声音像舷炮齐射一样震耳欲聋，同时一股烟柱直冲云霄。克莱尔的妻子韦罗妮克（Véronique）抓着十字架冲出阳台，想从她丈夫的眼中读出事情发生的原因。

当灰尘开始下落时，美国领事的妻子克拉拉 · 普伦蒂斯（Clara Prentiss）还在考虑要不要回马萨诸塞州的家。不，这不可能。她计划在接下来的一周举行庆祝活动，绝不能推迟。

《移民报》（*Les Colonies*）的编辑兼发行人马里于斯 · 于拉尔（Marius Hurard）正审阅着最新一期的报纸。他是个元气满满的年轻人。报纸的头版报道，火山研究的权威人士向公众保证，培雷火山没有威胁。这句话唯一的问题是，所谓的“权威”其实就是马里于斯 · 于拉尔本人。头版另一处的标题是“体操与射击俱乐部的邀请”，里面写道：

请加入我们的大型游览活动

前往培雷火山口，观看爆发的最佳视角。

还有野餐环节。这将是一个你永生难忘的经历！

我们永远无法得知，有多少不知名的穷人预感到不妙，但因缺乏资源而无法离岛。当鸟儿纷纷从天上掉落时，大众仍被告知，“不要担心。这看起来很可怕，但这座城市见得多了，以前也没发生什么嘛。而且报纸上也说了，没什么可担心的。”

街上满是灰尘。

市长富歇（Fouché）一个人在办公室工作到深夜，起草了官方的耶稣升天节宴会和舞会的详细计划。身穿制服的侍者正在给各种家具、器物铺白色亚麻布，覆盖住摆着的银器、水晶和瓷器。但很快上面就落了一层灰尘，也不知是如何从关着的窗户外进来的。酒店工作人员清扫了整个房间，给地板做最后的清洁，他们还擦去了桌上的灰尘。还有些人拿着扇子站在一边待命。侍者们相互交换了担忧的眼神，但没有人擅离职守。

马提尼克岛上最像科学家的人是小学教师加斯东 · 朗德（Gaston Landes）。他站在植物园中，看着周围被火山灰杀死的植物，感到十分恐慌。朗德虔诚地向刚刚苏醒的火山口朝拜，并在报纸上发表了关于火山活动增强的观察结果。

因烟尘和毒气窒息而死的鸟类尸体逐渐在地面上堆积。而朗德更关心的是他即将动身的巴黎之旅。他本来打算在受邀的讲座上展示岛上的植物标本。但灰尘以这种速度下落，他的标本全毁了。

圣皮埃尔大教堂的神父望着他那衣衫褴褛又沾满火山灰的信众，诵起《诗篇》（*Psalm*）第 46 篇：

所以地虽改变，
山虽摇动到海心，
其中的水虽砰訇翻腾，
山虽因海涨而战抖，
我们也不害怕。

此时，巨石和巨大的树干被不断扩大的岩浆裹挟着，从山中奔向海洋。火山不时咆哮着，发出大地开裂的声音。

市长富歇绝望地坐在他的办公桌前。他鼓足信心写了一份公告，上面说："同胞们，不要害怕。未来几天不会有岩浆流到城市里。我们和火山相距 7 千米，岩浆不可能有那么大的量，能跨过我们和培雷火山之间的两个巨大山谷和沼泽地。"

关于岩浆，富歇没说错……但这座火山将产生一种比岩浆更可怕的东西，它覆盖范围更广，移动速度更快，温度高到能像水一样流动。圣皮埃尔的一些人根据他们所掌握的情况，做出了他们认为合理的决定——留下来。另一些人则持反对意见。还有些人乘客船去了更安全的地方。但没人能想到火山将如何释放其内部被压抑许久的力量。

两天后，距火山活动迹象初次显现已过两周有余，火山中首次喷发出了火山碎屑流，它像灼热的云一般，带着白炽的火焰落到山下的城市中。火山闪电是比最强风暴中的闪电更为猛烈的现象，再加上熔岩顶端红色黄色的火光，整个场景如地狱一般。可怕的“燃烧云”越过山谷，开始焚烧下面的城市。

5 月 8 日清晨，众多水手站在船的甲板上，向马提尼克岛望去。当火山开始趋于平静时，他们松了一口气，互相开起了玩笑。危险一定已经过去了。火山完全平静下来了，空气凉爽清新，大海像玻璃一样安静。从船的甲板上看去，圣皮埃尔的景色很漂亮。突然，一道刺眼的亮光闪过，培雷火山爆发了，喷出的炎热碎屑直冲云霄，高度可达 3 千米。

水手们的惊奇变成了惊恐。在冲击波的作用下，有些水手被炸到船舱壁上；有些水手被炸离甲板，落入海中。1902 年 5 月 8 日上午 8:02，培雷火山爆发产生的声音无比响亮，连远在 800 千米外的委内瑞拉都能听到。

此刻，培雷火山掀起了大量燃烧的气体、岩石和尘埃，它们以飓风般的速度和力量席卷而来。燃烧的云顺着山坡俯冲下来，跨过山谷冲进城中，随之而来的是汹涌的闪电风暴。由过热气体组成的大片死亡之云瞬间越过山谷，一直绵延到海边，整个城市被死亡之云笼罩着，白天变成了黑夜。

9000 年前，加泰土丘的艺术家用奇妙的笔画勾勒出细细的烟雾，这是我们目前发现的最早的火山喷发图像，那时的她或他第一次有意识地记录了我们与火山的关系。圣皮埃尔在几分钟内彻底毁灭这件事则开启了一个新阶段。它带来了一门新科学——火山学；还带来了一个短语，“pyroclastic flow”（火山碎屑流），这个更中性的英语短语逐渐取代了原来听起来比较喜庆的法语短语“nuées ardentes”。正是火山碎屑流焚毁了圣皮埃尔。这次爆炸的威力相当于一个战略核弹头。

火山爆发三天后，岛上其他地区的人到圣皮埃尔清理仍在冒着烟的街道，他们收殓尸体，烧掉火山没能完全烧毁的东西。突然，他们听到了低沉的哭声。人们难以置信地相互看看，然后冲向了哭声发出的地方。他们离监狱废墟越来越近，哭声也越来越大，越来越撕心裂肺。

在世界历史上，几乎没有人在经历过卢德格尔·西尔巴里所遭遇的事情后还能幸存下来讲述这件事。火山爆发时，他听到了狱警短暂的惨叫声，接着便是可怕的沉默。随后，猛烈的热浪从小通风

1902 年培雷火山喷发后的马提尼克岛圣皮埃尔城。

口喷进牢房，他跳起来躲避，但他的肩膀还是被严重烧伤了。三天来，他在痛苦中挣扎着，牢房中没有食物，他只能靠墙壁上的水分维持生命。在厚壁地牢中单独监禁的判决拯救了他的性命。

圣皮埃尔的 3 万公民中仅有 2 人幸存，西尔巴里便是其中之一。恢复健康后，他成为玲玲马戏团的主要演员，在全世界巡讲他那惊心动魄的死里逃生的故事。

那我们呢？我们低估大自然的力量了吗？我们是否已足够聪明，能预测所有会对我们构成威胁的情形？我们会知道应该在何时逃离吗？如果没有办法及时离开这个岛又该怎么办？

NASA的钱德拉X射线望远镜拍摄的图像，上面是快速膨胀的超新星遗迹G292.0+1.8，是银河系中仅有的三个富含氧的遗迹之一，图像显示了恒星诞生时为地球提供的生命必需的元素：氧（黄色和橙色）、镁（绿色）、硅、硫（蓝色）。

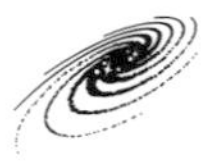

让我们回到两个原子的故事中的铀原子。它的核“蠢蠢欲动”。铀原子本来就不稳定，迟早会衰变。铀原子核放射出粒子后就变成了一种完全不同的元素——钍。亚原子粒子像子弹一样穿过生物的精细结构，让里面的电子脱离分子。电离辐射就是这样影响生物的，这也是原子武器比传统武器更危险的原因。我们周围乃至体内都充满辐射，但水平都很低，对我们构不成威胁。但若辐射水平很高，情况就不同了。短期来讲，暴露在致命水平的辐射中会导致细胞出现失控反应，成倍增长，也就是我们说的癌症。并且它的破坏力还会随着时间不断加强。当辐射侵入染色体时，它就埋下了毁灭的种子，能够改变尚未出生的后代的命运：基因突变。损伤将遗传下去，破坏我们的未来。

构成我们身体的原子诞生于数万光年外、数十亿年前的恒星。在追寻我们起源的历程里，我们远离了现在的时代和现在的空间，我们与宇宙的其他部分紧密联系在一起，塑造我们的物质就是在宇宙之火中产生的。

现在，由 7000 亿亿亿个原子组成，并经历了漫长演化的我们，已经有办法挖出藏在物质深处的宇宙之火了。我们不能忘记这些知识。

但不幸的是，疯狂就存在于我们自己的族群之中。

在科学家写下开始这场噩梦的信之后，还有一封写于 1955 年的信，这封信向全世界宣告，这种物理学的新知识需要一种新的思维方式。“因为我们无法忘记我们的争端，所以我们就要……选择死亡吗？作为人类，我们向人类呼吁：铭记人性，忘掉其他。”这份宣言由伯特兰 · 罗素起草，由约瑟夫 · 罗特布拉特宣布，并且阿尔伯特 · 爱因斯坦也在上面签了名。这是这位伟大科学家的最后一次公开声明，几天后，爱因斯坦就与世长辞了。

那么我们体内的另一原子，碳原子又如何呢？

它就在你的体内。

PLANET HOP FROM
TRAPPIST-1e
BHZ
VOTED BEST "HAB ZONE" VACATION WITHIN 12 PARSECS OF EARTH

CHAPTER 11

转瞬即逝的宜居带

当春天归来，也许我已不在这世上。
此刻，我愿意把春天想象成一个人，
这样我才能想象，
当她发现失去了自己唯一的朋友，
她会为我哭泣。
但春天甚至不是一件事物：
她是一种说话的方式。
甚至花朵和绿叶也不会回来。
会有新的花朵，新的绿叶。
会有新的温暖的日子。
一切都不会回来，
一切都不会重复自己，
因为一切事物都是真实的。

——费尔南多·佩索阿（Fernando Pessoa），
《当春天归来》（*When Spring Returns*，英文版为理查德·泽尼斯译）

想象中的未来旅行海报，上面邀请我们去系外行星 Trappist-1e 上度假。这颗行星和另外六颗行星一起绕一颗红矮星公转，它是从内向外数的第四颗。

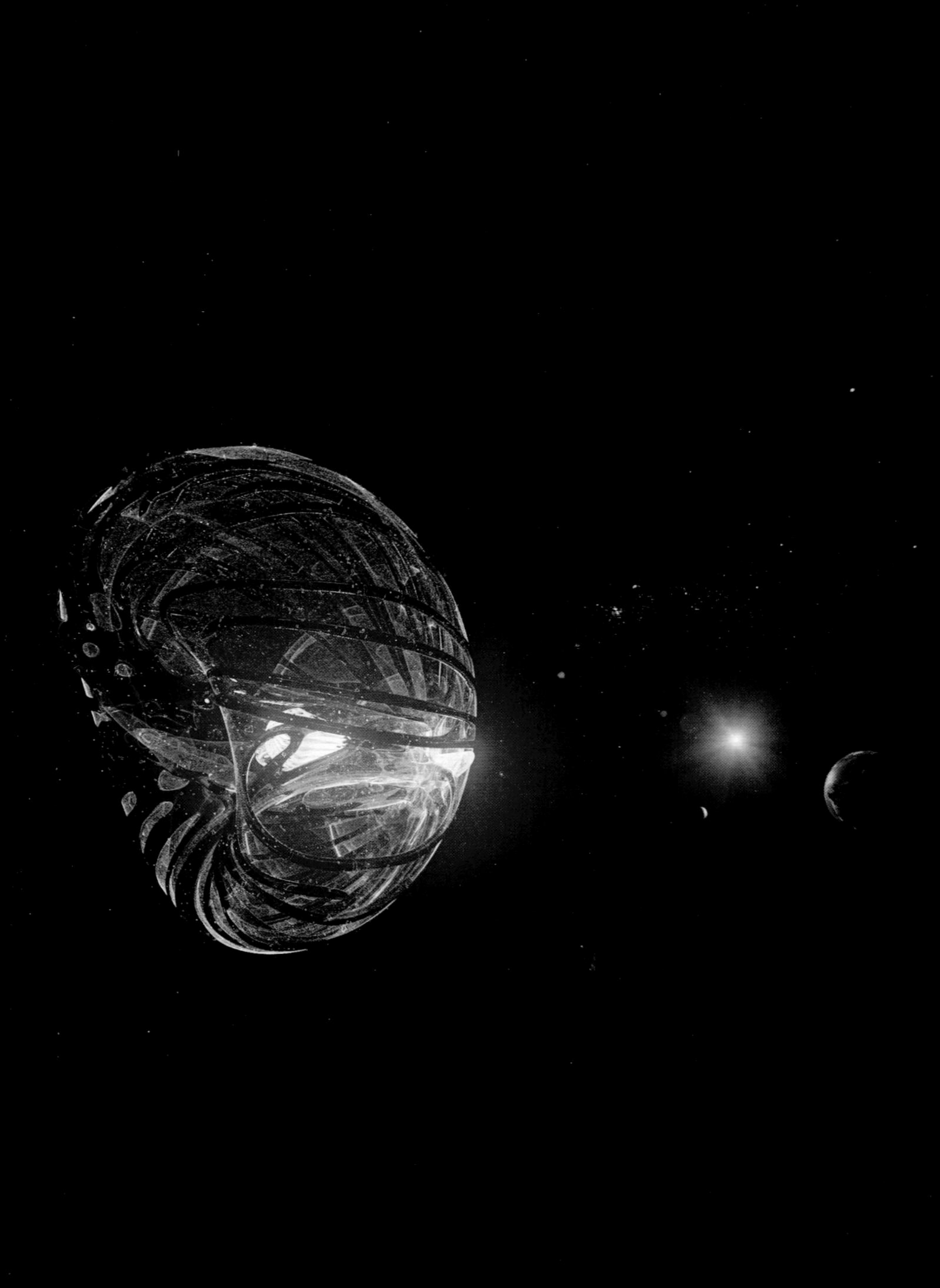

在我们的银河系中，可能有其他星球的飞船勇于到宇宙深处冒险。在我的想象中，它们一点也不像电影里描绘的外星宇宙飞船，而更像……生物。这不是因为紧急必要的情况新造出来的东西，而是星际航行传统长期演变的结果。他们一颗星一颗星地拜访，或许是在执行勘察任务，寻找拥有生命的星球，近距离观察那些生命身上出乎意料的新特性。

想象一下这种执行勘察任务的外星飞船。微小的荚状探针可以附着在飞船表面，就像随机长出的雀斑，它们正前往探索一颗炽热的、斑杂的星球。它们紧贴着沸腾的大气巡航，做着自己的分析工作。火柱在行星炽热的表面纵横交错。如果我们自己发现这种地狱般的世界，我们会认为生命在它上面会有美好前景吗？我们未来会在它上面看到小狗和兰花吗？荚状探针成群返回，重新附着在母舰上，母舰掉头远离这地狱般的行星，向太阳的方向前进。

地球诞生初期没有明显的生命迹象。我们想象的是40亿年前的勘察任务，那时金星上有着蓝色的海洋、宽广的陆地，飞船上的

外星飞船的艺术概念图，它正在执行针对一颗普通黄矮星旁的第三颗行星的调查任务。艺术家设想这艘飞船拥有在宇宙辐射下嗡嗡作响的透明皮肤。

船员可能会打赌金星上有无生命。这个遥远的时代是金星生机勃勃的时代，是它处在宜居带的时期。无论对于哪个行星来说，处在宜居带的时期都意味着它和它的恒星之间的关系合适，既不太热，也不太冷。这是一个可以孕育和维持生命的时代。但是，宜居带的恩泽是短暂的，没有星球可以在那里永生。

我们有幸居住在太阳的宜居带内缘，但宜居带正以每年大约 3 英尺（约 0.9 米）的速度向外移动。地球处在太阳照耀下最宜人区域的时间已经过了百分之七十。但不必担心，我们仍然有数亿年时间去规划和执行离开地球的方案。当太阳的恩泽离开我们，去了我们身后的其他星球，地球不再是生命的花园时，我们该去哪里？我们这一物种会起航去往浩瀚银河中遥远的岛屿吗？宇宙变动不息，没有避难所和安全岛可以栖居超过几亿年。

环视我们美丽的母星，有一天，它的一切都会服从自然规律带来的诞生、毁灭、重生的循环。宇宙催生出美丽的事物，然后把它们击成碎片，接着又用这些碎片造出新事物。中子星的碰撞将金子撒向整个宇宙。在任何可能的星球上，每一个想长期生存的物种都需要掌握行星际旅行的方法，并最终实现大规模星际移民。

我们是怎么知道这些的呢？我们对宇宙的些许了解让我们能够预见未来。我说的不是近期人类活动造成的气候变化给我们的文明带来的威胁。如果我们想延续几千年、几百万年乃至几十亿年，我们必须立刻停止向大气中排放二氧化碳。让我们姑且相信我们会觉醒，还是去看一看遥远的未来吧。

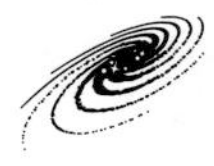

太阳就像我们一样，正在走向衰老。有一天，它会耗尽核反应区的氢燃料。五六十亿年后，氢核聚变的区域将缓慢外移，换言之，发生热核反应的外壳将不断膨胀，直到温度低于1000万度左右。之后，太阳内部的氢核聚变“反应堆”将自行关闭。数亿年间，太阳的自引力会让氦核继续收缩。氢核燃烧的余烬此时将成为燃料，点燃太阳的第二次核聚变，这将让太阳在几亿年里重获新生。这次反应将产生碳元素和氧元素，并提供额外的能量让太阳继续发光。

十亿年后的太阳——仍然是一颗黄矮星，但由于核燃料开始耗尽，它的表面变得更热。

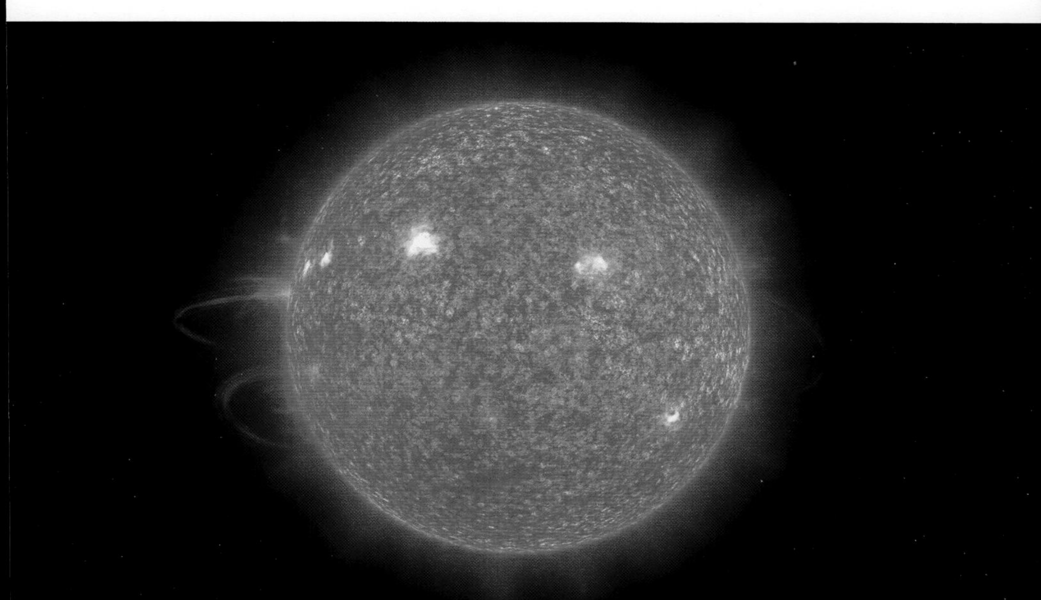

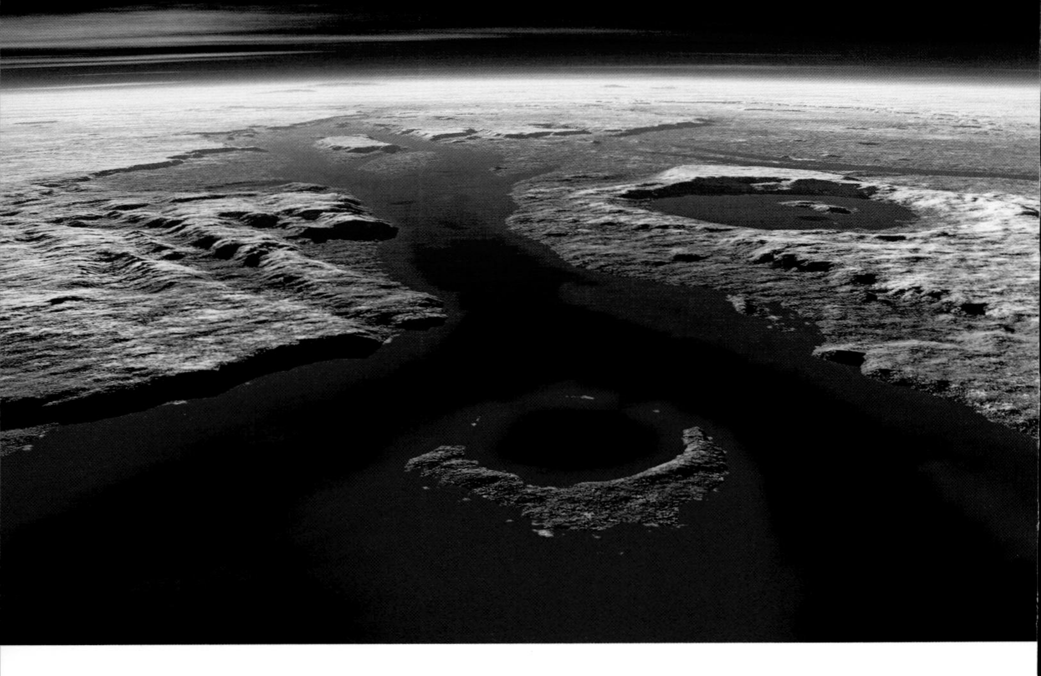

35 亿年前的火星样貌，太阳正从卡塞谷上方落下。今天在火星表面观察到的环形山和侵蚀地貌，表明那里曾经有水流过，等我们的太阳步入老年，流水可能会再次出现。

当太阳大气以某种恒星风暴的方式膨胀到宇宙中时，太阳将失去气体。它会从一颗黄矮星变成一颗红巨星。这会减弱它对金星和地球的引力，从而使这两颗行星移动到更安全的距离上——不过只能维持一会儿。成为红巨星的太阳真是又红又大，它将吞噬并毁灭水星。宜居带向外移动得越来越快，如果我们规划得当，我们也会如此。太阳的演化不可避免，但我们还有几十亿年去寻找家园。搜寻宇宙中那些能够成为我们新家园的星球，我们的时间还很充裕。到那时，人类几乎一定会演化成完全不同的物种。谁知道呢？也许那时我们的后代已经能够控制或调节恒星的命运了。

恒星演化也将改变我们的邻居——火星。它的表面会出现液态水，不过这并不是第一次出现。三四十亿年前的一段时间里，火星上有海浪冲刷着海滩，夜晚也是温暖而潮湿的。那时的火星与地球非常相似，白色的薄云遮掩着红色的陆地和蓝色的海洋。小小的白色极地冰冠覆盖在北半球的顶部。

过去的火星让我想起了我们的家园。但不管怎样，从人类的角度看，这种熟悉的舒适环境掩盖了一个致命缺陷——火星不够大，它的直径只有地球的一半左右。它无法产生足够的热量使其铁核熔化，从而产生可以保护生命的磁场。当一束束太阳风吹过火星时，它的云层和海洋都散逸到了太空中，最后只剩下我们今天所看到的"荒漠之星"。

科学家认为，火星上适合生命生存的时间只持续了几亿年，我们还不知道生命是否有机会在那里诞生。即使诞生了，那也是很久以前太阳还年轻时的事。在太阳的中年末期，它将给火星第二次机会。一二十亿年后，火星将重回太阳的恩泽中。第二个黄金时期和第一次时间差不多，只会持续几亿年，不足以演化出复杂的火星生命，但这个时间足够我们的后代在考虑下一步行动时建造火星基地了。然而最终，太阳的生命周期会促使我们到更远的地方。是时候再次上路了。太阳的衰老将使宜居带继续外移，它会灼烧火星，使其温度远超过我们能承受的范围。流浪者的后代又将成为流浪者。

太阳的大气将继续膨胀、变红，直到完全烤焦火星表面，使之开裂。那么，接下来该去哪里?

此时，太阳膨胀带来的强烈光芒和热量将一直延伸到木星。木星上含有氨和水的云会以蒸汽的形式散逸到太空中。木星美丽的高层大气下藏着的深褐色大气层将第一次展现出来。我们可以在木星那些冰封的卫星上建立家园吗?那时阳光的强度是以前的数千倍，包裹着木卫二和木卫四的厚厚冰层将解冻，液态的海洋直接暴露在强烈的阳光下。于是大量水蒸气开始产生，带来无法抑制的温室效应。

另一颗冰封卫星木卫三被越来越多的液态水覆盖。它表面的裂缝开始扩大，因为有数千英尺高的泉水喷出。这些泉水未能落下，而是飞入太空。木卫三曾经稀薄的大气将变得湿润稠密。如果过去就有生命一直在海洋中游动，那么这时就是它们蓬勃发展的新机遇，木卫三将属于它们。如此也好，因为我们还是希望下一个家园能与太阳保持更安全的距离。

下一个家园不是土星，此时狂暴的太阳偷走了土星环，土星的荣耀被剥夺了；下一个家园也不是土卫六，它的水和大气也被同一罪魁祸首夺走了；下一个家园不是天王星，也不是海王星，它们被云包裹的表面饱受雷电折磨。

就在我们对找到可能居住的星球一筹莫展时，海王星的卫星海卫一出现了。海王星的英文名来自罗马神话的海神尼普顿（Neptune），对应于希腊神话里的波塞冬，海卫一的英文名则来自尼普顿的儿子特里同（Triton）。至少从我们的视角看，海卫一会因太阳变成红巨星而受益良多。今天的海卫一看起来像一个香瓜，但当太阳向外膨胀时，海卫一将变成一个类似高山山顶的地方，表面覆盖着雪。雪被天空中的红巨星染成粉色，那时的太阳比我们今天看

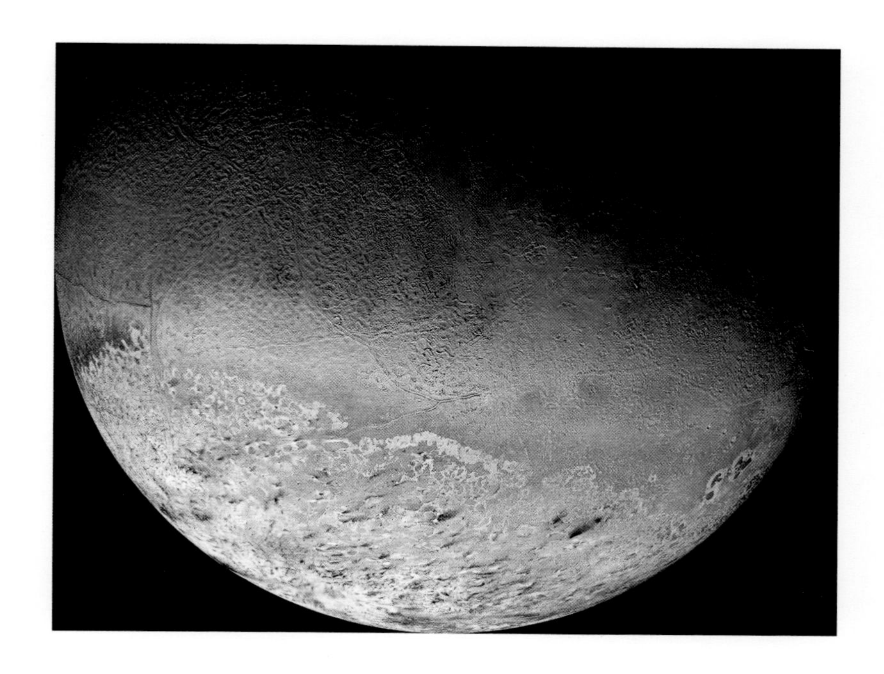

旅行者 2 号掠过海王星最大的卫星海卫一传回的照片。照片展现了海卫一粗糙的表面，上面有活跃的冰火山，它们可能由氮、尘埃和甲烷等化合物组成。

到的要亮 7 倍。成为红巨星的太阳散发着热量，使这颗卫星不再寒冷，氨冰和水冰得以融化，产生了巨大的海洋。

如果我们的后代能在海卫一上生存，那么他们的生活节律将与我们不同。海卫一的一天长达 144 小时。冬天会非常严酷，将持续近 50 年。不过，几十亿年后的海卫一仍可以成为我们的美好家园，它会拥有一切：大气、海洋，可以孕育生命的化学成分。诚然，海卫一很冷，但它并没比 1 月的纽约州北部冷多少。这意味着那里全年都可以尽情地滑雪，而且由于那里重力小得多，跳台滑雪的所有纪录都将被打破。

但有一天，太阳的能量将完全耗尽，宜居带的恩泽也将匆匆结束。当太阳离开炙热的红巨星阶段后，它的外壳会被剥离，露出里面小的白矮星。白矮星没有足够的能量来温暖少数幸存的星球。外太阳系的卫星们将再次被冰冻。

所以，如果我们正在寻找可以久居（起码在几亿年以上）的新家园，我们必须去往更远的地方。我们需要离开我们的太阳系，勇闯浩瀚的星际空间。

我知道你在想什么：我们将去遥远的恒星冒险吗？我们曾在月亮上迈出了一小步，还得在失去意识前匆匆返回，在地球上安全着陆。是什么让我们认为我们能够在星际航行中幸存？毕竟离我们最近的恒星也比月球远 1 亿倍。我们渺小的飞船不会被广阔的未知吞没吗？

我觉得我们能做到。为什么？因为我们曾经做到过。

想象一下，我们用光帆捕获光子，在银河系的星球之岛间遨游，我们不走回头路，勇敢地奔向远方。我们过去也这样走过。想当年，有一群人决定走入未知。他们在未知的海域冒险前行，最终勇气得到了回报，他们发现了世外桃源。我们称这群人为拉皮塔人，但这从来不是他们的名字。几十年前我们首次发现了他们的陶器碎片，这个名字只是当时的误解。对我来说，他们不是拉皮塔人，而是旅行者，这个名字更配得上他们。大约 1 万年前，中国南方的定居人口开始膨胀，于是这些旅行者选择向南开拓边疆，到达今天的台湾岛。他们在那里幸福地居住了数千年，直到这个地方又开始变得拥挤不堪。

地球上的我们成长在某种宇宙的隔离中，我们了解宇宙中其他世界的希望被切断了，更不要说前往其他世界了。就像我们一样，我们的远祖在某种程度上也是土地的俘虏。那时候，如果你想去很远的地方，你只能走过去。等你到了你能走到的最远地方后，你会被海岸阻隔，这便是伟大的航海文明时代来临前的状况。航海文明的代表有中东的腓尼基人和克里特岛的米诺斯人，在他们大部分的历史里，他们都很依赖海岸。他们在捕鱼和进行远航贸易时很谨慎，始终让陆地在视野范围内。对我们的祖先来说，这就是宇宙之海的边缘了。

我们不知道是什么最先激励了旅行者去尝试看似不可能的世界。他们生活在地震和火山爆发频繁的构造板块上，是他们不再信任大地了吗，还是相邻部落的敌对让他们生存艰难？是气候变化威胁到了他们的生活，还是新生人口的压力？是过度捕捞使他们开始耗尽岛上的资源，还是单纯想知道远处有什么的人类天性使然？难道为了去到神秘的远方，他们连危险都可以不顾吗？无论他们的动机是什么，随着时间的推移，他们克服了恐惧，开始了冒险之旅。

我能想象到，一天早晨，部落里从年轻到年老，每一个人都忙着准备一次与众不同的航行。男人们一些负责从树上剥树皮，一些负责将木头绑在一起，并用芦苇编出船帆。女人们则用骨头和石头制作鱼钩。在我的想象中，整个部落聚集在海边，大约 20 个双壳独木舟排在岸边，有些在沙滩上，有些在浅水中。它们载着狗、猪、鸡等家禽家畜，还有盆栽水稻、面包果、大量番薯，以及关在笼子里的幼年军舰鸟。

东方地平线上，天空的颜色开始变化，这是太阳升起的标志，也是旅行者登船起航的标志。在他们离开时，部落中的老人（和其他选择留在家里的人）带着鼓励和自豪向他们挥手致意。此时，20 条独木舟都撑起船帆，帆上绘有与他们的陶器和身上的文身一样的几何图案。风吹着帆，船庄严地驶入广阔的未知世界，消失在地平线上。

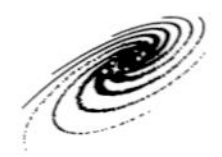

几周后，船队举目四望仍只能看到水。现在，只有 15 条船在海浪中漂荡了。人们又饿又渴，看起来更瘦了，还被太阳晒伤。从他们的眼神中可以看到深深的疲惫和恐惧。一位领航员站在一条船的船头，伸出手指充当六分仪，以便靠星星导航。他将食指指向我们今天称为老人星的亮星，将拇指指向地平线，从而得出船的位置。他看向甲板上的编织地图，上面有用贝壳、石头和骨头精心标定的罗经点。

云彩聚集起来，遮蔽了繁星，我能想象到领航员脸上的担忧。他的目光落在了笼子里的军舰鸟上。离家多日，它们已经长大了。

又过了几天，还是看不到陆地的任何踪影。旅行者的嘴唇因为烈日和口渴起了水泡。终于，一道闪电划过，天上开始下雨。旅行者高兴地取出陶罐，让它们尽可能多地储存雨水。没想到，狂风掀起了巨浪，浪头打在了船上。没过多久，3 条船从他们的视野中消失，再也看不到了。

船只剩下 12 条了。几天后，海面恢复平静，但储水的罐子碎了，他们的大部分给养也被冲到了海里。他们仍没有看到陆地。一些旅行者无精打采地用骨制鱼钩钓鱼，另一些人用骨针和植物纤维修补破损的船帆。有人专门把手伸进水里，探求水流和温度的变化情况。一只军舰鸟在笼子里蹦蹦跳跳，领航员盯着它，大脑也在思考着。突然，船之间的海里升起一座水山，原来是一头蓝鲸！一股水柱从鲸鱼的气孔喷薄而出，给人们带来一阵威严和恐惧。之后，同样很快地，它又消失了，巨大的鲸回到了海洋深处。

太平洋的寻路者用椰子纤维和贝壳标注各个岛屿的位置。贝壳代表岛屿和环礁，纵横交错的杆代表海浪和洋流。领航员需要研究其构造，之后便会抛弃这种杆制图，凭记忆依照它航行。

又过了一周。领航员再一次看向军舰鸟，他已下定决心。猛然间，他伸手拿起笼子，军舰鸟在里面狂跳着。他打开笼门，双手把鸟抓住。他声嘶力竭地喊道："告诉我们路！"他举起手释放了军舰鸟。所有人的目光都追随着那只鸟的飞行轨迹。

这些旅行者利用好几代祖先精心观察的结果，发展出了今天仍然可行的导航技术。鸟类季节性迁徙的飞行模式成为了他们的GPS。旅行者可以用指尖感受洋流从而读出水的信息，也能读出云中蕴含的信息。他们是科学家，整个自然都是他们的实验室。

我可以想象出有那么一个时刻，那些幸存者已经做好了放弃一切希望的准备，剩下的8条船上的人陷入了绝望。这时，他们中的一名妇女刚巧望向远方的一片云。对我们来说，它看起来没什么特别的，但她看到云的下面微微泛绿。也许有那么一会儿，她激动得说不出话来，随后她竭力大喊一声："陆地！"这句嘶喊把人们从麻木中唤醒。旅行者们调整风帆，开始疯狂划桨，向云的方向前进。菲律宾最北端那青翠的岛屿雅米岛进入了人们的视野。

幸存的旅行者将独木舟拖上岸。菲律宾群岛是他们首先定居的地方。在那里居住了1000年后，他们准备再次起航。新一代旅行者波利尼西亚人成功地完成探险任务，登上了印度尼西亚、美拉尼西亚、瓦努阿图、斐济、萨摩亚和马克萨斯群岛。接着又登上了地球上最孤立的群岛，夏威夷群岛，以及塔希提岛、汤加、新西兰、皮特凯恩群岛和复活节岛。他们的海洋帝国覆盖将近2000万平方英里（约5180万平方千米）的海域，他们没用一钉一铆就完成了这项任务。

随着时间的推移，岛屿之间的联系不再那么频繁。波利尼西亚人带来的语言各自独立地演化成了不同的语言。许多词都变了，但在广阔的太平洋地区的所有语言里，有一个词仍然相同：layar，即

威猛的军舰鸟，它们的翼展超过七英尺（约 2 米），能在空中飞翔数月不落。太平洋的第一批探险者，拉皮塔人和波利尼西亚人，就是与它们合作寻找陆地的。

“帆”这个词。

我们的祖先可以在太平洋上航行，如果我们能像他们一样娴熟地在宇宙之海中遨游，我知道自己会做什么。我不会前往任何一个特定的星球，而是去向距离太阳 500 亿英里（约 800 亿千米）的真空中。

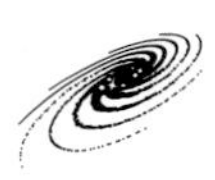

光，我们研究了上千年；引力，我们研究了上百年。爱因斯坦的很多结论都是在解释这两者彼此影响的方式。由于引力使光线弯

曲，所以任何恒星，包括太阳在内，都有可能变成一种透镜，成为500亿英里（约800亿千米）长的“宇宙望远镜”的一部分。我们用目前最强大的空基望远镜看其他恒星的行星也只能看见一些小点。而宇宙望远镜能提供给我们那些行星上的山脉、海洋、冰川甚至城市的详细图像。

它是怎么工作的呢？首先，宇宙望远镜的探测器阵收集来自遥远星球的光。接着它将信号传回地球，实际上它就是宇宙望远镜的“目镜”，而我们天空中最亮的恒星太阳则作为望远镜的物镜。如果我们能一次看清全貌，那么它成的像看起来就会像一件首饰，银色的丝线环绕着中间的黄色钻石（我们的太阳）。那么一颗你无法看穿的恒星是如何变成一个透镜的呢？当遥远行星反射出来的光非常接近太阳时，太阳的引力会使这些光线微微弯曲，它们在宇宙中会聚的点被称为焦点，那便是你所观测的目标清晰成像的地方（译注：太阳引力透镜的焦点距离太阳500亿英里，我们把探测器阵放置在那里）。

通过一个500亿英里长的望远镜，你能看到什么？答案是：几乎所有你想看的东西。伽利略最好的望远镜能把目标放大30倍，也就是说使类似木星的行星看起来近了30倍。我们的宇宙望远镜可以让物体看起来近1000亿倍，并且我们同样可以把它指向几乎任何一个方向。我们的探测器阵可以环绕太阳飞行。宇宙中只有一部分是我们的盲区，正是我们银河系的中心，它太亮了，令人目眩。不过我们能通过这种望远镜看到其他许多过去不可见的区域。

我们可以观察遥远行星的大气成分，还能判断那里是否存在生命。分子具有特定的光谱特征，如果我们用分光镜（这种仪器可以将光分解成光谱）观察大气，我们就能鉴别出组成大气的分子——氧和甲烷的存在预示着生命可能存在。我们的宇宙望远镜可以让我们全面了解遥远行星的整个表面。

它不仅是一个只能收集可见光的光学望远镜，还是一个射电望远镜。就像它能把遥远星球的光放大 1000 倍一样，它也可以让射电信号呈现同样的效果。射电频谱上有一段天文学家称为“水坑”的波段。它得名于狮子和水牛聚集在一起饮水和沐浴的地方。这个名字有一种双关的意味，因为在频谱上这个波段介于氧和羟基的发射线之间，而氧和羟基正是水（H_2O）的成分。宇宙的“水坑”区域干扰最小，我们甚至能从中窃听到遥远文明间微弱的信息传递。我们需要用我们所有的计算能力来解码藏在噪声中的信号。在我的想象中，这些信号会像这样：氢原子……共振频率 1420 兆赫兹……请帮助我们……3.1415926……欢迎……等离子体密度……爱你……恒星耀斑警告……会合坐标（163, 244）……

这种巨大的望远镜也是回顾过去的一种工具。仰望宇宙时，你只可能看到过去的目标，因为光传播需要时间。早晨望向太阳时，你看到的是 8 分 20 秒前的太阳。无论用其他什么方式，你也不可能看到它本身。这是因为太阳发出的光需要用那么长的时间来穿过 9300 万英里到达地球。当我们用这种望远镜望向任何一个星球时，我们看到的都是它过去的样子。

现在，想象一下另一个文明的宇宙望远镜，比如一个距地球 5000 光年的文明。那里的天文学家可以目睹埃及金字塔的建造，或跟着勇敢的波利尼西亚旅行者横穿太平洋。但也许这种宇宙望远镜最重要的作用就是帮助我们寻找新的地球。

我无法理解的是，为什么我们还没有造一个宇宙望远镜？我们已经知道怎么建造了，我们现在也拥有相关技术。你希望未来何时开始？

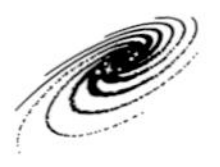

我们怀揣着伟大的梦想，把目光投向了其他星球，希望前往那些地方，把它们变为我们的家。但我们怎样才能到达呢？恒星之间相距甚远，我们需要的“帆船”必须能在最长的运载过程中维持人类船员的生存。最近的恒星是比邻星，它在 4 光年（24 万亿英里）之外。为了让你感觉到这个光点究竟有多远，我换种说法，如果 NASA 的旅行者 1 号探测器以每小时 38000 英里的高速前往比邻星，那么它需要近 8 万年才能到达那里。而这只是银河系数千亿颗恒星中离我们最近的一颗。

如果我们想要成为一个超过地球预期寿命的物种，我们需要像波利尼西亚人一样行事。我们要利用我们对大自然的了解，还要造出能乘光飞行的帆船，就像当年御风而行一般。想象这样一支帆船队，它们不是第一章提到的扁豆大小的纳米飞行器，而是有着数英里高的桅杆的大型帆船。每个光子击中这种大光帆时都会给它带来一点推力。帆虽然很大，但也很薄。这意味着在宇宙的真空中，即使来自光子的最微弱的推力也会使之加速，直到它的速度达到光速的若干分之一。当这些船离开家园足够远，远到太阳看起来已成为空中一颗普通恒星时，这些船会向身后释放浮标一样的东西，它们可以射出强大的激光。我可以想象出，在点燃核推进器使它们稳定之前，它们晃动了一会儿。它们射出几束激光，穿过一段空间后打在光帆上。这是一场宇宙灯光秀。当你离恒星太远而导致光芒减弱时，激光可以实现相应功能。

如果我们用光帆飞向比邻星，那就用不了8万年了，20年就可以到达。比邻星是一颗红矮星，它有两颗恒星兄弟，南门二A和南门二B。同时比邻星还至少有一颗行星，比邻星b。这颗行星位于恒星的宜居带内，但我们尚不清楚它能否支持生命的存在。地球上，生命的演化得益于磁场的保护，那么它是否拥有这种保护性的磁场呢？面对极为强烈的恒星风（比太阳吹向地球的太阳风还要强2000倍），它能保住自己的大气层吗？

由于距离母恒星非常近，比邻星b上的一年只有11个地球日。它靠近母恒星这件事对生命来说是好事，因为红矮星发出的能量只相当于太阳的一部分。但如果行星的磁场很弱或是间断的，那生命可能也没有机会诞生。比邻星b与母星接近的另一个结果是，这颗行星会被潮汐锁定，即行星的一面会永远面向恒星，另一面则是无尽的黑夜。

尽管这种红矮星可能是不冷不热的状态，但它们有着万亿年之久的漫长未来。这段时间有多长，我来给你一个具体描述：宇宙本身的年龄只有140亿年，这还不到红矮星寿命的百分之一！红矮星是宇宙中最常见的恒星，它们的行星可以一直待在温暖舒适的宜居带内，直到恒星死亡。想想，如果一个文明有以万亿年计的未来，那它的延续性和发展潜力会达到怎样的程度。

在这个被潮汐锁定的星球上，晨昏线附近的狭长地带总是上演着“魔术时刻”（译注：在摄影中，日出或日落的时候色彩丰富，适合创作，这段时间就被称为魔术时刻）。如果比邻星b适宜居住，那么生命将局限在这段朦胧的区域内。这里可能是原住民的家园，也可能是我们后代的营地。比邻星b的重力比地球的大10%左右，这对我们来说有点像负重锻炼的情况，除此之外不会有实质性的问题。

艺术家想象的比邻星 b 的水面，远处是黄矮星南门二 A 和南门二 B。

对于那些更远的长途旅行，我们就需要一艘更快的飞船了。假设我们发现了一个离我们家园大约 100 光年的恒星系统，里面有一颗恒星和几颗可能宜居的行星，对光帆来说，这趟旅行需要 500 年。我们有没有可能建造出一艘可以打破宇宙极限速度的飞船呢？

墨西哥的一位数学物理学家米给尔·阿库别瑞（Miguel Alcubierre）受电视剧《星际迷航：原初系列》（*Star Trek*）启发，构想出了理论上可以超光速行驶的飞船。如果它能成功，那么我们从太阳前往那个遥远恒星系统的时间将减少到一年甚至更短。但是等一下，“你不能超过光速”不是科学的基本原则吗？确实是。但阿库别瑞引擎的原理是：不是飞船移动，而是宇宙移动。飞船本身会被封在它自己的时空泡内，这样它就无须违反任何物理定律。美国的哈罗德·怀特（Harold White）解决了一些难题，例如这种飞船需要的巨大能量，并最终得出结论：超光速的星际飞船至少在理论上是可能的。但制造它仍远远超出我们现阶段的能力。

阿库别瑞引擎飞船是一台引力波制造机，它会使前方的时空收缩，后方的时空扩张。虽然阿库别瑞引擎看似静止，但位于它前方的时空结构的涟漪更加紧密，位于它后方的则更加舒展。乘着这种飞船在星际兜风，眨眼间就可飞过 600 万亿英里（约 966 万亿千米）。你还没感觉到什么，就已经身处那个遥远恒星的行星系中了。让我们暂且称之为“霍科”系，里面有一颗红矮星和几颗绕它旋转

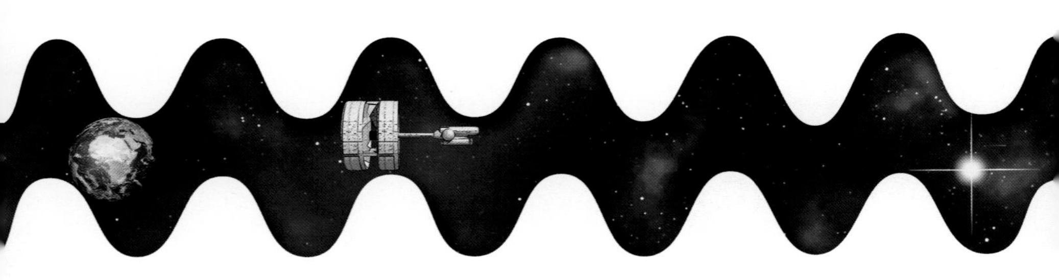

这个图解说明了拥有阿库别瑞曲率引擎的宇宙飞船，是如何扩展后方的空间并压缩前方的空间，从而实现超光速飞行的。

的岩质行星和冰巨行星，它们中间有一颗行星已经成为了我们的家。目前还存在于我们想象中的宇宙望远镜筛选了 100 光年范围内的所有恒星，最后指引我们来到这里。

在想象中，这七颗行星挤在一起，它们与其恒星的距离都小于水星与太阳之间的距离。最靠外的行星叫“豪米亚”，其南北半球的高纬度地区呈云杉绿色，中纬度地区呈浅绿色，布有长而蜿蜒的云层。豪米亚星位于霍科星宜居带的外缘，它表面那温暖的绿色看起来很诱人，但我们看到的并不是森林的顶部。那些绿色源自甲烷和氨。尽管它距霍科星只有 2700 万英里（约 4345 万千米），但霍科星太暗弱了，无法让这颗行星保持温暖。

右侧的远方是“塔维利”星，它是一颗刮着暴风的气体巨行星，有数十颗卫星。左侧是“奥罗”星，它拥有铺满黑沙的表面和红色的铁岩浆脉。我们现在已经行进到了霍科星宜居带的最佳地点。照直向前是一颗拥有两个大洲的蓝绿色行星。这就是“坦加罗亚”

星，我们这一物种在这里书写了新的篇章。随着我们穿过云层，云也渐渐消散，从晨雾中浮现出的是如地球一般的景观，有树，有河流，还有连绵起伏的绿色山脉。人类用几百年的时间把这个无生命的星球改造成了地球的模样。现在，这里的空气闻起来像我们的家乡一样芳香，当我们仔细观察行星表面时，我们会看到许多住房，但它们与自然环境融为一体，几乎看不出来。

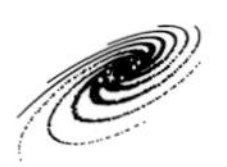

在我们伟大的宇宙旅程中，这只是我们穿越银河系之旅的前几站之一，仅相当于到了印度尼西亚。我们的前方仍有很多岛屿。在我们梦想的未来会有这么一天，我们利用超光速飞船，把我们的宇宙望远镜架设在离我们的母星足够远的地方，在那里我们就能见证地球和生命的古老历史，亲眼看见那些在未知海域开辟航线的无名祖先。

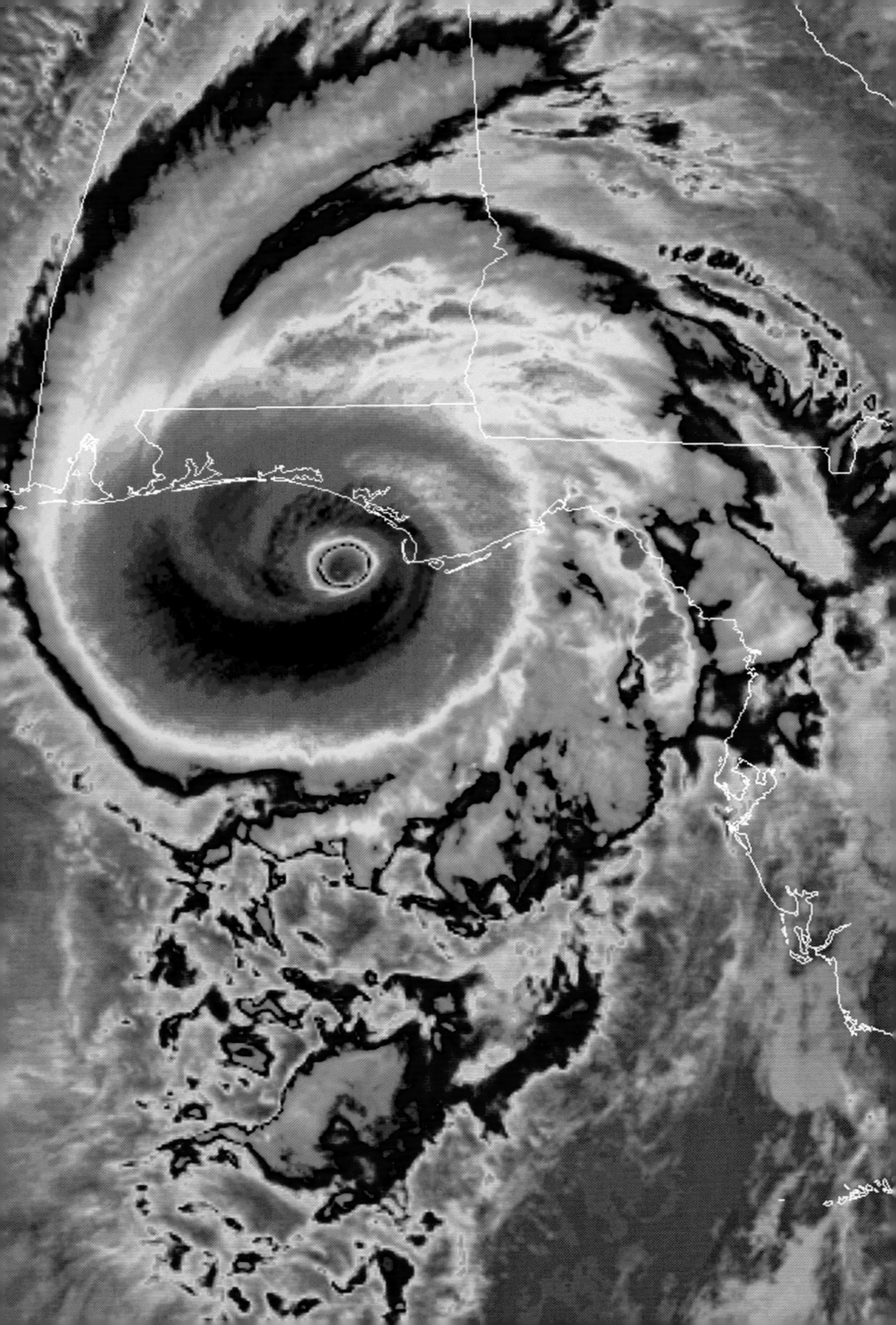

| CHAPTER 12 |

人类世的到来

为了展示我们的控制力，

人类面临着比以往更多的挑战，

不是控制自然，而是我们自己。

——蕾切尔·卡森（Rachel Carson），

《寂静的春天》（*Silent Spring*）

2018 年 10 月 10 日的飓风“迈克尔”，它是有史以来登陆佛罗里达州潘汉德尔的最强风暴。较温暖的海洋和大气会生成更为强烈的飓风：这是名叫“人类世”的新地质时代的众多特征之一。

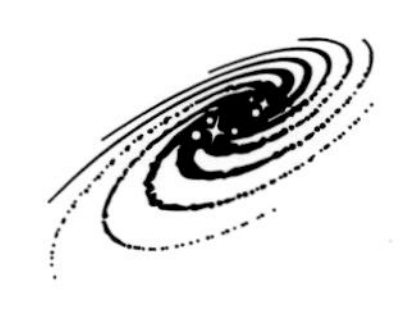

若将宇宙历史压缩到一张年历上，那么最后 30 秒开始时，也就是 11650 年前，地球进入了温暖的间冰期——全新世，而人类文明可谓全新世的礼物。在人们眼中，研究地球的科学家也就是地质学家们通常是踏实保守的一群人，但他们中的一些人根据找到的证据提出，为了更好地反映我们这一物种对全球的影响，是时候给我们所处的时代命名了。他们认为我们这个时代应该叫作“人类世”（Anthropocene），这个词源于希腊语中表示“人类”的 anthropos 和表示“近期”的 -cene。它反映出我们这一物种对全球环境及环境所承载的生命的影响。

人类世是从何时开始的？这一问题颇具争议。一些人认为，它和全新世同时开始，那时已经有第一批其他物种因我们的过度猎杀而灭绝了。我想知道，我们的祖先在杀死最后一头猛犸象和最后一只巨狐猴时，他们会为了保留某种记忆，而在洞穴墙壁上绘出这两种动物的样子吗？人为造成的灭绝并不稀罕，但我们确实不能责怪

法国拉斯科洞穴顶部壁画中的原牛，一种欧亚野牛，现已灭绝，不过很快就会在基因工程的帮助下复活。这种牛拥有巨大的角，可能是今天的牛的祖先。

我们的祖先。他们考虑的是他们的生存问题，所以难以顾全大局。他们怎么会知道这次或那次的捕杀就意味着整个物种的终结呢？他们只知道周边发生的事。

又或许，人类世开始于第一粒种子被种进地里的那一刻，以及随之而来的农业革命。此前，整个地球上树木的数量是现在的两倍，它们吸收二氧化碳并释放氧气。随着农业的发展，我们的祖先不再迁徙，而是在农田和城市中定居下来。他们砍伐森林，腾出空间，修建房屋，打造船只。无论好坏，这些船都使人类变成一种全球互通的生物。

人类世是不是从动物的驯化开始的呢？甲烷是另一种改变气候的气体，而牛能将野草转化为甲烷，这一过程就发生在牛的体内，它们消化食物的时候。但这一点直到现代科学时代也没人想到。几头牛能造成什么破坏？更不用说彻底改变地球了。我们的祖先只是想养家糊口，想保证小孩子不会饿着，能活下来罢了。

温暖我们祖先小屋的炉火是人类世的开始吗？大约 4000 年前，中国人有了一个革命性的发现：有一种岩石比木头燃烧得更久、更高效，能更好地驱散寒冷和潮湿。这种岩石实际上是数百万年前的植物和树木死亡后埋在地下的碳残留物。煤的发现是人类世的开始吗？由于森林被砍伐做成木材，煤在锻造、铸造和家庭的供能上越来越重要，这些小火苗产生的烟对大气的影响并不大。但几千年下来，我们的人口数量呈指数增长，最终我们燃烧了大量的木头和煤，向大气排放了过多的二氧化碳，使整个世界变暖。

大概 1000 年后，亚洲各地的人们开始种植水稻，此时是人类世真正开始的时候吗？那些人开发出了一种名叫“土壤黏闭”的巧妙技术，这关系到往灌水的稻田移栽幼苗的过程。这些勤劳的农民当然不会知道，这种特殊的种植方法就像牛一样，有朝一日会产生数亿吨甲烷。灌了水的土壤失去氧气，接着看不见的微生物会分解植物，产生甲烷。而为了缓和这一问题，水稻的叶子会向大气释放更多的甲烷。很早以前的农民无法看到这么小的尺度上发生的事，现代科学时代来临前也没有人会想到这一点。同样的，他们只是想养家糊口而已。

时间就写在地球的岩石中。如果你知道如何阅读时间的痕迹，你就能重构地球历史上的故事。这一历程中最具吸引力的片段不是用最亮的颜色写出的。地球岩石中那白色的一层好比一首史诗，它为我们讲述了巨兽灭绝的故事。这个岩层由一种名为铱的稀有金属组成，它标志着6600万年前白垩纪的结束。恐龙，以及地球上3/4的动植物都在这个时代灭绝了。

地质学家在地质层中间打入金钉，标记出不同时代的分界线。

一个地质层可以表明某类物种的化石开始和最后被发现的边界。地质学家有一个习惯：每当找到一个地质层，就用一根金钉来标记。他们用锤子把金钉打入岩石。如果我们生活在人类世这一人为造成灭绝的时代，我们该把金钉钉在哪里？

也许应该钉在我的体内。我出生的那年，地球上有两个超级大国在明争暗斗。为维护统治地位，它们不惜一切代价。1945 年，美国发明了可以释放原子内部能量的武器。四年后，也就是 1949 年，我出生了。这年夏天，美国的对手苏联也拥有了原子弹。之后这两个国家引爆了更凶残的武器，它们能释放核聚变的能量——那种来自恒星内部的可怕能量。两国在大气层试验这些核武器，只是为了表明自己有多强大。几十年时间里，两国引爆了数千枚核弹。爆炸释放出锶 90，一种因过剩的核能而不稳定的原子。这种放射性同位素污染了全世界母亲的母乳，照顾婴儿的母亲们拒绝在这种恐怖中生存，她们联合起来抗议，直到 1963 年，几个国家才签署了禁止大气层核武器试验的条约。

我，以及和我同代的所有人的身体组织里，都携带了过量的另一种放射性同位素，名叫碳 14。每种放射性原子都有半衰期，它对原子来说就好比是树的年轮。你可以数年轮知道树的年龄，也可以根据半衰期知道原子的年龄。军备竞赛使大气中的碳 14 增加了一倍。如果有一天我失去记忆，忘了我多少岁，那么我出生那年夏天那些核爆炸的回响将告诉你我的年龄。我体内的“金钉”是否标志着人类世的开始？它是从那时开始的吗？

大气试验结束了，但我们仍在摧毁我们的家园，我们一直知道，一切尽被毁灭的那一天将会来临。如果你什么都不做的话，知道这些危险有什么好处呢？可能还是不知道的好。“预知也能成为诅咒。”

在这个 16 世纪的挂毯画中，卡桑德拉正在恳求普里阿摩斯避免只有她才能预见的未来的劫难。

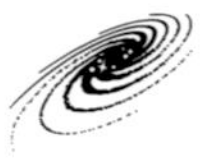

流传时间最长的故事是那些从未发生过而且永远也不会发生的神话故事。有一个神话已经流传了数千年，即使在这个故事中，人们也会因为竞争而盲目地做出不可理喻的破坏性行为。

古老的光明之神阿波罗爱上了特洛伊国王普里阿摩斯最喜欢的女儿卡桑德拉。但她拒绝了他，阿波罗便将预言的能力赋予她，这是阿波罗的报复，他要卡桑德拉可以预知未来，但她的预言永远会被人忽视。卡桑德拉的哥哥帕里斯询问他们的父王，自己能否访问斯巴达。此时卡桑德拉知道，这会使帕里斯引诱斯巴达国王的妻子海伦，并最终导致特洛伊毁灭。所有人都对卡桑德拉的话置若罔闻。在特洛伊人甚至斯巴达人看来，她只是一个阴郁悲观的先知。

卡桑德拉预言的恐怖景象出现了：随着希腊军队的进攻，曾令人骄傲的特洛伊城楼倒塌了，整个城市陷入火海。标志性的特洛伊木马完成了它的使命，已空无一人。阿波罗很满意。卡桑德拉所预言的悲剧没有受到重视，现在对特洛伊来说已经太迟了。对于卡桑德拉来说，预知就是一种诅咒。但它也可以是最好的祝福。让我给你讲述另一个故事。很久以前没有冰箱，那时很难防止食物变质。有个人名叫冰人，他会用一辆马车载着一大块冰来到你家，把冰卖给你。他会用凿子敲下一大块冰，用一把大钳子夹着，非常艰难地把冰块送到房子底下临街的入口处。它被保存在一种名叫冰盒的东西中，冰块能够保存那种很快就会变质的食物。但是在炎热的天气里，很快就会有水从冰盒门的底部滴落，滴得地上到处都是。

于是有人想出了另一种冷藏食物的方法——一个以氨或二氧化

硫为冷却剂的气动系统。人们不用再拉冰块了，这有什么不好？

事实是，首先，这些化学物质有毒，闻起来让人难受。并且冷却剂一旦泄漏，对孩子和宠物都非常危险。人们急需一种旧冷却剂的替代品，一种可以在冰箱内循环的新冷却剂，当冰箱泄漏时，它不会使人中毒，在被送到垃圾场后也不会带来任何危险。这种物质不会让你生病，不会灼伤你的眼睛，不会吸引虫子，甚至不会伤害你的猫。但整个自然界似乎不存在这样的物质。因此，美国和德国的化学家发明了一种地球上不曾存在过的分子，他们称其为氟氯烃（即 CFC），因为这种物质由一个或多个碳原子、一些氯原子和（或）氟原子组成。

这种新分子作为冷却剂非常成功，远远超出了发明者的预期。CFC 不仅成为冰箱的主要制冷剂，也成为空调的制冷剂。你还能用 CFC 做很多其他的事。它可以用于制作能产生丰富泡沫的的剃须膏，可以保护你的发型在风吹雨打下不变形，它还是灭火器、泡沫绝缘材料、工业溶剂和清洁剂的推进剂。CFC 还使喷绘变得非常有趣。这种化学物质最著名的商标名称是氟利昂，是杜邦公司的商标。人们用氟利昂用了几十年，它似乎没有带来什么危害，每个人都认为它很安全。

直到 20 世纪 70 年代早期，加州大学尔湾分校的两位大气化学家研究地球大气时，情况发生了变化。马里奥 · 莫利纳（Mario Molina）是一位年轻的墨西哥裔激光化学研究者，舍伍德 · 罗兰（Sherwood Rowland）则来自俄亥俄州的一个小镇，他是一位化学动力学家，主要研究不同条件下分子和气体的运动。莫利纳想成为一名科学家。他正在寻找一个尽可能远离他之前研究方向的项目。他想知道，氟利昂分子从空调中泄漏后会发生什么。在莫利纳思考这一问题的同时，阿波罗号的宇航员还在定期前往月球。NASA 正在考虑每周发射一次航天飞船。地球大气经平流层过渡到漆黑的太空，燃烧的火箭燃料是否会破坏平流层呢?

很多时候，科学就是这样发挥作用的。你着手解决一个问题，却偶然发现一个完全不同的、出乎意料的现象。

罗兰和莫利纳发现，那种剃须膏和发胶中的神奇分子，即非常不活泼的、被认为无害的氟利昂，它们在被使用后并不会消失。它们聚集在太空的边缘，那里已经聚积了数万亿的氟利昂。它们默默聚集在地球高空，没有任何用处。令罗兰和莫利纳感到震惊的是，他们发现 CFC 正在使阻挡太阳有害紫外辐射的大气层变薄，而且这一趋势会一直持续下去。后来的研究证实，它使大气层变薄的速度非常迅猛。

当紫外线照射 CFC 分子时，它会将氯原子剥离出来。这样一来，氯原子就会开始破坏臭氧分子，臭氧分子十分宝贵，对我们的生存至关重要。大约 25 亿年前，我们的地球才有了臭氧层的保护，生命才得以安全地离开海洋，登上陆地。一个氯原子就可以破坏 10 万个臭氧分子。但在 20 世纪 70 年代，CFC 充斥于各个产品，厂商无法想象没有 CFC 的世界。即使我们已经确认臭氧层正在变薄，企业对这一危机的回应也只是“科学尚未解决”。

人们很难相信我们这个物种已经强大到可以危害地球上的其他生命了，他们还在寻找天上那巨大空洞的非人为原因。一家机构曾建议，每个人只要涂上更多防晒霜，戴上帽子和太阳镜就好了。但科学家指出，无论是处于全球食物链底端的浮游小植物，还是较大的植物，都不可能做到这一点。

莫利纳和罗兰不停地向世界发出警告。与此同时罗兰开始疑

1974 年，化学家舍伍德 · 罗兰（右）和博士后马里奥 · 莫利纳揭示 CFC 对大气层造成的破坏时，这一观点遭到企业和政府的嘲笑。如今人们都知道它是一项科学事实。

惑，“如果最终我们能做的只是干站着，等待预言变成现实，那么我们发展出一套可以准确预测未来的科学有什么用呢？”罗兰和卡桑德拉都有一肚子话想说。但随后，令人惊讶的事发生了。

全球爆发了强烈抗议，全世界的人都参与其中。20 世纪 60 年代，世界各地的妇女要求结束大气层核试验，因为她们不想将有毒的母乳喂给婴儿。20 世纪 80 年代，消费者要求企业停止生产 CFC。这些抗议效果显著，政府听取了意见。197 个国家禁止使用 CFC。这差不多是地球上所有国家了。由此，这场危机可以从我们忧虑的事件清单中删除了。自那以后，受到破坏的臭氧层正在恢复。虽然还不稳定，但预计到2075年，臭氧层将完全恢复，此时距罗兰和莫利纳的发现已经过了大约一百年。

如果罗兰和莫利纳没有对平流层产生好奇，或者他们的警告像卡桑德拉一样被忽视，情况又会如何呢？给予我们重要保护的臭氧层将在40年内消失。我们的子孙将永远不能带孩子晒太阳了。大多数完全靠植物生存的食草动物都会灭绝，食肉动物会依靠它们的尸体苟延残喘一段时间，但最终也会死亡。我们躲过了这颗已存在的子弹，但还有其他危险的子弹向我们飞来。

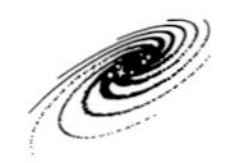

最后一个故事，与另一个能预见未来的人有关。到目前为止，科学界之外的人对他的生活和工作仍是知之甚少，但即使是阿波罗也会羡慕他的预言能力。他无比精准地预言了一件史诗般的事，我们每个人都欠他的人情。

他出生于日本爱媛县（这个名字的意思是“可爱的公主”）的农村，这里有着未被破坏的自然美景，但他童年的大部分时间都是在地面之下度过的。受第二次世界大战影响，他和村子里的人总是藏在地下防空洞里。

一位潜水员正在调查变白的珊瑚礁残骸。珊瑚依赖于生活在其体内的微小藻类，这些藻类为珊瑚提供食物和颜色。而在更温暖的水中，或在因二氧化碳排放而变得更酸的水中，藻类会死亡，导致珊瑚变得惨白，使珊瑚礁变成坟场。

一开始，真锅淑郎（Syukuro Manabe）想和他父亲、祖父一样当一名医生。但在青年时期，他对物理着了迷，尽管他也担心自己学不好数学。本来他成绩比较差，直到他开始专注于他最感兴趣的问题：为什么地球的大气和气候是这个样子的？

真锅知道温度会随着季节变化而波动，但他想知道，为什么地球每年都能保持相同的全球平均温度。是什么让地球的恒温器保持在这个特定的温度？我们有可能采集地球气候的所有变量（包括大气、压强、云量、湿度、地表条件、洋流和风流），并为地球建立一个有预报能力的气候模型吗？要知道，此时日本的气候学家还没有任何计算机可用，他手动进行了这些能让大脑麻木的计算。

1958 年，受美国气象局的邀请，真锅移民美国。五年后，他获准使用第一台超级计算机。那是当时最强大的计算机，但在真锅输入数量庞大的地球气候数据后，整个系统还是崩溃了。真锅用四年时间搜集证据，试图证明一个大胆而痛心的预言。

这个预言可能是特洛伊公主内心的哭喊，也可能是一个干巴巴的科学论文标题："在给定相对湿度分布下大气的热平衡"。这个标题听起来当然不像"天塌了，天塌了！"这么夸张，但它说的就是这个意思。真锅和他的同事理查德 · 韦瑟拉德（Richard Wetherald）预测出了随着人类排入大气的温室气体的增加，地球的温度将如何变化。科学家准确预见到即将来临的灾难如何呈现。他们看得更远，甚至超越了我们身处的时代。有些人仍认为科学是不确定的，但如果真是这样，真锅和韦瑟拉德何以可能准确预测 50 多年来地球温度的上升情况？如果这个现象不是我们造成的，那二氧化碳又来自何处？

更大规模的气候科学家团体预测了气候变化的后果：沿海城市将洪水泛滥，这是其一；海洋变暖会造成珊瑚大量死亡，其二；灾难性风暴的强度会增加，其三；还有，致命的热浪、前所未有的干旱和四处蔓延的野火。科学家向我们提出了警告。

化石燃料行业的既得利益企业及他们所支持的政府就像烟草公司一样，他们假装科学是不确定的，并拖延了宝贵的时间。

地球大气层上一次含有这么多二氧化碳已经是80万年前的事了。当时变化速度相对较慢，所以大多数物种都有时间适应。我们采集了地球上数亿年才积累出的碳，并在几十年时间里把所有二氧化碳排放到大气中。1967年，两位科学站出来告诉我们，如果我们再不采取措施地球将会如何变化，而这些事也确实发生了。科学家赐予我们看到未来灾难的能力，这种能力过去只有神才能赐予。但正如罗兰哀叹的那样，“如果最终我们能做的只是干站着，等待预言变成现实，那么我们发展出一套可以准确预测未来的科学有什么用呢？”

珊瑚和树蛙的命运可能还不足以警醒大多数人。但你的未来、你的生活、你孩子的生存呢？

想象一下，你的孩子上幼儿园的时间可能会推迟，直到温度计的示数降到致命温度以下；当野火袭来时，她和她的家人可能要被迫逃离她童年的家园，什么也带不走；水可能成为她婚礼上的香槟；随着北极永久冻土的消失，一种已经蛰伏10万多年的恶性病毒被唤醒，疫情可能随之暴发。

这未必会发生。现在还不算晚，我们还有另一种未来，另一种可能的世界。人类世可以成为人类觉醒的时代，我们可以直面新生力量的挑战，学会运用科学与高新技术与自然和谐相处。世界上总有一群人对危险保持警惕，并致力于避免危险发生。也多亏互联网的发明，让我们知道如何相互联系。

和我一起前往我们仍可能拥有的未来吧。

CHAPTER 13

可能的世界

不含乌托邦的世界地图不值得看，因为它漏掉了人类一直准备登陆的那个国度。每当人类在那里登陆，他们就会向外张望，一旦看见一个更好的国度，就会再次扬帆起航。

——奥斯卡 · 王尔德（Oscar Wilde），

《社会主义下人的灵魂》（*The Soul of Man Under Socialism*），1891

书一定是劈开我们内心冰封海洋的斧头。

——弗朗茨 · 卡夫卡（Franz Kafka），

1904 年 1 月 27 日写给奥斯卡 · 波拉克（Oskar Pollak）的一封信

一张新的“地球升起”照，这是为纪念阿波罗 8 号任务 45 周年而合成的图像，它由两部分组成，一部分是原始图像，另一部分是根据 NASA 月球勘测轨道飞行器的新数据，用电脑生成的一幅更加锐利的月球表面图像。

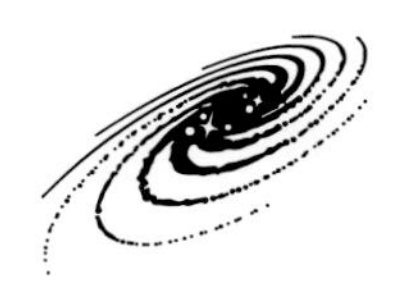

地球的极地冰冠不断收缩，像花岗岩一样坚硬的永久冻土变得松软，但我们内心的冰封海洋似乎还坚如磐石。我们已经知道几十年来我们给自己造成什么样的危机，但我们还沉睡着，继续走向严酷的未来，毫不在意这对我们的子子孙孙意味着什么。在大众文化中，几乎所有作品对未来世界的描述都站在反乌托邦的视角，说那时的地球是一片堆满垃圾的破败废墟。这些描写准确反映了我们心中的恐惧。但假如梦是导航图，我们对未来的美好梦想有可能帮助我们找到摆脱这场噩梦的路吗？

这种美好梦想的科学基础是什么？人类对未来的信心不应是宗教式的盲目信仰，也不应是强烈拒绝，但这种信心该如何树立呢？

这是我的儿子塞缪尔·萨根向我抛出的问题。他是未来世界的公民，也是本书配套电视系列节目的重要合作者之一。他就像他的父亲一样，比起重拾信心，他更关注现实。塞缪尔的持续探索启发我去做一些深刻的反省。我们这一物种的希望有着坚实的科学和历

2039 年 4 月 30 日，游客们聚集在纽约港的“生命之树”巨型建筑内部。这里是观看纽约世界博览会开幕式的最佳视角。

史根据，还是说我们的乐观只是一种应对机制，一种认为科学发展能抵御危机的一厢情愿？

1961 年，卡尔亲密的朋友、同事，天文学家弗兰克·德雷克提出了一个计算银河系中智慧文明数量的方程：

$$N=R_* \cdot f_p \cdot n_e \cdot f_l \cdot f_i \cdot f_c \cdot L$$

其中，

N = 银河系内可能与我们进行通信的文明的数量；

R_* = 银河系中恒星形成的平均速率；

f_p = 拥有行星的恒星所占的比例；

n_e = 行星系中“类地”行星的平均数；

f_l = 类地行星中发展出生命的行星所占的比例；

f_i = 拥有生命且最终发展出智慧生命（文明）的行星所占的比例；

f_c = 能向宇宙发射可探测信号表明其存在的文明所占的比例；

L = 这种向宇宙发射可探测信号的文明的平均寿命。

弗兰克和卡尔知道我们的银河系中有大量恒星，而且早在发现第一颗系外行星的三十多年前，他们就准确推理出行星的数量也很庞大这一事实。他们认为其中有少数行星可以支持生命，而其中更小一部分行星上，智慧生命将不断进化，并发展出改变世界的技术。

德雷克方程中最后一个值 L 表示每一个有望度过卡尔所谓的“技术青春期”的文明的平均寿命，“技术青春期”是一个年轻文明开发出了自我毁灭的技术，但还不够成熟，也没有足够的智慧防止灾难发生的危险时期。弗兰克和卡尔知道，他们是根据我们自己的文明在核军备白热化阶段的悲观前景来预测 L 的。这一时期，真锅和韦瑟拉德创立了第一个准确的气候模型，并将温室气体向大气大规模排放的情形考虑在内。

那么，为什么我认为我们能够度过“技术青春期”呢？这么说吧，你能否找到一个在青春期的某个时段从没有感到过绝望的人？

我肯定是感到过绝望的，而且这种绝望持续的时间超过了一般的青春期。那时我鲁莽、不负责任。我没按我承诺的那样打电话或露面，总让我的父母彻夜难眠。我的情绪飘忽不定，我的房间、公寓经常是乱七八糟的。我做了许多有始无终的事，我会莫名其妙地丢三落四，我拿我的大脑和生命冒险，尝试了效果不明的东西。我对真相不以为然，我还没有掌握批判性思维的方法，所以容易上当受骗。我很自私，没有人相信我能信守诺言，也不会有人相信我能通过努力工作获得我想要的未来。未来对我来说是不真实的。事实上，现实对我来说也是不真实的。长大之后我才学会控制这种情绪。

但我并不能完全控制，直到我认识了卡尔。一开始这只是一个微小的变化，头几年里，我们以同事和朋友的身份互相了解对方，面对我那未加省察的信念，他没有教训我，也没有嘲笑我。他会问一个非常棒的问题，这种问题会留在我的心里，之后，就像我脑海中一粒定时释放的胶囊。他给了我新的证据标准，使我能够判断我最珍视的那些信念。那些一路走来哄骗我的花言巧语已经不再起作用了。卡尔真的有在听，而且还有后续问题要问。

坠入爱河的我们就像发现了一个新世界，这正是我从来没有到过但一直希望到达的那个可能的世界。在这个新世界里，真实在各方面都超越了幻想。最重要的是，它凸显了什么是真实。就像你永远不可能谎称去到过月球或其他行星一样（因为若想要成立，每项任务中成千上万个步骤里的每一步都必须是真实的），我们共享的新世界中也没有谎言。我们都知道，彼此间的亲密无间才支撑着我们的幸福；再小的谎言，哪怕它微不足道，也会带来隔阂。我们一起做的每一件事都成为一种爱的表现。

在真正的爱情关系中，是否有方程可以描述善意的传播效果呢？在卡尔的影响下，我想尽可能成为最优秀的人。在爱情里，我们做的每件事都促使对方想要变得更好。我过去的作品矫情又悲惨，现在我已经从我那经常断片儿的自我意识中解放出来了。我不再想让人刻骨铭心，我只想交流，只想与读者联系。自纪录片《卡尔·萨根的宇宙》开播，我的工作就是每天献给卡尔的爱情礼物。每当我们一起写作，我都会看着他阅读我一天的成果。有时他会突

两个人能一起造就的可能的世界。在安·德鲁扬40岁生日宴会上，卡尔·萨根和安开心地笑着。

然哈哈大笑，或是做一个像是向我脱帽致意的手势，我就会心花怒放。我知道，他对我在工作中的喜悦感同身受。

在一个星光灿烂的夜晚，我们乘坐的船正在太平洋中航行。躺在甲板上的我们看到一对海豚“夫妻”乘着海浪游向远方。我们盯着它们看了大约 10 分钟，突然，它们做出一个优美的动作，直式角扎入海浪，消失在深处。它们步调一致，就像是在以某种神秘的方式交流。卡尔看着我，笑着说：“那就是我们，安。”

相爱 20 年后，他的离世让我永远失去了那个我们一起发现的世界。我想到自杀。但我们的孩子还年幼，作为母亲，我别无选择，必须活下去。所以，我把从卡尔那里学到的东西记在心里，尽我所能延续他的光辉。我再次投身于我们一起做过的那些工作。

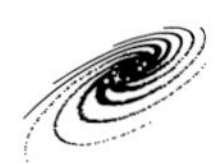

我希望在过去 20 年时光中我从那个世界所学到的，是我现在以及未来 20 年所做的工作的一部分。从第一章开始，本书讲了许许多多的故事：我们作为一个物种如何为未来发明农业，即使在当时这种未来只能是抽象的；像阿育王的人生一样，我们如何能够学会改变我们最坏的一面；环境带来的挑战简直无法战胜，生命的顽强如何使它存活；我们如何能像瓦维洛夫和他的同事那样，忍受难以忍受的苦难，为我们的后代留下宜居的未来；我们如何勇敢地运用科学的手段，深刻审视我们自己；幼年期的人类必然会认为我们是宇宙的中心，科学是如何让我们成长，使我们在万亿颗星球中的一个暗淡蓝点上认清真实的自己的；我们如何开始注意到被我们利用和折磨的其他生命形式的感受；我们如何打破宇宙的隔离，进入宇

宙之海的深处冒险，科学如何教会我们与大自然的奥秘共存，而不是做出自我安慰的错误解释；科学如何能帮助我们提前很长时间就预知我们的栖息地将要面临的危险，从而让我们艰苦奋斗，以便在遥远的未来迁徙到其他地方；科学如何给予我们预言的能力从而保护人类的事业；最后，在一个没有任何东西可以逃脱星球自身引力的星球上，一个年幼的孩子在最普通的情况下，会如何梦想开展星际航行，并成长为他所在的星球上首批飞向恒星任务的领导者。

那么，请允许我保持乐观的态度，让我告诉你我对未来的畅想。

想象现在是 2029 年。在某个地方有个大概 10 岁的女孩，她所处的未来仍有进步的空间。我的思绪飘过她的房间，她躺在客厅里一块破旧的地毯上度过了漫长的下午，以自己的视角描绘出了 21 世纪的未来（就像卡尔童年的画板那样）。我们可以从她的衣着和周围环境看出，2029 年仍有“钥匙儿童”（latchkey children，译注：指脖子上常挂着钥匙的儿童，因父母外出学习工作而独自在家，相当于城市的留守儿童）。从她手臂和肘部的地毯印可以看出，她已经躺了有一段时间了，但她仍然全神贯注。

在画作的顶部写着标题：地球如何变好，她的画也是由小标题和她未来的时间线组成的。她第一个小标题定格在 2033 年这个界线，内容是“亚马孙雨林扩大三倍！”

来自其他网站其他年份和小标题也出现在画面上，胡乱堆叠在一起，导致有些单词并不完整。

2034 年在埃菲尔铁塔举行的庆祝活动昭示着：“国际热核聚变实验堆（ITER）的聚变反应堆上线！只需一茶匙水就足以供应整个巴黎市的电！”

2035：“第一次与蓝鲸沟通！语音翻译！它们很生气！”

2036：一个被未来主义建筑点缀的冰冻荒地：“行星际种子库在月球南极开张！”

2037：“交通博物馆收藏了最后一台内燃机！”

2049：“宇宙望远镜揭示出巨大比例的人造物体！”

2051：“火星上种下第100万棵树！”

所有小标题排列成一个大圆圈，中心是一个我们完全不熟悉的结构。它就是矗立在纽约港的生命之树，一个由碳酸钙组成的巨型

位于纽约港的巨大的生命之树。它由从大气中吸收二氧化碳形成的石灰石建造而成，象征着人类已经有能力应对最艰巨的挑战了。

2039 年纽约世界博览会的宏伟展馆。

建筑，也就是说其成分与和贝壳、珍珠一样。但组成这个惊人建筑的材料是由从地球大气吸收的二氧化碳转化而来的。地球上各种各样的生命形式都被精美地呈现出来，仿佛它们都在生命之树那无比宽大的枝杈上找到了栖息地。这棵高耸入云的生命之树牢牢扎根在大西洋哈得孙陆架谷深处。

地球上每个大的港口都新建了这种巨型建筑，纽约港的这个就

是其中之一。这些未来的世界奇迹不仅意味着我们这一物种已经找到了利用科学和高新技术避免气候走向最坏结果的方法，而且表明了我们与地球同胞和谐相处的伟大抱负。自由女神是朝这个方向迈出的一步，一个多世纪来，它给世界带来希望和光明。

底下的水也变了。成群的鱼、海马、螃蟹、龙虾、有褶边的扁虫、鳗鱼、鱿鱼、海豚和海豹在树的根部游来游去，树根延伸到哈得孙海底峡谷，那里有一群座头鲸在嬉戏。海上的一支小分队已经清理了海洋中的废弃渔网，这些渔网曾像幽灵一般，杀死了许多珍稀的海洋生物。它们被无数条垂入海中的线所取代，这些垂线上挂着大量贻贝、牡蛎和蛤蜊。贝类水产养殖需要清洁的水域，而贝类养殖的增加对全世界海洋都极为有益。贝类本身就可以成为水的过滤系统。

现在，陆地上正在举行2039年纽约世界博览会（5岁的卡尔也对当年的纽约世博会感到无比兴奋）。观众涌向入口，被五个宽敞的未来主义风格的展馆所震撼，这些展馆环绕着一个巨大的椭圆形倒影池。它们都具有一种生物美学，每一个都是对自然的一种敬畏。我们会感觉自己好像正在进入一个失落的世界、一个乐观的未来，自人类最后一次登上月球之后，这个未来就被我们遗弃了。

我们参观世博会的第一站是探索者馆。它的入口像一个不会眨动的大眼睛，我们从中进入，来到中厅，发现这里到处都是我们的老朋友——那些科学史上的伟大人物现在都来到了现实世界，他们每个人都将以一对一的模式重新演示他们是如何破解大自然的秘密的。他们不仅是头部充满既有信息的机器人——我们已经找到了重现他们大脑中紧密连接的神经网络的方法，可以看到他们的构思、记忆和联想。他们不知疲倦地回答你可能提出的每一个问题。在这里，没有一个问题是愚蠢的，你可以问任何你确实想知道的问题而不必感到害羞。

想象这样一个世界，我们能够将宇宙中正在发生的故事讲给每一个孩子听，就像我们今天给孩子讲童谣和童话故事一样自然。如果在孩子们记忆力最好的时段，我们只是忙着给他们脑海中灌输无意义的事情，会浪费多少新神经元和宝贵的时间？

接下来是第四维度馆，即时间馆。如果把宇宙历史压缩成一年，那么整个宇宙年历都能供你探索。每个人都能在此设置自己想要的时间和空间坐标，从而观赏138亿年宇宙演化历程中的任意时刻。我们在四个世纪前才开始系统地进行科学研究，但此时我们已经能重构数十亿年前发生的许多事情了。

馆内有着巨大的空间，上方满是动态的宇宙天体——穿梭的彗星、聚集成风车星系的恒星、在新生恒星周围的吸积盘中积聚的行星。这座巨大建筑的所有楼层都属于我们的宇宙年历，它将一年划分为月和日，不过它有一个显著的不同：所有日期和时间都呈现为连接楼层的传送门，以便人们深度体验宇宙演化中发生的事件。

在宇宙的历史中，你最想看的事件是什么？我们可以前往第一颗恒星开始燃烧的时刻，也可以去恐龙统治地球的数百万年中的最后一天。或者去向“线粒体夏娃”致敬——我们所有人的血统都可追溯到她身上，她是我们所有人的母亲。又或者我们可以来一场耶利哥塔一日游，看看塔建成时的样子。凡此种种，任你挑选。

下一个展览馆是透明的生命之宫。这座塔直插云霄，里面充满海水。整个建筑是透明的，但你一进入就会被大片的黑暗笼罩。黑暗中隐现着某种令人困惑和恐惧的东西。它似乎一半是动物，一半是建筑奇观，它就是“永恒之喉”，是展馆的入口。

虽然这个幽灵般的东西如此奇特，如此可怕，但我们认为它就是冠状皱囊动物，是我们已知的最早的共同祖先，它把我们和其他动物联系在一起。我们自己的 DNA 进化可以追溯到 5 亿多年前，生命在这 5 亿年中以某种方式通过了环境的考验。有关我们与这个祖先的直接联系的发现是科学的重大成就之一。在未来几百万年里，生命的变形天赋将带来什么样的形式呢？真正的冠状皱囊动物其实非常小，只是我们眼里的一个小黑点，但在我们每个人的故事里它显得尤其伟大。就我们目前所知，冠状皱囊动物是动物王国初始的生命形式。那么生命是如何像雕刻家一样，把我们从中雕刻出来的

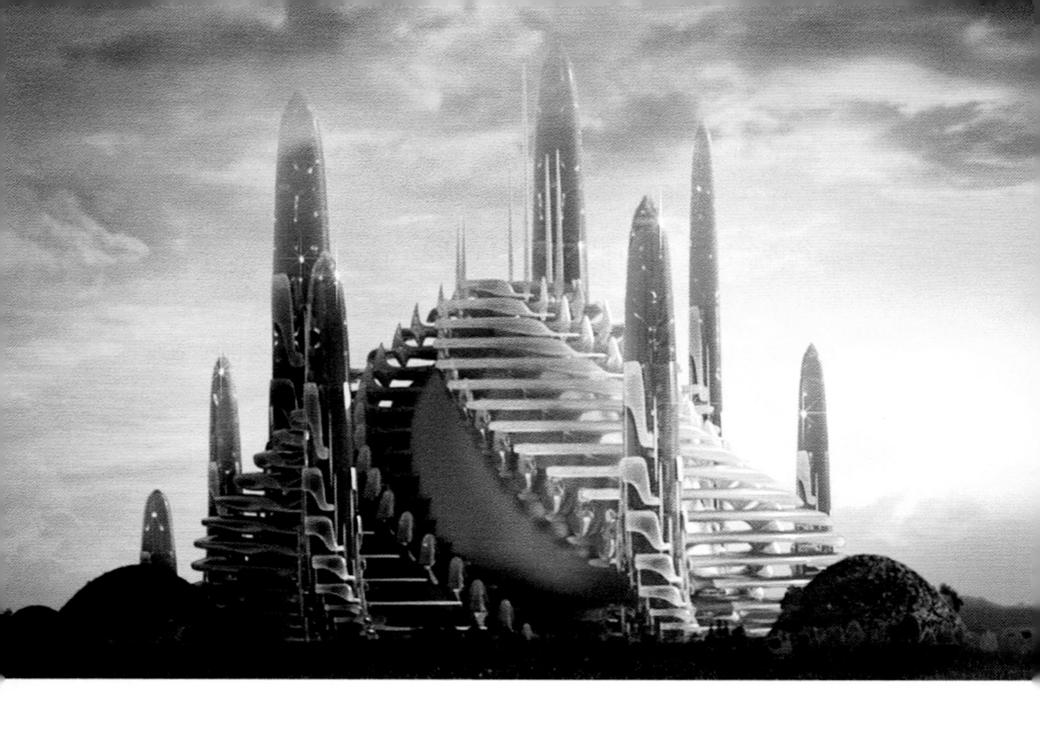

2039 年纽约世博会上透明的生命之宫，这座殿堂是献给延续了 40 亿年且丰富多彩的生命的。

呢？从简单的事物中生长出复杂的事物是不可思议的，但只要有充足的时间和空间，进化就会让这种事情成为可能。

“永恒之喉”的下颌缓缓下降，露出一条通往生命之宫的坡道，展现出大自然的多样性。兰花、蝴蝶和蜂鸟给人生机勃勃的感觉。

生命走过了40亿年的历程，在至少五次大规模灭绝事件中幸存下来，而且每次都比之前更强大、更多样。生命不仅意味着我们是我们各部分的总和，即使我们找不到退路，生命也能找到通向未来的路。

如果我们能明智地将我们的知识应用于自然，那么即使是完全无解的问题也能得到解决。世界各地发生过的冲突已被人遗忘，但留下了1.1亿枚地雷。每年它们都会造成数千名平民伤亡，其中包括农民、和朋友玩耍的孩子等。这该怎么办？想想在全球寻找和拆除埋在地下的1.1亿个爆炸装置所需要的工作量，是不是很绝望？

生命之宫中有一片野花区，里面有开着美丽白花的拟南芥（thale-cress），一丛绿色的拟南芥中会有两三株长着鲜红的叶子。植物学家利用生物工程技术找到了探查我们脚下那些危险爆炸物的好方法，拟南芥的根可以检测出这些地雷和简易爆炸装置（IED）释放的二氧化氮气体。如果拟南芥长出红叶，请注意：下面有地雷。但如果它的叶子是绿色的，你就可以与朋友在那片区域玩耍。我们可以利用我们对自然的理解跳出我们给自己挖的陷阱。

在战争和生活方式的影响下，我们向地球倾倒了大量垃圾。不只是地雷和IED，还有化石燃料中的毒素、消费社会带来的废物、核电站、武器、越扔越多的电子玩具，里面都充满了致命的铅、镉、铍等重金属和其他电子垃圾。当我试着集中精力思考这一问题时，我一度感到绝望。但生命和科学竟然为这场噩梦找到了一条出路，它就是生物修复技术。

杨树具有将致癌溶剂三氯乙烯（TCE，一种常见的工业副产物）转化为氯离子的性质。氯离子不过是盐的成分，对人无害。微生物学家发现，他们杂交两种不同类别的杨树后，得到的新品种杨树转化 TEC 的能力将增强。大规模种植这种树不仅消除了土地对人类和其他生物的有害威胁，而且有助于吸收二氧化碳这一最强的温室气体并释放氧气。

酵母除了带给我们面包和啤酒，还可以帮助我们清理世界。台湾红酵母（Rhodotorula taiwanensis）和抗辐射奇异球菌（Deinococcus radiodurans）对处理 γ 辐射、酸和有毒重金属特别有效。它们可以拦截这些毒素，防止它们污染水源和其他环境。这种弥补损失的方法是大自然给我们的第二次机会。

但我们如何避免地球被再次破坏呢？地球上有什么机构是人类用来保护遥远未来的呢？没有一个机构会承认我们给自己带来了危险，更不用说规划保护未来的机构了。我们做事的时间范围不过是下一会计季度的三个月或到下次大选的四年。但科学告诉我们，生命的时间尺度可达数十亿年。我们该如何认识生命过去的连续性？我们与生命的未来紧密相连，那么我们又该如何认识我们所扮演的角色，从而使之真正发挥作用呢？

到目前为止，科学还无法让我们变得明智和有远见，但科学可以提醒人类未来有多长。

生命之宫的礼品店出售量子珠宝、手表和项链，这种项链护身符中包含三维激光晶格，能让锶原子孤立悬浮在空间中。这些原子完美地与宇宙的量子韵律相协调，在接下来的 150 亿年中，它们的时间误差不超过 1 秒。而对永恒来说，这 150 亿年只不过是沧海一粟。

有多少文明消失在了我们今天的战争中？世界的表面之下又埋葬着多少国家？也许我们永远无法得知。但在我想象中的世博会上，会有一座“失落的世界”馆，早已消逝的文明会在那里复苏。

在公元前5世纪的希腊，历史之父希罗多德（Herodotus）记下了伊比利亚半岛上塔特西人那富裕的生活方式。他们的财富来自于他们从地下开采的金银。他们有自己的语言、文化、舞蹈、音乐，但这里面只有很少一部分外加几件设计精美的物品留存了下来。他们是地球上失落的世界之一，但在这个展馆中，我们可以漫步于他们文明最繁荣的时代。

在今尼日利亚的诺克地区曾生活着一群无名的人类，我们也能见到他们。1500年前，他们的工程师处在技术的最前沿，采用了新的冶铁技术。像塔特西人一样，他们也有自己独特的文明，但只留下了一些风格迥异的陶器雕像。而在这个展馆中，他们的生活方式，他们淹没在时间长河中的思想，都会重获新生。

2500年前，印度河流域的文明达到高峰，它拥有庞大的城市网络和500万人口。此时的希腊人还只是一群流动商贩，在小部落间往来，而印度人规划并建造了他们最著名的城市——摩亨佐达罗。他们甚至在自己家中安装了现代化的管道，这种管道大多数人家到20世纪末都没有。他们还掌握了其他形式的水利工程技术，如地下管道、污水处理、厨房自来水等。他们有牙科，对这种最精细的事情有标准化的方法。他们是伟大的雕塑家，将自然界的真实场景变成人类的三维描绘。

他们写下的标语就挂在建筑上，但我们还没能理解他们的含义。他们用骰子玩一些概率类游戏，还会玩棋盘类游戏以消磨晚上的时光。他们身上还有些令人好奇的事情。他们的艺术中没有留下对战争的描述，也没有留下大量武器。没有证据表明他们精心规划的城市曾被敌人夷为平地。无论是在同时代人类历史研究中，还是在整个人类历史上，这都是很不寻常的。

在失落的世界展馆中，摩亨佐达罗的母亲们身子探出窗外，呼唤孩子们回家吃晚饭。当太阳在这一失落的世界缓缓落下时，孩子们不情愿地回到家中。他们和我们一样真实，他们生活的年代也和此时此刻一样真实。

在失落的世界展馆之外，还有一个“可能的世界”馆，里面是关于未来世界的内容。这个建筑的外观就像是落在地球上的银河系，灯光组成了一个巨大的、缓慢旋转的风车结构，五彩斑斓的薄雾象征着恒星间的气体和尘埃。它的中心是一盏白炽灯，完全被水道包围，缓慢旋转着。在旋转的同时，旋臂与架在周围水道上的人行天桥相连。

我们这个时代已经向恒星间发射了五艘飞船。它们是落后而原始的飞船，与它们所要穿越的辽阔的星际距离相比，它们的移动速度无比缓慢。但在未来我们会做得更好，我们将以更快的速度前往其他恒星。自400年前伽利略首次使用望远镜观察天空以来，我们虽身处地球无法脱身，但已经找到数千颗围绕其他恒星旋转的行星并开展研究了。银河系中有数千亿颗恒星，因而可能也存在更多的行星。

卡尔撰写《卡尔·萨根的宇宙》时，也设想了一部《银河百科全书》，一本包含了每颗恒星的所有行星的参考书。在系外行星尚未被发现、因特网尚未诞生的时候，他就大胆写下了这些内容。在此后的几十年里，我们找到了数千颗围绕其他恒星旋转的行星。他的《银河百科全书》之梦现在就快变成现实了。

我们对这几千颗系外行星的认识和推论现在还很模糊，但总有一天我们会对大约 50 万颗行星有更加深入的了解。让我们像之前卡尔所做的那样，想象一个巨大的、像亚历山大图书馆一样的银河系数据库，我们这个小小星尘也能借此成为宇宙公民。

想象我们正走在可能的世界展馆的一条旋臂中，里面伸手不见五指。走廊尽头有一盏灯，在逐渐接近它的过程中，我们会发现它是双星系统中的一颗恒星。随着全息显示屏的旋转，第一颗行星进入我们的视野。它是一颗布满裂纹的冰质行星，上面没有明显的生命或文明迹象。我们将视线转向另一颗行星。当我们观察它的暗面时，我们会注意到它有蜘蛛网般的灯光网络，显然这是智慧文明的标志。我们的面前是这颗行星在百科全书中的条目，这是卡尔在《宇宙》一书中所描述的百科全书的一种变体。这些自称为“幸存者”的人只比我们先进一点点。如果我们能与他们交流，他们可能会告诉我们，他们是如何度过他们暴风雨般的青春期的。

把目光从蜘蛛网般的网路上移开后，我们继续沿着旋臂向前走，来到一个橙色的 K 形恒星前，周围有几颗行星绕着它旋转。我们将注意力集中在第四颗行星上，它拥有深紫色的大气层，极光正在它的北极冠上方闪耀。

比我们更先进的文明会是什么样？与那些地方的大规模工程相比，最令我们骄傲的成就可能也相形见绌。我们沿着大厅走向更远的地方，穿过其他恒星、行星和卫星，来到一个比太阳略亮的蓝白色 F 形恒星。这个恒星系统中的行星也出现在了我们面前，此时一颗拥有绿色陆地和亮橙色海洋的行星出现在地平线上。这颗行星有一个显眼的环。

随着这颗带环的行星越靠越近，我们会发现这个环与土星不

银河百科全书

自称“在黑暗中绽放”的文明

文明类型: 1.1R

社会形态: 2Y6

行星际地下社区，新兴合作理念

文明年龄: 4.4×10^{11}s

首次建立本地通信: 6.3×10^{10}s前

首次收到银河系嵌套码: 3.1×10^{10}s前

源自文明，高能中微子通道爆发本星系群多元通信

生物: 碳、氢、氧、氮、铁、锗、硅。

夜间合成的无机营养物

基因组: 5×10^{14}

（半非冗余位 / 主要基因组: $\sim3\times10^{17}$）

存活率（每1000年）: 72.1%

自称“幸存者”的文明

文明类型: 1.8L

社会形态: 2A11

恒星: F0V型，光谱变星，$r = 9.717$ kpc,

$\theta = 00°07'51"$, $\phi = 210°20'37"$

行星: 第六颗，$a = 2.4\times10^{13}$cm,

$M = 7.8\times10^{18}$g, $R = 2.1\times10^{9}$cm,

$p = 2.7\times10^{6}$s, $P = 4.5\times10^{7}$s

额外的行星殖民地: 无

行星年龄: 1.14×10^{17}s

首次建立本地通信: 2.6040×10^{8}s前

首次收到银河系嵌套码: 1.9032×10^{8}s前

生物: 碳、氮、氧、氢、硫、硒、氯、溴、水、环八硫、多环芳磺酰卤化物。

弱还原性大气中易变的光化学合成自养生物。种类多样，颜色单一

$m\sim3\times10^{12}$g, $t\sim5\times10^{10}$s

无假基因

基因组: $\sim6\times10^{7}$

（非冗余位 / 基因组: $\sim2\times10^{12}$）

技术: 指数增长，接近极限

文化: 全球性、非群居性、多样性（2个属，41个种）；算法诗歌

产前/产后: 0.52[30]

个体/集体: 0.73[14]

艺术/技术: 0.81[18]

存活率（每1000年）: 80%

自称“人类”的文明

文明类型: 1.0J

社会形态: 4G4

恒星: G2V型，$r = 9.844$ kpc,

$\theta = 00°05'24"$,

$\phi = 206°28'49"$

行星: 第三颗，$a = 1.5\times10^{13}$cm,

$M = 6\times10^{27}$g, $R = 6.4\times10^{8}$cm,

$p = 8.6\times10^{4}$s, $P = 3.2\times10^{7}$s

额外的行星殖民地: 无

行星年龄: 1.45×10^{17}s

首次建立本地通信: 1.21×10^{9}s前

首次收到银河系嵌套码: 申请中，待批准

生物: 碳、氮、氧、硫、水、磷酸根。脱氧核糖核酸。无假基因。易变异氧生物，与光合自养生物共生。表面居民单一，呼吸氧气。铁螯合四吡咯物质参与血液循环。有性哺乳动物

$m\sim7\times10^{4}$g, $t\sim2\times10^{9}$s

基因组: 4×10^{9}

技术: 指数增长 / 化石燃料 / 核武器 / 有组织的战争 / 环境污染

文化: ~200 个民族国家，~6 个全球性大国；文化和技术正在同质化

产前/产后: 0.21[18]

个体/集体: 0.31[17]

艺术/技术: 0.14[11]

存活率（每1000年）: 40%

同，它是一个固体人造结构。它似乎由铂金制成，上面的窗口和港口保持着良好的间隔。或许有些文明将他们恒星系统中的其他行星拆解开了，然后在他们的行星上重新组装成一个环，从而给他们带来更多的空间和资源。我们现在已足够接近这个行星的表面，可以看到巨大的平台漂浮在橙色的巨浪上。

看起来他们的未来一片光明。现在我们来到一颗红矮星前，附近有几颗行星和卫星在轨道上运行，而这些行星和卫星上都点缀着灯光，它们拥有紧凑的结构。少数未开发的土地上布满了奇怪的陨击坑。这个世界上的穷人只有三分之一的机会存活下来，他们的恒星上正发生着一些事情：恒星轨道上的大型宇宙飞船似乎正在搭建一个巨大的架子。他们可能在尝试解决整个恒星系统的能源危机？他们需要恒星的能量，但他们的恒星只是一颗暗弱的红矮星，无法为众多行星文明提供足够的能量。也许他们已经耗尽了所有的燃料。继续靠近，我们可以更清楚地看到恒星周围的人造架子：这是一个令我们感到陌生的物体，恒星的一部分被人造的外壳包裹着——他们必须建造一个包裹他们恒星的外壳，以获取恒星发出的每一缕光芒。

卡尔·萨根在《宇宙》一书中想象了一本《银河百科全书》，他为这本他非常渴望阅读的书创作了一些条目。它们科学地推断和概括了可能世界的文明，其中包括我们的地球。这里我们引用了《宇宙》中卡尔创作的两个条目，外加一个新条目。

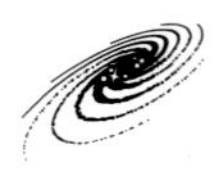

我们该如何在《银河百科全书》中建立我们自己的条目？也许现在银河系某处就已经有人写下了我们的条目——他们利用我们的电视广播或通过一些严谨的调查任务建立了我们的行星档案。他们在开始监听地球之后，可能会计算有关这颗蓝色行星的一些指标，比如“存活率（每1000年）：40%”这样的统计数据。

依我看，这个40%当然只是一个猜测。我听到了摩亨佐达罗黄昏时人行道上的掷骰子声，听到了那些跳舞的蜜蜂讨论下一个家建在哪里的嗡嗡声。我感受到了瓦维洛夫和他同事的渴望，感受到了从起伏的叠层石到爱因斯坦再到我们，这一切思想的分量。爱因斯坦在1939年世博会开幕式上的演讲在我的脑海中回响：“如果科学想像艺术一样正确而充分地履行其使命，就必须让其成就的深层意义流入人的意识，而不能只停留于表面。”

以下是我理解的这一“深层意义”。

我们的宇宙开始于大约140亿年前，那个物质、能量、时间、空间爆发的时刻。

黑暗是寒冷的，光亮是温暖的，而这种极端的组合塑造出了物质的形状和结构。

露珠项链。生物学、化学和物理学共同创造了这种天然珠宝。

质量数百倍于太阳的巨大恒星的爆炸，给未来的行星送去了氧和碳、金和银。这些恒星死亡后，宇宙复归于黑暗，黑暗的引力锁住了光明。在它们的死亡遗迹上，新的恒星诞生了。它们开始相互绕转，逐渐成为现在的星系。

星系改变了恒星，恒星成就了行星。在这些行星中，至少有一颗进入到了熔融核心释放热量从而使海水变温暖的阶段。那些来自恒星的物质有了生命，进而有了意识。

地球塑造了这种生命，它与其他生命进行斗争。

一棵大树不断生长，它有许多树枝，五次濒临死亡。但它还是长了起来，而我们只是一根小树枝，一根没有这棵树就无法存活的树枝。

我们慢慢学习，开始想阅读自然之书，想学习它的规律，想培育这棵大树，想找到我们在浩瀚星海中的位置，想成为宇宙认识自己的一种方式，想回归到恒星之中。

我们不是第一批站在岸边的探索者，世界各地的几代祖先给我们搭建了知识的基础。

这一成就造就了科学的时代，而科学还需要严格遵守五项简单的规则：通过观察和实验来检验猜想；以那些通过检验的猜想为基础；拒绝检验失败的猜想；无论证据指向何方，都严格遵循；以及质疑权威……质疑一切……因为在确证之前，我们无法找到正确的路。

古老的生命在你的手中延续下去。

致谢

| THANK |

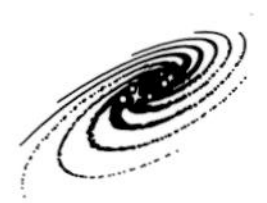

1996年，卡尔·萨根去世，这不仅是我和我家人的不幸，也是世界的一大损失。我们失去了一位科学的探路者，一位能将每一类人联结起来的诗人，一位尽职尽责保护未来的行星公民，一位孜孜不倦寻求真理的人。本书写到这里，我深知这一工作任重道远。没有大家的帮助，我万不敢开始这一工作。

与之前的《宇宙》系列一样，《宇宙2》的书和电视节目紧密相连，所以我给《宇宙》家族两方的人都添了麻烦。

首先我要感谢Steven Soter，之前他与我和卡尔合著了1980年版的《卡尔·萨根的宇宙》，这次他对《原子核》做了处理，带来了一个之前从未涉及的项目，本书第十章就是由此改编。我还要感谢他让我了解到有关培雷火山爆发的最新想法。我与Carl和Steven在之后所有《宇宙》系列纪录片中的合作都引起反响。他们的学识、创作和善良给本书和电视系列带来了深远影响。

在我的整个职业生涯中，我一直很幸运地拥有出色而大方的创作伙伴。Brannon Braga为我和Steven合作的《宇宙时空之旅》节目做出了很多贡献。现在，为《宇宙》系列的第三部电视节目，我非常乐意花几年时间和 Brannon 坐在一个房间里思考和写作，然后和他一起执导、制作剧集。我很珍惜那些时光，也要感谢他对我的耐心和对《宇宙时空之旅：未知世界》的贡献。

Andre Bormanis 和 Samuel Sagan 也参与了一段时间的创作。Andre 是博学和儒雅的典范，也是我们现场的科学顾问。Sam 在这两季中给我们讲了许多非常好的故事，他对古代文明的了解启发了我们，他还在制作过程中扮演了其他角色。

在拍摄的最后几周，Sam 遭受了致命的脑出血。我要向 Nestor Gonzalez 医生和西达斯西奈医学中心神经重症监护室（ICU）的医生和护士们致以深深的谢意，他们对 Sam 的护理和康复至关重要。我还要特别感谢 Ron Benbassat 医生在 Sam 在 ICU 期间对他的监护和对我们的善意。Jennice Ontiveros 和 Sasha Sagan 的体贴使他在那几周的痛苦变得可以忍受。也要感谢 Jonathan Noel 和 Laurie Robinson，他们让 Sasha 能够陪伴在我们身边。Jennice 把她美丽的声音借给了这本有声读物，Sasha 把自己的祖母 Rachel Sagan 带回了生活中——她在剧中扮演了她优雅的祖母。

如果没有 Seth MacFarlane，那么第一季《宇宙》节目之后就不会再有新一季的《宇宙》了。Seth 对《宇宙》系列的热情承诺带来了它的新版。正是他对福克斯传媒集团 CEOPeter Rice 的支持，以及 Peter 对黄金时间商业网络电视的构想，才使我们有了经费自由制作出 2014 年的《宇宙时空之旅》。在福克斯集团，我还要感谢 Shannon Ryan、Rob Wade、Phoebe Tisdale 和 Alex Piper。国家地理频道与福克斯集团平等合作的意愿让我们的第二季节目有了全球电视史上最隆重的首映。国家地理和福克斯集团都是最好的合作伙伴。对于国家地理一直以来的倾囊相助，我十分感谢 Gary Knell、Courteney Monroe、Chris Albert、Kevin Tao Mohs、Heather Danskin 和 Allan Butler。他们付出了太多。

《宇宙时空之旅：未知世界》这部 13 集的电视节目可能是一千个人的成果。

Jason Clark 节目在这两季节目中，我目睹了 Joe Micucci 从一名助理成长为该系列的制片人，这是一个极度认真、刻苦的过程。其中最引人注目的是 Neil deGrasse Tyson，我要感谢他作为主持人那强大而富有特点的表现力。我们很荣幸邀请到杰出的摄影导演 Karl Walter Lindenlaub，他用光影描绘了这个系列。获奖无数的音乐大师 Alan Silvestri 特意为我们的节目创作了音乐。

Kara Vallow 是同期动画片段的创作合作者，他带领团队将我们的动画系列打造得如珠宝般精致，而特效总监 Jeff Okun 则将我们最疯狂的梦想变成了现实。

《宇宙》系列的创作者和工作人员包括（但不限于）Sabrina Corpuz Aspiras、Andrew Brandou、Ruth E. Carter、Marjorie Chodorov、Marjorie Chodorov、Kimberly Beck Clark、Alexandria Corrigan、Jane Day、Alex de la Peña、Hannah Dorsett、Adam Druxman、John Duffy、Jack Geist、Gail Goldberg、Lucas Gray、John Greasley、Coby Greenberg、Neil Greenberg、Zack Grobler、Rachel Hargraves-Heald、Connie Hendrix、Mara Herdmann、Julia Hodges、David Ichioka、Sheila Jaffe、Duke Johnson, Matthew Keller、Gregory King、Tony Lara、Carlos M. Marimon、James Oberlander、Scott Pearlman、

Clinnette Minnis Sagan、Nick Sagan、Safa Samiezadé-Yazd、Eric Sears、Joseph D. Seaverton、David Shapiro、Elliot Thompson、Max Votolato 和 Brent Woods。

我们的任务能完成，关键在于尊敬的科学家们，他们回答了我们书中和节目中遇到的大量问题。里面可能出现的错误完全是我造成的。我要感谢：康奈尔大学天体物理学和行星科学中心主任、物理科学“David C. Duncan”教授 Jonathan Lunine；加州大学河滨分校保育生物学中心主任、生物学教授、植物病理学名誉教授 Michael Allen；美国航空航天局戈达德航天中心哈勃运维项目科学家 Kenneth Carpenter 博士；加州理工学院生物学“Seymour Benzer”教授 David Anderson；康奈尔大学地球与大气科学助理教授 Toby Ault；澳大利亚国立大学考古与人类学学院名誉教授 Peter Bellwood；斯坦福大学光子学研究中心副主任、文理学院应用物理系教授 Robert Byer.；加州理工学院理论宇宙学、场论和引力研究者 Sean Carroll；康奈尔大学天文学助理教授 Alexander Hayes；康奈尔大学卡尔·萨根研究所所长、天文学副教授 Lisa Kaltenegger；威斯康星大学生物学副教授 Barrett Klein；突破摄星计划技术总监 Peter Klupar；美国国家科学院物理与天文学理事会副主席、突破摄星计划咨询委员会主席、哈佛大学天文系主任、理论与计算研究所所长、黑洞计划（BHI）小组创始主任、“Frank B. Baird, Jr.”科学教授 Abraham (Avi) Loeb；斯坦福大学应用物理学教授、“W. M. Keck”基金会教授 David A. B. Miller；格里菲斯天文台台长 E. C. Krupp 博士；康奈尔大学机械与航天工程副教授 Mason Peck；康奈尔大学“Horace White”教授 Thomas D. Seeley；突破摄星计划执行董事、美国航空航天局艾姆斯研究中心前主任 Pete Worden；康奈尔大学微生物学教授 Stephen Zinder。

我特别感谢我的朋友、尊敬的艺术家 Dario Robleto，感谢他的友谊，感谢他给我讲述 Angelo Mosso、Giovanni Thron 和 Hans Berger 的故事。Sam Sagan 的想法促使我们讲述了阿育王的故事。作家 Gita Mehta 对自己生活的生动描述使我重新认识到了其中的力量，感谢 Gita 满足我的兴趣，重述了她的故事。

我还要感谢 Pam Abbey 二十年的勤勉和奉献，感谢 Vanessa Goodwin 在准备这本书的手稿时给予的专业帮助，以及在整个节目的制作过程中对我的无私帮助，感谢 Kathy Cleveland 的支持和友谊，感谢 Patty Smith 的热心帮助。我对他们的信任使我能够专注于这项工作。

如果我没有两次鼓舞人心的经历，我就不会写下这本书。一次是与《国家地理》杂志主编 Susan Goldberg 的会面，另一次是与国家地理图书出版商 Lisa Thomas 的会面。我要感谢她们对编辑工作的投入，以及她们为完成这本书所付出的一切。从第一章到这一页，我与 Lisa 的合作非常愉快。我还要感谢高级编辑 Susan Tyler Hitchcock，副主编 Hilary Black，高级编辑项目经理 Allyson Johnson，创意总监 Melissa Farris，摄影总监 Susan Blair，图像编辑 Jill Foley，总编辑 Jennifer Thornton，高级制作编辑 Judith Klein。这份书稿有非常好的手感，我也要感谢他们为本书挑选图片时的审美和用心。

我还要感谢我的两位挚友 Jonathan Cott 和 Ernie Eban，他们为本书提供了最恰当、最有感染力的好句子。我也很荣幸得到 David Nochimson 和 Joy Fehily 一直以来的好建议。最后我还要表达我对 Lynda Obst 的爱与敬意。正是在阳台上进行的那些深刻而有趣的交谈，让我在洛杉矶制作这些节目和书写这本书的时候感到无比快乐。

关于作者

| ABOUT AUTHOR |

安·德鲁扬是NASA旅行者号星际信息计划的创意总监，也是2005年由俄罗斯洲际弹道导弹（ICBM）发射的第一个太阳帆深空任务的项目主任。她与已故的丈夫卡尔·萨根共同创作了电视纪录片《卡尔·萨根的宇宙》和6本《纽约时报》畅销书，这部纪录片在20世纪80年代曾获艾美奖和皮博迪奖。此外，德鲁扬还是华纳兄弟电影《超时空接触》的联合编剧和联合制片人，这部影片由鲍勃·泽梅基斯执导，乔迪·福斯特主演。德鲁扬是《宇宙时空之旅》的首席执行制片人、导演和编剧，这部纪录片由福克斯传媒集团和美国国家地理频道联合制作，2014年她凭此片获得皮博迪奖、制片人工会奖和艾美奖。此片获得了13项艾美奖提名，已在181个国家播出。她是《宇宙时空之旅：未知世界》的执行制片人、编剧、导演和作者，此片于2019年首次播出。2709号小行星“萨根”和4970号小行星“德鲁扬”永恒地围绕着太阳旋转，象征着两人天荒地老的爱情。

延伸阅读

| Further Reading |

CHAPTER 1

- *Catal Huyuk: A Neolithic Town in Anatolia* by James Mellaart (McGraw-Hill, 1967).
- *Çatalhöyük: The Leopard's Tale: Revealing the Mysteries of Turkey's Ancient "Town"* by Ian Hodder (Thames and Hudson, 2011).
- *Inside the Neolithic Mind: Consciousness, Cosmos and the Realm of the Gods* by David Lewis-Williams and David Pearce (Thames and Hudson, 2005).

CHAPTER 2

- *Ashoka: The Search for India's Lost Emperor* by Charles Allen (Overlook Press, 2012).
- *Shadows of Forgotten Ancestors: A Search for Who We Are,* by Carl Sagan & Ann Druyan (Random House, 1992; Ballantine Books, 2011).

CHAPTER 3

- *The Vital Question: Energy, Evolution, and the Origins of Complex Life* by Nick Lane (W. W. Norton, 2015).

CHAPTER 4

- *Lysenko and the Tragedy of Soviet Science* by Valery N. Soyfer, translated by Leo Gruliow and Rebecca Gruliow (Rutgers University Press, 1994).
- *The Murder of Nikolai Vavilov: The Story of Stalin's Persecution of One of the Great Scientists of the Twentieth Century* by Peter Pringle (Simon and Schuster, 2008).
- *The Vavilov Affair* by Mark Popovsky (Archon Books, 1984).

CHAPTER 5

- *Angelo Mosso's Circulation of Blood in the Human Brain,* edited by Marcus E. Raichle and Gordon M. Shepherd, translated by Christiane Nockels Fabbri (Oxford University Press, 2014).
- *Broca's Brain: Reflections on the Romance of Science* by Carl Sagan (Random House, 1979; Ballantine Books, 1986).
- *Fatigue (1904)* by Angelo Mosso, translated by Margaret Drummond (Kessinger Publishing, 2008).
- *Fear* by Angelo Mosso (Forgotten Books, 2015).

CHAPTER 6

- *Solar System Astronomy in America: Communities, Patronage, and Interdisciplinary Science 1920-1960* by Ronald E. Doel (Cambridge University Press, 1996; 2009).

CHAPTER 7

- *The Dancing Bees: An Account of the Life and Senses of the Honey Bee* by Karl von Frisch (Harcourt Brace, 1953).
- *Honeybee Democracy* by Thomas D. Seeley (Princeton University Press, 2010).
- *The Power of Movement in Plants* by Charles Darwin (CreateSpace Independent Publishing Platform, 2017).

CHAPTER 8

- *The Saturn System Through the Eyes of Cassini* by NASA including Planetary Science Division, Jet Propulsion Laboratory, and Lunar and Planetary Institute (e-book, *https://www.nasa.gov/ebooks,* 2017).

CHAPTER 9

- *The New Quantum Universe* by Tony Hey and Patrick Walters (Cambridge University Press, 2003).
- *The Quantum World* by J. C. Polkinghorne (Longman, 1984; Princeton University Press, 1986).

CHAPTER 10

- *Joseph Rotblat: Visionary for Peace* by Reiner Braun, Robert Hinde, David Krieger, Harold Kroto, and Sally Milne, eds. (Wiley, 2007).
- *The Making of the Atomic Bomb* by Richard Rhodes (Simon and Schuster, 1987; 2012).

CHAPTER 11

- *First Islanders, Prehistory and Human Migration in Island Southeast Asia* by Peter Bellwood (Wiley-Blackwell, 2017).
- *Polynesian Navigation and the Discovery of New Zealand* by Jeff Evans (Libro International, 2014).
- *Polynesian Seafaring and Navigation: Ocean Travel in Anutan Culture and Society* by Richard Feinberg (Kent State University Press, 1988; 2003).

CHAPTER 12

- *The Sixth Extinction: An Unnatural Extinction* by Elizabeth Kolbert (Henry Holt, 2014).

CHAPTER 13

- *Cosmos* by Carl Sagan (Random House, 1980; reprint Ballantine, 2013).
- *The Demon-Haunted World: Science as a Candle in the Dark* by Carl Sagan with Ann Druyan (Random House, 1996; Ballantine Books, 1997).
- *Pale Blue Dot: A Vision of the Human Future in Space* by Carl Sagan (Random House, 1994; Ballantine Books, 1997).

插图版权

| Illustrations Credits |

序 前：1, NASA/Ames/SETI Institute/JPL-Caltech; 2-3, Nathan Smith, University of Minnesota/NOAO/AURA/NSF; 6-7, Howard Lynk—VictorianMicroscopeSlides.com;10-11,Courtesy of Cosmos Studios, Inc., LLC; 12-13, Courtesy Cosmos Studios, Inc.; 14-15, Courtesy Cosmos Studios, Inc.; 16, Poster by Joseph Binder, photo by Swim Ink 2, LLC/CORBIS/Corbis via Getty Images; 序：2, Model designed by Norman Bel Geddes for General Motors, photo by Library of Congress/Corbis/VCG via Getty Images; 6, David E. Scherman/The LIFE Picture Collection/Getty Images; 9 (BOTH), NASA; 12, Tony Korody, Courtesy of Druyan-Sagan Associates; 16, NASA/JPL-Caltech/SSI; 正文：2, Babak Tafreshi/National Geographic Image Collection; 6, Frans Lanting/National Geographic Image Collection; 7, Copyright Carnegie Institute, Carnegie Museum of Natural History/Mark A. Klingler; 12, Image use courtesy of Christopher Henshilwood, photo by Stephen Alvarez/National Geographic Image Collection; 14, Album/Alamy Stock Photo; 16, Vincent J. Musi/National Geographic Image Collection; 19, Courtesy of Cosmos Studios, Inc.; 21 (LE), Ann Ronan Pictures/Print Collector/Getty Images; 21 (RT), Courtesy of Dr. Rob van Gent/Utrecht University; 26, Eric Isselee/Shutterstock; 27, Craig P. Burrows; 30-1, The Simulating eXtreme Spacetimes (SXS) project (http://www.black-holes.org); 34-5, Illustration courtesy Tatiana Plakhova at www.complexity graphics.com, created for Stephen Hawking's project in Breakthrough Initiatives (a flight of nano-spacecraft to Alpha Centauri); 38, The doors to the Zoroastrian fire temple, Chak Chak (photo)/Chak Chak, Iran/© Julian Chichester/Bridgeman Images; 40, John Reader/Science Source; 42-3, SATourism/Greatstock/Alamy Stock Photo; 46, Courtesy of Cosmos Studios, Inc.; 49, David Mack/Science Source; 52 (UP LE), The Natural History Museum, London/Science Source; 52 (UP CTR), Lawrence Lawry/Science Source; 52 (UP RT), Francisco Martinez Clavel/Science Source; 53 (UP LE), Francisco Martinez Clavel/Science Source; 53 (UP CTR), Francisco Martinez Clavel/Science Source; 53 (UP RT), The Natural History Museum, London/Science Source; 58, Chronicle/Alamy Stock Photo; 61, Album/Alamy Stock Photo; 62, Asif Ali Khan/EyeEm/Getty Images; 63, The Art Archive/Shutterstock;66-7, Insights/UIG via Getty Images; 68, Memory, 1870 (oil on mahogany panel), Vedder, Elihu (1836-1923)/Los Angeles County Museum of Art, CA, USA/Bridgeman Images; 70, NASA/CXC/JPL-Caltech/STScI; 73, Bob Gibbons/ Science Source; 77, Danita Delimont/Getty Images; 78-9 (ALL), John Sibbick/Science Source; 83, Science & Society Picture Library/SSPL/Getty Images; 85, Gary Ombler/Dorling Kindersley/Getty Images; 90, NASA/JPL-Caltech/SETI Institute; 92-3, Courtesy of Cosmos Studios, Inc.; 96, sbayram/Getty Images; 98, DEA Picture Library/De Agostini/Getty Images; 102, Fine Art Images/Heritage Images/Getty Images; 105, Universal History Archive/Getty Images; 110, Mario Del Curto; 113, From Where Our Food Comes From by Gary Paul Nabhan. Copyright © 2009 by the author. Reproduced by permission of Island Press, Washington, DC.; 115, Russia/Soviet Union: "There Is No Room in Our Collective Farm for Priests and Kulaks," Soviet propaganda poster, Nikolai Mikhailov, 1930/Pictures from History/Woodbury & Page/Bridgeman Images; 118, akg-images/Universal Images Group/Sovfoto; 124-5, Courtesy of Cosmos Studios, Inc.; 126, Pasieka/Science Source; 128, Dan Winters; 133, Marble relief depicting Asclepius or Hippocrates treating ill woman, from Greece/De Agostini Picture Library/G. Dagli Orti/Bridgeman Images; 134, The Print Collector/Alamy Stock Photo; 139, Apic/Getty

Images; 142, Photo: Photographic collections, Scientific and Technologic Archives, University of Torino. Reference: Sandrone, S.; Bacigaluppi, M.; Galloni, M. R.; Cappa, S. F.; Moro, A.; Catani, M.; Filippi, M.; Monti, M. M.; Perani, D.; Martino, G. Weighing brain activity with the balance: Angelo Mosso's original manuscripts come to light. Brain 137 (2), 2014: 621-33; 147, Courtesy Ann Druyan; 149, Wild Wonders of Europe/Solvin Zankl/naturepl.com; 152 (LE), David Liittschwager and Susan Middleton; 152 (RT), Jurgen Freund/NPL/Minden Pictures; 153 (BOTH), Jurgen Freund/NPL/Minden Pictures; 156, Pasieka/Science Source; 158, NASA, ESA, H. Teplitz and M. Rafelski (IPAC/Caltech), A. Koekemoer (STScI), R. Windhorst (Arizona State University), and Z. Levay (STScI); 160, Babak Tafreshi/National Geographic Image Collection; 163, The Print Collector/Alamy Stock Photo; 166, Carl Iwasaki/The LIFE Images Collection/Getty Images; 168, Courtesy of Cosmos Studios, Inc.; 170, Haitong Yu/Getty Images; 171, David Parker/Science Source; 173, Bettmann/Getty Images; 176, Courtesy of Druyan-Sagan Associates; 181, Sovfoto/UIG via Getty Images; 182, NASA; 184, Babak Tafreshi/National Geographic Image Collection; 188, Imaginechina via AP Images; 198, Emmanuel Lattes/Alamy Stock Photo; 191, Amy Toensing/National Geographic Image Collection; 193, vlapaev/Getty Images; 195 (BOTH), SPL/Science Source; 199, Dirk Wiersma/Science Source; 201, Jack Garofalo/Paris Match via Getty Images; 206, Tim Graham/Robert Harding World Imagery; 210 (LE), Science Source; 210 (RT), The Natural History Museum, London/Science Source; 211 (LE), The Natural History Museum, London/Science Source; 211 (RT), Science Source; 212, Courtesy of Cosmos Studios, Inc.; 214, NASA/JPL-Caltech/Space Science Institute; 216, Courtesy of Cosmos Studios, Inc.; 219, Courtesy of Cosmos Studios, Inc.; 220, NASA/Science Source; 226, The British Library/Science Source; 231, Album/Alamy Stock Photo; 234, NASA/LARC/Bob Nye/PhotoQuest/Getty Images; 236, NASA/JPL-Caltech/USGS; 238-9, NASA/JPL-Caltech; 242, Eric Heller/Science Source; 244, David Parker/Science Photo Library/Getty Images; 247, Leiden University Libraries, sgn. HUG 10, fol. 76v; 250, Russell Kightley/Science Source; 254, Science & Society Picture Library/Getty Images; 255, Science & Society Picture Library/Getty Images; 258, From Flatland: A Romance of Many Dimensions by Edwin Abbott Abbott, 1884. London: Seeley and Co.; 260, David Parker/Science Source; 264, CERN Photo-Lab; 266, David Nadlinger, Ion Trap Quantum Computing group, University of Oxford; 268, Universal History Archive/Universal Images Group/Shutterstock; 270, U.S. Army; 272, Henrik Sorensen/Getty Images; 275, Courtesy of Cosmos Studios, Inc.; 277, Science History Images/Alamy Stock Photo; 281, Image copyright © The Metropolitan Museum of Art. Image source: Art Resource, NY; 286, De Agostini/M. Fantin/Getty Images; 287, Universal History Archive/UIG via Getty Images; 289 (UP), © CORBIS/Corbis via Getty Images; 289 (LO), MPI/Getty Images; 292, RBM Vintage Images/Alamy Stock Photo; 296-7, Library of Congress/Corbis/VCG via Getty Images; 298, NASA/CXC/SAO; 300, NASA-JPL/Caltech; 302, Courtesy of Cosmos Studios, Inc.; 305, Courtesy of Cosmos Studios, Inc.; 306, Kees Veenenbos/Science Source; 309, NASA/JPL/USGS; 313, Walter Meayers Edwards/National Geographic Image Collection; 315, Frans Lanting/National Geographic Image Collection; 320, Mark Garlick/Science Source; 322-3, Mikkel Juul Jensen/Science Source; 324, NOAA via AP; 326, Sisse Brimberg/National Geographic Image Collection; 329, Courtesy of Cosmos Studios, Inc.; 331, Colleción Banco Santander/HIP/Art Resource, NY; 335, AP Photo/FILE; 337, Rainer von Brandis/Getty Images; 340, Scientific Visualization Studio/NASA; 342, Courtesy of Cosmos Studios, Inc.; 346, Courtesy of Druyan-Sagan Associates; 349, Courtesy of Cosmos Studios, Inc.; 350-1, Courtesy of Cosmos Studios, Inc.; 354, Courtesy of Cosmos Studios, Inc.; 363, Thomas Marent/Minden Pictures/National Geographic Image Collection.

Whirlpool galaxy art used throughout the book courtesy Cosmos Studios, Inc.

索引

Index

C

D

E

F

G

H

J

K

L

M

N

O

P

Q

R

S

T

W

X

Y

Z